全国高职高专建筑类专业规划教材

工程招投标与合同管理

主　编　胡彩虹　高秀清
副主编　赵伟兰　李文娟
　　　　朱兆平　胡　凯
主　审　吴伟民　谷云香

U0286500

黄河水利出版社
· 郑州 ·

内 容 提 要

本书是全国高职高专建筑类专业规划教材,是根据教育部对高职高专教育的教学基本要求及全国水利水电高职教研会制定的工程招投标与合同管理课程教学大纲编写完成的。全书共分九章,具体内容包括:建设工程市场,建设工程招标,建设工程投标,合同管理的法律基础,建设工程合同,建设工程施工合同的目标控制,合同的策划与风险管理,国际工程合同条件,建设工程施工索赔。

本书可作为高等职业技术学院建筑类专业及其他相关专业教材,也可供从事工程建设经营管理、设计、施工等部门工作人员参考。

图书在版编目(CIP)数据

工程招投标与合同管理/胡彩虹,高秀清主编. —郑州:黄河水利出版社,2010.1 (2015.7 重印)
全国高职高专建筑类专业规划教材
ISBN 978 – 7 – 80734 – 756 – 9

Ⅰ.①工… Ⅱ.①胡…②高… Ⅲ.①建筑工程 – 招标 – 高等学校:技术学校 – 教材②建筑工程 – 投标 – 高等学校:技术学校 – 教材③建筑工程 – 经济合同 – 管理 – 高等学校:技术学校 – 教材 Ⅳ.①TU723

中国版本图书馆 CIP 数据核字(2009)第 214996 号

组稿编辑:王路平 电话:0371 – 66022212 E-mail:hhslwlp@ 163. com
简 群 66026749 w _ jq001@163. com

出 版 社:黄河水利出版社
地址:河南省郑州市顺河路黄委会综合楼14层 邮政编码:450003
发行单位:黄河水利出版社
发行部电话:0371 – 66026940、66020550、66028024、66022620(传真)
E-mail:hhslcbs@ 126. com
承印单位:黄河水利委员会印刷厂
开本:787 mm × 1 092 mm 1/16
印张:13
字数:300 千字 印数:16 001—20 000
版次:2010 年 1 月第 1 版 印次:2015 年 7 月第 5 次印刷
2011 年 4 月修订

定价:24.00 元

前　言

　　本书是根据《教育部、财政部关于实施国家示范性高等职业院校建设计划,加快高等职业教育改革与发展的意见》(教高[2006]14 号)、《教育部关于全面提高高等职业教育教学质量的若干意见》(教高[2006]16 号)等文件精神,由全国水利水电高职教研会拟定的教材编写规划,在中国水利教育协会的指导下,由全国水利水电高职教研会组织编写的建筑类专业规划教材。本套教材以培养学生能力为主线,具有鲜明的时代特点,体现出实用性、实践性、创新性的教材特色,是一套理论联系实际、教学面向生产的高职高专教育精品规划教材。

　　本书是为适应国家高等职业技术教育的发展而编写的,突出了工程招投标与合同管理的实践操作。书中根据最新的法律、法规和合同文本,结合国内工程招投标与合同管理的研究与实践,借鉴国际工程合同管理的经验,系统地介绍了工程建设市场,招标投标的基本制度、方法和实务,合同管理的法律基础,建设工程勘察、设计、监理、施工合同文本和内容,1999 年版 FIDIC 土木工程合同条件,还介绍了工程合同的策划,工程索赔管理的主要内容等。同时还编入了一些典型工程实例。本书注重实践性,意在使学生掌握建设工程招投标及合同管理的理论和方法。

　　本书编写人员及编写分工如下:第一章由重庆水利电力职业技术学院吴渝玲编写,第二章由北京农业职业学院高秀清编写,第三章由河南水利与环境职业学院李文娟编写,第四章由杨凌职业技术学院刘彩玲编写,第五章由黄河水利职业技术学院娄冬编写,第六章由山西水利职业技术学院赵伟兰编写,第七章由长江工程职业技术学院胡凯编写,第八章由湖南水利水电职业技术学院胡彩虹编写,第九章由浙江同济科技职业学院朱兆平编写。本书由胡彩虹、高秀清担任主编,并由胡彩虹负责全书的统稿,由赵伟兰、李文娟、朱兆平、胡凯担任副主编,由福建水利电力职业技术学院吴伟民、辽宁水利职业学院谷云香担任主审。

　　本书编写中,参考和引用了所列参考文献中的部分内容,谨向这些文献的作者致以衷心的感谢!

　　由于编者水平有限,书中疏漏和不妥之处在所难免,欢迎广大师生及读者批评指正。

编　者
2009 年 10 月

目　录

第一章　建设工程市场

【职业能力目标】

通过本章的学习,能够对建设市场有一个系统了解,熟悉建设工程交易中心功能及运行程序,能在实际工程中灵活运用。

【学习要求】

1. 掌握建设市场的含义和建筑产品市场的特点。
2. 掌握建筑企业、人员资质分级标准及认证情况。
3. 熟悉建设工程交易中心的功能及运行程序。

第一节　概　述

一、建设市场的概念与特点

(一) 建设市场的概念

"市场"原意是指商品交换的场所,建设市场是指以建筑产品承发包交易活动为主要内容的市场,一般称做建设市场或建筑市场。

建设市场有狭义的市场和广义的市场之分。狭义的市场一般指有形建设市场,有固定的交易场所。广义的市场包括有形建设市场和无形建设市场,与工程建设有关的技术、租凭、劳务等各种要素市场,为工程建设提供专业服务的中介组织,靠广告、通信、中介机构或经纪人等媒介沟通买卖双方或通过招标投标等多种方式成交的各种交易活动;还包括建筑商品生产过程及流通过程中的经济联系和经济关系。

可见,建设市场是由建筑产品的生产和交换所形成的各种交易关系的总和,是整个大市场的有机组成部分。它既是生产要素市场中的一部分,也是消费品市场中的一部分。由于建筑产品具有生产周期长、价值量大、生产过程的不同阶段对承包的能力和特点要求不同等特点,决定了建设市场交易贯穿于建筑产品的整个过程。从工程建设的决策、设计、施工,一直到工程竣工、保修期结束,发包商与承包商、分包商进行的各种交易以及相关的商品混凝土供应、构配件生产、建筑机械租凭等活动,都是在建设市场中进行的。生产活动和交易活动交织在一起,使得建设市场在许多方面不同于其他产品市场。

建设市场已形成以发包方、承包方、为双方服务的咨询服务者和市场组织管理者组成的市场主体,由建筑产品和建筑生产过程为对象组成的市场客体,由招标投标为主要交易形式的市场竞争机制,由资质管理为主要内容的市场监督管理体系,以及我国特有的有形建设市场等。这构成了完整的建设市场体系(见图1-1)。

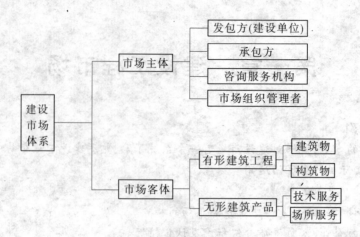

图1-1 建设市场体系

(二)建设市场的特点

1.建设市场的范围广、变化大

凡是有生产或有人生活的地方,都需要建筑产品。建筑产品遍及国民经济各个部门和社会生活的各个领域,为建筑企业提供了广阔的市场。而建筑产品的需求既取决于国民经济的发展状况,又取决于消费者的消费倾向。因此,建设市场的需求状况也是在不断变化的。

2.建设市场的交换关系复杂

建筑产品的形成涉及到用户、勘察、设计、施工和中介机构等多家的经济利益关系。这些关系不仅依靠用户和各个环节的生产单位,还必须按照基本建设程序和国家的有关法律法规、政策,围绕建筑产品的形成来确保他们的实现。

3.建筑产品订货交易的直接性

在一般商品市场中,用于交易的商品具有同质性和可替代性,即同种产品的不同生产者向市场提供的商品对消费者来说,基本上是相同的。而建筑产品则表现出多样性的特点。市场上的建筑产品不是由生产者决定的,而是由消费者特定的需求决定的。这就决定了建筑产品的单件性,决定了建筑产品只能由生产者直接与需求者就建筑产品的质量标准、功能、规模、价格、交工时间、付款方式和时间等内容商定交易条件,按照需求者的具体要求,在指定的地点为需求者建造建筑产品。

4.建筑产品交易的长期性和阶段性

建筑产品的生产一般需要较长的时间,这就决定了建筑产品的价值只能分批分期实现。建筑产品交易关系的完全实现存在于建筑产品的形成过程中,需要经历较长的时间。而在建筑产品生产周期内,各阶段交易的内容、交易的时间不完全相同,建筑产品的交易必须按照工程合同,结合各阶段的特点,办理各阶段的交易活动,最终达到整个交易关系的实现。

5.建设市场定价方式的独特性

市场竞争在商品的功能、质量相同的前提下,主要表现为价格的竞争。建设市场的竞争也不例外。但是建设市场定价程序不同于其他的商品,它是由建筑产品需求者与建筑产品生产者以招标投标的方式达成预期价格。而这种预期价格也并不一定是一成不变的,往往按照双方事先议定的条件,根据建筑产品生产过程中发现的某些变化对预期价格作相应的调整,因此只有在建筑产品竣工验收后,才能最终确定建筑产品的价格。

6.建设市场的风险性

有市场竞争,就一定存在风险。但与一般市场不同的是,建设市场中的风险较大,且风险存在于建筑产品生产者、需求者双方。

建筑产品生产者的风险主要表现在三个方面:一是定价风险。建设市场中的风险,在很大程度上是价格的竞争。定价过高,难以中标,企业无法承揽生产任务;定价过低,则可能导致亏损,甚至造成企业破产。而建筑产品是先通过招标投标定价然后生产,这种预先确定的价格很难保证合理性。二是生产过程中的风险。建筑产品的生产周期长,生产过程中可能存在许多干扰因素,如生产成本的提高、自然条件的变化。有些干扰因素是可以预见的,有的则难以预见。这些干扰因素,不仅直接影响建筑产品成本,而且会影响建筑生产周期,甚至影响建筑产品的质量和功能,造成生产者无法或很难按合同完成。三是需求者支付能力的风险。建筑产品需求者建造建筑产品是否具有相应的支付能力,对建筑产品生产者至关重要。如果需求者的实际支付能力小于建筑产品价款,就会形成拖欠工程款的情况。这无疑会影响建筑产品生产者的资金周转,甚至使生产难以继续进行。虽然目前制定了一些政策保证建设单位的支付能力,使工程款拖欠情况有所好转,但需求者的支付能力仍然是建筑企业最大的风险。

二、建设市场管理

(一)建设市场管理体制

建设市场管理因社会制度、国情的不同而不同,其管理内容也各具特色。例如,美国没有专门的建设行政主管部门,相应的只能由其他各部设立专门分支机构解决。管理并不具体针对行业,为规范市场行为制定的法令,如《公司法》、《合同法》、《破产法》、《反垄断法》等并不仅限于建设市场管理。日本则有针对性比较强的法律,如《建筑业法》、《建筑基准法》等,对建筑物安全、审查培训、从业管理等均有详细规定。政府按照法律规定行使检查监督权。

很多发达国家的建设行政主管部门对企业的行政管理并不占重要的地位。政府的作用是建立有效、公平的建设市场,提高行业服务质量和促进建筑生产活动的安全、健康,推进整个行业的良性发展,而不是过多地干预企业的经营和生产。对建筑业的管理主要通过政府引导、法律规范、市场调节、行业自律、专业组织辅助管理来实现,在市场机制下,经济手段和法律手段成为约束企业行为的首选方式。法律是政府管理的基础。

在管理职能方面,立法机构负责法律、法规的制定和颁布;行政机关负责监督检查、发展规划和对有关事情作出批准;司法部门负责执法和处理。此外,作为整个管理体制的补充,其行业协会和一些专业组织也承担了相当一部分工作。如制定有关技术标准、对合同的仲裁等。以国家颁布的法律为基础,地方政府往往也制定相对独立的法规。

我国的建设管理体系是建立在社会主义公有制基础之上的。计划经济时期,无论是建设单位,还是施工企业、材料供应部门均隶属于不同的政府管理部门,各个政府部门主要是通过行政手段管理企业。在一些基础设施部门则形成所谓行业垄断。改革开放初期,虽然政府机构进行了多次调整,但分行业进行管理的格局基本没有改变。国家各个部委均有本行业关于建设管理的规章,有各自的勘察、设计、施工、招标投标、质量监督等一套管理制度,形成对建设市场的分割。随着社会主义市场经济体制的逐步建立,政府在机构设置上也进行了很大的调整。除保留了少量的行业管理部门外,撤销了众多的专业政府部门,并将政府部门与所属企业脱钩,为建设管理体制的改革提供了良好的条件,使原先的部门管理逐步向行业管理转变。

(二)政府对建设市场的管理

建设项目根据资金来源的不同分为两类:公共投资项目和私人投资项目。前者是代表公共意愿的政府行为,后者则是个人行为。政府对这两类项目管理有很大的差别。

对于公共投资项目,政府既是业主,又是管理者。以不损害纳税人的利益和保证公务人员廉洁为出发点,除必须遵守一般法律外,通常规定必须公开招标,并保证项目实施的透明。

对于私人投资项目,一般只要求其实施过程中遵守有关环境保护、规划、安全生产等方面的法律,对其是否进行招标不作规定。

不同国家由于体制上的差异,建设行政主管部门的设置不同,管理范围和管理内容也有所差异。为了维护建设市场的统一性、竞争的有序性和开放性,我国明确指定了一个统一归口的建设行政主管部门,即建设部❶它是全国最高的建设行政主管机构,在建设部统一监管下,实行省、市、县三级建设行政主管部门对所管辖行政区内的建设工程分级管理。其管理内容主要包括以下几个方面:

(1)制定建筑法律、法规。

(2)制定建筑规范与标准(国外大多由行业协会或专业组织编制)。

(3)对承包商、专业人士资质管理。

(4)安全和质量管理(国外主要通过专业人士或机构进行监督检查)。

(5)行业资料统计。

(6)公共工程管理。

(7)国际合作和开拓国际市场。

第二节　建设市场的主体和客体

建设市场的主体是指参与建筑生产交易过程的各方,与一般市场构成一样。建设市场主体由三个部分构成:业主(建设单位或发包人)、承包商、工程咨询服务机构等。建设市场的客体则指为交换而生产的建筑产品,包括有形的建筑物、构筑物,也包括无形的为建造建筑产品而提供的各种服务。

一、建设市场主体

(一)业主

业主即建筑产品的需求者,指既有某项工程建设需求,又具有该项工程的建设资金和

---

❶　文中提到的建设部今为住房和城乡建设部。

各种准建手续,在建设市场中发包工程项目建设的勘察、设计、施工任务,并最终得到建筑产品达到其经营使用目的的政府部门、企事业单位和个人。

在我国,业主也称之为建设单位,只有在发包工程或组织工程建设时才成为市场主体,故又称为发包人或招标人。因此,业主方作为市场主体具有不确定性。我国的工程项目大多数是政府投资建设的,业主大多属于政府部门。为了规范业主行为,建立了投资责任约束机制,即项目法人责任制,又称业主责任制,由项目业主对项目建设全过程负责。

1. 项目业主产生的方式

(1)业主即原企业或单位。企业或机关、事业单位投资的新建、扩建、改建工程,则该企业或单位即为项目业主。

(2)业主是联合投资董事会。由不同投资方参股或共同投资的项目,则业主是共同投资方组成的董事会或管理委员会。

(3)业主是各类开发公司。开发公司自行融资或由投资协商组建或委托开发的工程管理公司也可成为业主。

2. 业主在项目建设过程的主要职能

(1)建设项目立项决策。

(2)建设项目的资金筹措与管理。

(3)办理建设项目的有关手续(如征地、建筑许可等)。

(4)建设项目的招标与合同管理。

(5)建设项目的施工与质量管理。

(6)建设项目的竣工验收和试运行。

(7)建设项目的统计及文档管理。

(二)承包商

承包商即建筑产品的生产者,指拥有一定数量的建筑装备、流动资金、工程技术经济管理人员及一定数量的工人,取得建设行业相应资质证书和营业执照的,能够按照业主的要求提供不同形态的建筑产品并最终得到相应工程价款的建筑施工企业。

相对于业主,承包商作为建设市场主体,是长期和持续存在的。因此,无论是按国内惯例还是按国际惯例,对承包商一般都要实行从业资格管理。承包商从事建设生产,一般需具备四个方面的条件:①拥有符合国家规定的注册资本;②拥有参与其资质等级相适合且具有注册执业资格的专业技术和管理人员;③有从事相应建筑活动所应有的技术装备;④经资格审查合格,已取得资质证书和营业执照。

承包商可按其所从事的专业分为土建、水电、道路、港口、铁路、市政工程等专业公司。按照承包方式,也可分为承包商和分包商。在市场经济条件下,承包商需要通过市场竞争(投标)取得施工项目,需要依靠自身的实力去赢得市场。承包商的实力主要包括以下四个方面:

(1)技术方面的实力。有精通本行业的工程师、造价师、经济师、会计师、建造师、合同管理等专业人员队伍,有施工专业装备,有承揽不同类型项目施工的经验。

(2)经济方面的实力。具有相当的周转资金用于工程准备,具有一定的融资和垫付资金的能力;具有相当的固定资产和为完成项目需购入大型设备所需的资金;具有支付各种担保和保险的能力,有承担相应风险的能力;承担国际工程尚需具备筹集外汇的能力。

(3)管理方面的实力。建筑承包市场属于买方市场,承包商为打开局面,往往需要低利润报价取得项目。必须在成本控制上下工夫,向管理要效益,并采用先进的施工方法提高工作效率和技术水平,因此必须具有一批过硬的建造师和管理专家。

(4)信誉方面的实力。承包商一定要有良好的信誉,它将直接影响企业的生存与发展。要建立良好的信誉,就必须遵守法律法规,承建国外工程能按国际惯例办事,保证工程质量、安全、工期,文明施工,能认真履约。

承包商承揽工程,必须根据本企业的施工力量、机械装备、技术力量、施工经验等方面的条件,选择适合发挥自己优势的项目,避开企业不擅长或缺乏经验的项目,做到扬长避短,避免给企业带来不必要的风险和损失。

(三)工程咨询服务机构

工程咨询服务机构是指具有一定注册资金,具有一定数量的工程技术、经验、管理人员,取得建设咨询证书和营业执照,能为工程建设提供估算测量、管理咨询、建设监理等智力型服务并获取相应费用的企业。

工程咨询服务企业包括勘察设计机构、工程造价(测量)咨询单位、招标代理机构、工程监理公司、工程管理公司等。这类企业主要是向业主提供工程咨询和管理服务,弥补业主对工程建设过程不熟悉的缺陷,在国际上一般称为咨询公司。在我国,目前数量最多并有明确资质标准的是勘察设计机构、工程监理公司和工程造价(测量)咨询单位、招标代理机构。工程项目管理和其他咨询类企业近年来也有发展。

工程咨询服务机构虽然不是工程承发包的当事人,但其受业主委托或聘用,作为项目技术、经济咨询单位,对项目的实施负有相当重要的作用和责任,咨询单位为项目进行咨询、设计、监理,许多情况下,咨询任务贯穿于自项目可行性研究直至工程验收的全过程。

(四)建设市场主体的相互关系

在建设市场中,充分调动市场主体的积极性,建立相互依存、相互约束的机制是培育和发展建设市场的中心环节。

我国从1988年开始推行的工程项目建设监理制就是采用国际上通用的一种工程建设项目实施阶段的管理体制,一般有三个角色,即业主、承包商和监理工程师。他们之间都受一定合同的约束,在建设市场中共求生存和发展。

业主是指出资建设的单位,在我国一般指各级政府有关部门、国营或集体企业、中外合资企业、国外独资或私人企业等。在国外也有政府部门和国营企业,或私营公司以至个人。

承包商是指与业主签署合同的单位,负责执行和完成合同中规定的各项任务。在我国,承包商一般均是国营企业和集体企业单位,而在国外有不少私人的公司企业。

监理工程师接受业主的授权和委托,对工程项目实行管理性服务。监理工程师执行与业主签订的合同所规定的任务。

工程项目建设实施阶段各方关系如图1-2所示。

业主与承包商是合同关系,业主与监理工程师也是合同关系。业主在筹集资金时如需要贷款,则业主与贷款方签订贷款合同。承包商征得业主或监理工程师同意,将部分工程分包出去,承包商应和分包商签订分包合同。监理工程师与承包商不是合同关系,工程师的任务是按照他与业主合同中赋予权限对承包商工作实行监督和管理,监理工程师在业主和承包商之间是相互独立的第三方。由此可见,业主、承包商和监理工程师之间都不是领导和被领导的关系,这是招标投标承包制、建设监理制与计划经济体制下的政府自营之间的本质区别。

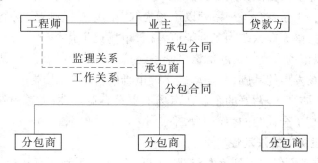

图1-2 项目实施阶段各方面的关系

二、建设市场的客体

建设市场的客体,一般称做建筑产品,是建设市场的交易对象,既包括有形建筑产品,也包括无形产品——各类智力型服务。

建筑产品不同于一般工业产品。因为建筑产品本身及其生产过程,具有不同于其他工业产品的特点。在不同的生产交易阶段,建筑产品表现为不同的形态。它可以是咨询公司提供的咨询报告、咨询意见或其他服务;可以是勘察设计单位提供的设计方案、施工图纸、勘察报告;也可以是生产厂家提供的混凝土构件,当然也包括承包商生产的各类建筑物和构筑物。

(一)建筑产品的特点

(1)建筑产品的固定性和生产过程的流动性。建筑物与土地相连,不可移动,这就要求施工人员和施工机械只能随建筑物不断流动,从而带来施工管理的多变性和复杂性。

(2)建筑产品的单件性。由于业主对建筑产品的用途、性能要求不同以及建设地点的差异,决定了多数建筑产品都需要单独进行设计,不能批量生产。

(3)建筑产品的整体性和分部分项工程的相对独立性。这个特点决定了总包和分包相结合的特殊承包形式。随着经济的发展和建筑技术的进步,施工生产的专业性越来越强。在建筑生产中,由各种专业施工企业分别承担工程的土建、安装、装饰、劳务分包,有利于施工生产技术和效率的提高。

(4)建筑生产的不可逆性。建筑产品一旦进入生产阶段,其产品不可能退换,也难以重新建造,否则双方都将受到极大的损失。所以,建筑生产的最终产品质量是由各阶段成果的质量决定的。设计、施工必须按照规范和标准进行,才能保证生产出合格的建筑产品。

(5)建筑产品的社会性。绝大部分建筑产品都具有相当广泛的社会性,涉及公众的利益和生命财产安全,即使是私人住宅,也会影响到环境,影响到进入或靠近它的人员的生活和安全。政府作为公众利益的代表,加强对建筑产品的规划、设计、交易、建造的管理是非常必要的,有关工程建设的市场行为都应受到管理部门的监督和审查。

(二)建筑产品的商品属性

长期以来,受计划经济体制的影响,工程建设由工程指挥部门管理,工程任务由行政部门分配,建筑产品价格由国家规定,抹杀了建筑产品的商品属性。

改革开放以后,由于推行了一系列以市场为取向的改革措施,建筑企业成为独立的生产单位,建设投资由国家拨款改为多种渠道筹措,市场竞争代替行政分配任务,建筑产品价格也逐步走向以市场形成价格的价格机制。建筑产品的商品属性的观念已为大家所认识,这成为建设市场发展的基础,并推动了建设市场的价格机制、竞争机制和供求机制的形成,使实力强、素质高、经营好的企业在市场上更具有竞争性,能够更快地发展,实现资源的优化配置,提高了全社会的生产力水平。

(三)工程建设标准的法定性

建筑产品的质量不仅关系到承发包双方的利益,也关系到国家和社会的公共利益,正是由于建筑产品的这种特殊性,其质量标准是以国家标准、国家规范等形式颁布实施的。从事建筑产品生产必须遵守这些标准规范的规定,违反这些标准、规范的将受到国家法律的制裁。

工程建设标准涉及面很广,包括房屋建筑、交通运输、水利、电力、通信、采矿冶炼、石油化工、市政公用设施等方面。

工程建设标准是指对工程勘察、设计、施工、验收、质量检验等各个环节的技术要求。它包括五个方面的内容:①工程建设勘察、设计、施工及验收等质量要求和方法;②与工程建设有关的安全、卫生、环境保护的技术要求;③工程建设的术语、符号、代号、量与单位、建筑模数和制图方法;④工程建设的试验、检验和评定方法;⑤工程建设的信息技术要求。

在具体形式上,工程建设标准包括了标准、规范、规程等。工程建设标准的独特作用在于:一方面,通过有关的标准规范为相应的专业技术人员提供了需要遵循的技术要求和方法;另一方面,由于标准的法律属性和权威属性,保证了从事工程建设有关人员按照规定去执行,从而为保证工程质量打下了基础。

第三节　建设市场的资质管理

建筑活动的专业性及技术性都很强,而且建设工程投资大、周期长,一旦发生问题,将会给社会和人民的生命财产安全造成极大损失。因此,为保证建设工程的质量和安全,对从事建设活动的单位和专业技术人员必须实行从业资格管理,即资质管理制度。

建设市场中的资质管理包括两类:一类是对从业企业的资质管理;另一类是对专业人士的资格管理。

一、从业企业资质管理

在建设市场中,围绕工程建筑活动的主体主要是业主方、承包方(包括供应商)、勘察设计单位和工程咨询机构。我国《中华人民共和国建筑法》(简称《建筑法》)规定,对从事建筑活动的施工企业、勘察单位、设计单位和工程咨询机构实行资质管理。

（一）建设工程勘察、设计企业资质管理

我国建设工程勘察设计资质分为工程勘察资质、工程设计资质。工程勘察资质分为工程勘察综合资质、工程勘察专业资质、工程勘察劳务资质；工程设计资质分为工程设计综合资质、工程设计行业资质、工程设计专项资质。

建设工程勘察、设计企业应当按照其拥有的注册资本、专业技术人员、技术装备和勘察设计业绩等条件申请资质，经审查合格，取得建设工程勘察、设计资质证书后，方可在资质等级许可的范围内从事建设工程勘察设计活动。我国勘察设计企业的业务范围如表1-1所示。国务院建设行政主管部门及各地建设行政主管部门负责工程勘察设计企业资质的审批、晋升和处罚。

表1-1 我国勘察设计企业的业务范围

企业类别	资质分类	等级	承担业务范围
勘察企业	综合资质	不分级	承担工程勘察业务范围和地区不受限制
	专业资质（分专业设立）	甲级	承担本专业工程勘察业务范围和地区不受限制
		乙级	可承担专业工程勘察中、小型工程项目，承担工程勘察业务的地区不受限制
		丙级	可承担本专业工程勘察小型工程项目，承担工程勘察业务限定在省、自治区、直辖市行政区范围内
	劳务资质	不分级	只能承担岩石工程治理、工程钻探、凿井等工程勘察劳务工作，承担工程勘察劳务工作的地区不受限制
设计企业	综合资质	不分级	承担工程设计业务范围和地区不受限制
	行业资质（分行业设立）	甲级	承担相应行业建设项目的工程设计范围和地区不受限制
		乙级	承担相应行业的中、小型建设项目的工程设计任务，地区不受限制
		丙级	承担相应行业的小型建设项目的工程设计任务，地区限定在省、自治区、直辖市所辖行政范围内
	专业资质（分专业设立）	甲级	承担大、中、小型专项工程设计项目，地区不受限制
		乙级	承担中、小型专项工程设计项目，地区不受限制

注：大、中、小型工程划分标准建设部有详细规定。

（二）建筑业企业（承包商）资质管理

建筑业企业（承包商）是指从事土木工程、建设工程、线路管线及设备安装工程、装修工程等的新建、扩建、改建活动的企业。我国的建筑业企业分为施工总承包企业、专业承包企业和劳务分包企业。施工总承包企业按工程性质分为房屋、公路、铁路、港口、水利、电力、矿山、冶金、化工石油、市政公用、通信、机电等12个类别，专业承包企业根据工程性质和技术特点划分为60个类别，劳务分包企业按技术特点划分为13个类别。

工程施工总承包企业资质等级分为特、一、二、三级；施工专业承包企业资质等级分为

一、二、三级;劳务分包企业资质等级分为一、二级。这三类企业的资质等级标准,由国家建设部统一组织制定和发布。工程施工总承包企业和施工专业承包企业的资质实行分级审批。特级、一级资质由国家建设部审批;二级以下资质,由企业注册所在地省、自治区、直辖市人民政府建设主管部门审批;劳务分包企业资质由企业所在地省、自治区、直辖市人民政府建设主管部门审批。经审查合格的,由有权的资质管理部门颁发相应等级的建筑业企业(承包商)资质证书。建筑业企业资质证书由国务院建设行政主管部门统一印制,分为正本(1本)和副本(若干本),正本和副本具有同等法律效力。任何单位和个人不得涂改、伪造、出借、转让资质证书,复印的资质证书无效。我国建筑业企业承包工程范围见表1-2。

表1-2 建筑业企业承包工程范围

企业类别	等级	承包工程范围
施工总承包企业(12类)	特级	(以房屋建设工程为例)可承担各类房屋建设工程的施工
	一级	(以房屋建设工程为例)可承担单项建安合同额不超过企业注册资本金5倍的下列房屋建筑工程的施工:①40层及以下、各类跨度的房屋建设工程;②高度240 m及以下的构筑物;③建筑面积20万 m² 及以下的住宅小区或建筑群体
	二级	(以房屋建设工程为例)可承担单项建安合同额不超过企业注册资本金5倍的下列房屋建筑工程的施工:①28层及以下、单跨跨度36 m以下的房屋建筑工程;②高度120 m及以下的构筑物;③建筑面积12万 m² 及以下的住宅小区或建筑群体
	三级	(以房屋建筑工程为例)可承担单项建安合同额不超过企业注册资本金5倍的下列房屋建筑工程的施工:①14层及以下、单跨跨度24 m以下的房屋建筑工程;②高度70 m及以下的构筑物;③建筑面积6万 m² 及以下的住宅小区或建筑群体
专业承包企业(60类)	一级	(以土石方工程为例)可承担各类土石方工程的施工
	二级	(以土石方工程为例)可承担单项合同额不超过企业注册资本金5倍且60万 m³ 及以下的石方工程的施工
	三级	(以土石方工程为例)可承担单项合同额不超过企业注册资本金5倍且15万 m³ 及以下的石方工程的施工
劳务分包企业(13类)	一级	(以木工作业为例)可承担各类工程木工作业分包业务,但单项合同额不超过企业注册资本金的5倍
	二级	(以木工作业为例)可承担各类工程木工作业分包业务,但单项合同额不超过企业注册资本金的5倍

(三)工程咨询单位资质管理

我国对工程咨询单位也实行资质管理。目前,已有明确资质等级评定条件的有:工程监理、招标代理、工程造价等咨询机构。

工程监理企业,其资质等级划分为甲级、乙级和丙级三个级别。丙级监理单位只能监理本地区、本部门的三等工程;乙级监理单位只能监理本地区、本部门的二、三等工程;甲级监理单位可以跨地区、跨部门监理一、二、三等工程。

工程建设项目招标代理机构,其资质等级划分为甲级、乙级和暂定级。暂定级工程招标代理机构,只能承担工程总投资额6 000万元人民币以下的工程招标代理业务,地区不受限制;乙级工程招标代理机构只能承担工程总投资额1亿元人民币以下的工程招标代理业务,地区不受限制;甲级工程招标代理机构承担工程的范围和地区不受限制。

工程造价咨询机构,其资质等级划分为甲级和乙级。甲级工程造价咨询企业可以从事各类建设项目的工程造价咨询业务。乙级工程造价咨询企业可以从事工程造价5 000万元人民币以下的各类建设项目的工程造价咨询业务。工程造价咨询企业依法从事工程造价咨询活动,不受行政区域限制。

工程咨询单位的资质评定条件包括注册资金、专业技术人员和业绩三方面的内容,不同资质等级的标准均有具体规定。

二、专业人士资格管理

在建设市场中,把具有从事工程咨询资格的专业工程师称为专业人士。建筑行业尽管有完善的建筑法规,但没有专业人员的知识与技能的支持,政府难以对建设市场进行有效地管理。由于他们的工作水平对工程项目建设成败具有重要的影响,所以对专业人士的资格条件有很高要求,许多国家和地区对专业人士均进行资质管理。香港特别行政区将经过注册的专业人士称做"注册授权人";英国、德国、日本、新加坡等国家的法规甚至规定,业主和承包商向政府申报建筑许可、施工许可、使用许可等手续,必须由专业人士提出,申报手续除应符合有关法律规定,还要有相应资格的专业人士的签章。由此可见,专业人士在建设市场运作中起着非常重要的作用。

对专业人士的资格管理,由于各国情况不同,专业人士的资格有的由学会或协会负责(以欧洲一些国家为代表)授予和管理,有的国家由政府负责确认和管理。

英国、德国政府不负责专业人士的资格管理,咨询工程师的执业资格由专业学会组织考试颁发,并由学会进行管理。

美国有专门的全国注册考试委员会,负责组织专业人士的考试。通过基础考试并经过数年专业实践后再通过专业考试,即可取得注册工程师资格。

法国和日本由政府管理专业人士的执业资格。法国在建设部内设有一个审查咨询工程师资格的"技术监督委员会",该委员会首先审查申请人的资格和经验,申请人须高等学院毕业,并有10年以上的工作经验。资格审查通过后可参加全国考试,考试合格者,予以确认公布。一次确认的资格,有效期为两年。在日本,对参加统一考试的专业人士的学历、工作经历也都有明确的规定,执业资格的取得与法国相类似。

我国专业人士制度是从发达国家引入的。目前,已经确定专业人士的种类有建筑师、结构工程师、监理工程师、造价工程师和建造师等。资格和注册条件为:大专以上的专业学历;参加全国统一考试,成绩合格;具有相关专业的实践经验。

目前,我国专业人士制度正在逐步趋于完善,随着建设市场的进一步完善,对其管理会进一步规范化、制度化。

第四节　建设工程交易中心

建设工程交易中心是我国在工程承发包体制改革中出现的,是建设市场有形化的最有效的管理方式。这种有形建设市场管理模式在世界上也是独一无二的。

建设工程按投资的性质可以分为两类,一类是国有投资项目,另一类是私营投资项目。在西方发达国家中,个体投资占绝大多数,工程项目管理是业主自己的事情,政府的职能是监督他们是否依法建设,而对国有投资项目,一般应该设置专门管理部门,代为行使业主的职能。

我国是以社会主义公有制为主体的国家,政府部门、事业单位投资及国有企业投资在社会投资中仍然占有主导地位并长期存在。建设单位使用的大都是国有资金,由于国有投资管理体制不完善和建设单位内部管理体制的薄弱,很容易造成工程发包中的不正之风和腐败现象。针对上述情况,我国各省、市均设立了建设工程交易中心,把所有代表国家和国有企业事业单位投资的业主请进建设交易中心进行招标,设置专门的监督机构。

一、建设工程交易中心的性质与作用

(一)建设工程交易中心的性质

建设工程交易中心是服务性机构,不是政府管理部门,也不是政府授权的监督机构,本身并不具备监督管理职能。但建设工程交易中心又不是一般意义上的服务机构,其设立需得到政府或政府授权主管部门的批准;它不以营利为目的,旨在为建立公开、公正、平等竞争的招标投标制度服务,只可经批准收取一定的服务费,工程交易行为不能在场外发生。

(二)建设工程交易中心的作用

按照我国的有关规定,所有建设项目都要在建设工程交易中心内报建、发布招标信息、合同授予、申领施工许可证。招标投标活动都需在场内进行,并接受政府有关管理部门的监督。应该说,建设工程交易中心的设立,对国有投资的监督制约机制的建立、规范建设工程承发包行为、将建设市场纳入法制化的管理轨道有着重要的作用,是符合我国特点的一种好形式。

建设工程交易中心建立以来,由于实行集中办公、公开办事制度和程序以及一条龙的"窗口"服务,不仅有力地促进了工程招标投标制度的推行,而且遏制了违法违规的行为,对于防止腐败、提高管理透明度起到了显著的作用。

二、建设工程交易中心的基本功能

我国的建设工程交易中心是按照三大功能进行构建的。

(一)信息服务功能

信息服务功能包括收集、存储和发布各类工程信息、法律法规、造价信息、建材价格、承包商信息、咨询信息和专业人士信息等。建设工程交易中心一般要定期公布工程造价指数和建筑材料价格、人工费、机械租凭费、工程咨询费以及各类工程指导价等,指导业主和承包商、咨询单位进行招标和投标报价。

（二）场所服务功能

对于政府部门、国有企业、事业单位的投资项目，我国明确规定，一般情况下都必须进行公开招标，只有特殊情况下才允许采用邀请招标，所有建设项目进行招标投标必须在有形建设市场内进行，必须由有关管理部门进行监督。按照这个要求，工程建设交易中心必须为工程承发包交易双方包括建设工程的招标、评标、定标、合同谈判等提供设施和场所服务。建设部《建设工程交易中心管理办法》规定，建设工程交易中心应具备信息发布大厅、洽谈室、开标室、会议室及相关设施以满足业主和承包商、分包商、设备材料供应商之间的交易需要。同时，要为政府有关管理部门进驻集中办公、办理有关手续和依法监督招标投标活动提供场所服务。

（三）集中办公功能

由于众多建设项目要进入有形建设市场进行报建、招标投标交易和办理有关批准手续，这样就要求政府有关建设管理部门进驻工程交易中心集中办理有关审批手续和进行管理，建设行政主管部门的各职能机构进驻建设工程交易中心。受理申报的内容一般包括：工程报建、招标登记、承包商资质审查、合同登记、质量报监、施工许可证发放等。进驻建设工程交易中心的相关管理部门集中办公，公布各自的办事制度和程序，既能按照各自的职责依法对建设工程交易活动实施有力监督，又方便当事人办事，有利于提高办公效率。

三、建设工程交易中心的运行原则

为了保证建设工程交易中心能够有良好的运行秩序和市场功能的充分发挥，必须坚持市场运行的一些基本原则。

（一）信息公开原则

建设工程交易中心必须充分掌握政策法规，工程发包、承包商和咨询单位的资质、造价指数、招标规则、评标标准、专家评委库等各项信息，并保证市场各方主体都能及时获得所需要的信息资料。

（二）依法管理原则

建设工程交易中心应严格按照法律、法规开展工作，尊重建设单位依照法律规定选择投标单位和选定中标单位的权利。尊重符合资质条件的建筑业企业提出的投标要求和接受邀请参加投标的权利。任何单位和个人不得非法干预交易活动的正常进行。监察机关应当进驻建设工程交易中心实施监督。

（三）公平竞争原则

建立公平竞争的市场秩序是建设工程交易中心的一项重要原则。进驻的有关行政监督管理部门应严格监督招标、投标单位的行为，防止地方保护、行业和部门垄断等各种不正当竞争，不得侵犯交易活动各方的合法权益。

（四）属地进入原则

按照我国有形建设市场的管理规定，建设工程交易实行属地进入。每个城市原则上只能设立一个建设工程交易中心，特大城市可以根据需要，设立区域性分中心，在业务上受中心领导。对于跨省、自治区、直辖市的铁路、公路、水利等工程，可在政府有关部门的监督下，通过公告由项目法人组织招标、投标。

(五)办事公正原则

建设工程交易中心是政府建设行政主管部门批准建立的服务性机构,须配合进场各行政管理部门做好相应的工程交易活动管理和服务工作。要建立监督制约机制,公开办事规则和程序,制定完善的规章制度和工作人员守则,一旦发现建设工程交易活动中的违法违规行为,应当向政府有关管理部门报告,并协助进行处理。

(六)闭合管理原则

建设单位在工程立项后,应按规定在建设工程交易中心办理工程报建和各项登记、审批手续,接受建设工程交易中心对其工程项目管理资格的审查,招标发包的工程应在建设工程交易中心发布工程信息。工程承包单位和监理、咨询等中介服务单位均应按照建设工程交易中心规定承接施工和监理、咨询业务。未按规定办理前一道审批、登记手续的,任何后续管理部门不得给予办理手续,以保证管理的程序化和制度化。

四、建设工程交易中心运作的一般程序

按照有关规定,建设项目进入建设工程交易中心后,一般按图1-3所示的程序运行。

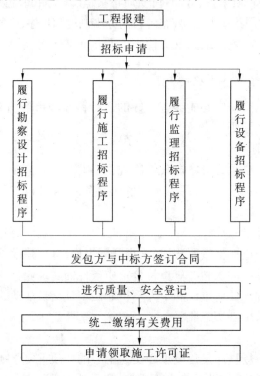

图1-3 建设工程交易中心运行图

本章小结

建设工程市场是以建筑产品承发包交易活动为主要内容的市场,一般称做建设市场或建筑市场。建设市场有广义的市场和狭义的市场之分。广义的建设市场是工程建设生产和交易关系的总和。

参与建筑生产交易过程的各方构成建设工程市场的主体;建设市场的主体主要有业主、承包商、工程咨询服务机构。作为不同阶段的生产成果和交易内容等各种形态的建筑产品、工程设施与设备、构配件以及各种图纸和报告等非物质化的劳动构成建设市场的客体。

建筑工程市场中的资质管理包括两类:一类是对企业的资质管理;另一类是对专业人士的资格管理。

建设工程交易中心是建设工程招标投标管理部门或建设行政主管部门授权的其他机构建立的、自收自支的非营利性事业法人,根据政府建设行政主管部门委托,实施对市场主体的服务、监督和管理。

【小知识】　　　　　　　武汉市建设工程交易中心简介

武汉市建设工程交易中心(以下简称"交易中心")是经武汉市人民政府批准设立的进行建设工程招标投标的有形建设市场,是武汉市开发建设项目管理实行集中办公的窗口。交易中心隶属于武汉市建设委员会,内设报建登记部、网络信息部、交易管理部、综合管理部、办公室。

交易中心现有交通、园林、铁路、水务、人防、散装水泥、工商、城管、房地产等建设行政主管部门派出的管理机构、市建筑管理各部门、七个城区招标办在一楼交易大厅实行"一站式"办公;有招标代理机构、银行、律师事务所、工程造价咨询公司、物业管理公司等中介服务机构驻场办公;武汉市人民政府执法监察办公室驻场办公。

交易中心以"中国武汉建设网"为主要交易平台,开发了建设工程招标投标电子网络交易所需的 12 个子系统,建立了较为完整的信息数据库,提供法定的建设工程招标投标软件程序,使各交易主体可以随时查阅建设工程交易信息,了解建设领域的政策法规和大事要事,进行建设工程网上投标报名等。

交易中心有 5 700 m² 的固定交易场所和完善的网络信息查询系统,分为信息查询区、一站式办公区、寻标区、候标区、中介服务区等。交易大厅有两个 3 m × 4 m 的电子大屏幕,可同时容纳 100 多人开标,二楼有 8 个评标室,30 多个办公室,内设中央空调。交易中心有 60 多名员工,可以提供一系列优良的服务。

复习思考题

1-1　什么是广义的建设市场?

1-2　试述建筑产品市场的特点?

1-3　建设市场构成要素有哪些?

1-4　简述建设工程交易中心的性质与作用?

1-5　简述建设工程交易中心的功能?

1-6　如何对建设市场进行管理?

1-7　项目业主产生的方式有哪些?

1-8　承包商从事建设生产一般需要具备哪些方面的条件?

第二章　建设工程招标

【职业能力目标】

通过本章的学习,初步具备编制工程招标标底、招标文件、评标、定标办法的能力,并能参加工程招标的相关工作。

【学习要求】

1.熟悉建设工程招标投标制度的概念、目的、性质、种类和范围,建设工程招标的方式,招标的组织、程序及内容,评标方法。

2.掌握建设工程招标文件的内容组成和编制,建设工程项目施工招标条件、程序及各阶段工作的内容要点。

第一节　建设工程招标概述

一、建设工程招标投标的概念、目的、特点

(一)建设工程招标投标的概念

招标投标是指在市场经济条件下进行大宗货物的买卖、建设项目的发包与承包以及服务项目的采购与提供时所采用的一种交易方式。

建设工程招标投标是指建设单位或个人(即业主或项目法人)通过招标的方式,将工程建设项目的勘察、设计、施工、材料设备供应、监理等业务,一次或分部发包,由具有相应资质的承包单位通过投标竞争,从中择优选定工程承包方的法律行为。

(二)建设工程招标投标的目的

建设工程招标投标的目的是在工程建设中引入竞争机制,择优选定勘察、设计、设备安装、施工、装饰装修、材料设备供应、监理和工程总承包等单位,以保证缩短工期、提高工程质量和节约建设投资。

(三)建设工程招标投标的特点

招标投标作为一种商品经营方式,体现了购销双方的买卖关系。竞争是商品经济的产物,但不同的社会制度下的竞争目的、性质、范围和手段不同。我国建设工程招标投标竞争有如下特点:

(1)招标投标是在国家宏观计划指导和政府监督下的竞争。建设工程投资受国家宏观计划指导,工程价格在国家宏观计划指导下浮动,建筑队伍的规模受国家基本建设投资规模控制。

(2)投标是平等互利基础上的竞争。在国家法律和政策约束下,建筑企业以平等的法人身份参加竞争。为防止竞争中可能出现不法行为,国家颁布了《中华人民共和国招

标投标法》(简称《招标投标法》),并详细规定了具体做法。

(3)竞争的目的是相互促进,共同提高。投标竞争,促进建筑企业改善经营管理,技术进步,提高劳动生产率,保证国家、企业、个人的经济利益得到提高。

(4)对投标人的资格审查避免了不合格的承包商参与竞争。

二、建设工程招标投标制度

招标投标是国际上通用的工程承发包方式。英国早在18世纪就制定了有关政府部门公共用品招标采购法律,至今已有200多年的历史。我国招标投标制度是伴随着改革开放而逐步建立并完善的。1984年,国家发展计划委员会、城乡建设环境保护部联合下发了《建设工程招标投标暂行规定》,倡导实行建设工程招标投标,我国由此开始推行招标投标制度。

我国实行招标投标制度后,在建设市场中利用竞争机制来提高工程质量,控制工程造价和工期。随着市场机制的建立和健全,建设市场不断完善,市场竞争不断加剧,规范市场行为、创造公平竞争环境成为建筑业发展中需要解决的重要任务。全国人大于1999年8月30日颁布了《招标投标法》,该法共有6章(分为总则,招标,投标,开标、评标和中标,法律责任,附则)68条,主要内容包括通行的招标投标程序,招标人和投标人应遵循的基本规则,任何违反法律规定应承担的法律责任等。其中,大量采用了国际惯例或通用做法,以立法的形式明确了我国境内进行项目建设的勘察、设计、施工、监理以及与建设有关的重要设备、材料等的采购,必须进行招标的范围。2002年6月29日全国人大常委会通过《中华人民共和国采购法》,确定招标投标为政府采购的主要方式。

三、建设工程项目招标的种类

建设工程项目招标,按标的的不同分为建设工程项目总承包招标、工程项目咨询招标、工程勘察招标、设计招标、施工招标、监理招标、材料和设备招标等。

(一)建设工程项目总承包招标

建设工程项目总承包招标又叫建设工程项目全过程招标,在国外被称为"交钥匙工程"发包方式。它是指从项目建议书开始,包括可行性研究、勘察设计、设备材料采购、工程施工、生产准备、投料试车,直到竣工投产、交付使用的建设全过程招标。总承包招标对投标人来说时间跨度大,风险也大,因此要求投标人要有很强的管理水平和技术力量。国外较多采用建设工程项目总承包招标方式,国内也有采用,相对招标人而言,施工总承包未知风险因素较少,计费较容易,故相对风险要小些。

(二)建设工程项目前期咨询招标

建设工程项目前期咨询招标是指对建设项目的可行性研究任务进行的招标。投标方一般为工程咨询企业。中标的承包方要根据招标文件的要求,向发包方提供拟建工程的可行性研究报告,由专家组评估鉴定其结论的准确性。工程投资方缺乏工程实施管理经验时,通过招标方式选择具有专业管理经验的工程咨询单位,为其制订科学、合理的投资开发建设方案,并组织控制方案的实施。

(三)建设工程勘察、设计招标

建设工程勘察、设计招标是指根据批准的可行性研究报告,择优选定勘察、设计单位的招标。勘察和设计工作由勘察单位和设计单位分别完成。勘察单位最终提出包括施工现场的地理位置、地形、地貌、地质、水文等在内的勘察报告。设计单位最终提供设计图纸和成本预算结果。设计招标还可以进一步分为建筑方案设计招标、施工图设计招标。当施工图设计不是由专业的设计单位承担,而是由施工单位承担时,一般不进行单独招标。

(四)建设工程施工招标

建设工程施工招标是在工程项目的初步设计或施工图设计完成后,用招标的方式选择施工单位的招标。施工单位向业主提供按招标设计文件规定的合格建筑产品。根据施工承担范围不同,可分为单项工程施工招标、单位工程施工招标、专业工程施工招标等。

(五)建设工程监理招标

建设工程监理招标是指招标人就拟建工程项目的监理任务,发出招标公告或投标邀请书,由符合招标文件规定的建设监理单位参加,竞争承接工程项目相应各阶段的监理任务。其目的是业主为更好实施工程项目各阶段的监督管理工作、保证建设过程的进度、质量、投资及生产安全、文明施工等。

(六)建设工程材料设备采购招标

建设工程材料设备采购招标是指在工程项目初步设计完成后,对建设项目必需的建筑材料和设备(如电梯、供配电系统、空调系统等)采购任务进行的招标。投标方通常为材料供应商、成套设备供应商。

四、建设工程招标的范围

(一)工程建设项目强制性招标范围

强制性招标,是指法律法规规定某些特定类型的工程项目,必须通过招标进行。

依据《招标投标法》规定,在中国境内进行下列工程建设项目的勘察、设计、施工、监理以及与工程建设有关的重要设备、材料等的采购,必须进行招标:

(1)大型基础设施、公用事业等关系社会公共利益、公众安全的项目。

(2)全部或者部分使用国有资金投资或者国家融资的项目。

(3)使用国际组织或者外国政府贷款、援助资金的项目。

(二)工程建设项目招标规模标准限额规定

原国家发展计划委员会发布的《工程建设项目招标范围和规模标准规定》规定:各类工程建设项目,包括项目的勘察、设计、施工、监理以及与工程建设有关的重要设备、材料等的采购,达到下列标准之一的,必须进行招标:

(1)施工单项合同估算价在 200 万元人民币以上的。

(2)重要设备、材料等货物的采购,单项合同估算价在 100 万元人民币以上的。

(3)勘察、设计、监理等服务的采购,单项合同估算价在 50 万元人民币以上的。

(4)单项合同估算价低于上述三项规定的标准,但项目总投资额在 3 000 万元人民币以上的。

(三)可以不进行招标的范围

依照《招标投标法》及有关规定,在中国境内建设的以下项目可不需要通过招标投标来确定:

(1)涉及国家安全、国家秘密或抢险救灾而不适宜招标的。

(2)属于利用扶贫资金实行以工代赈需要使用农民工的。

(3)施工主要技术采用特定的专利或者专有技术的。

(4)施工企业自建自用的工程,且该施工企业资质等级符合工程要求的。

(5)在建工程追加的附属小型工程或者主体加层工程,原中标人仍具备承包能力的。

(6)停建或者缓建后恢复建设的单位工程,且承包人未发生变更的。

(7)法律、法规规定的其他情形。

根据我国的实际情况,允许各地区自行确定本地区招标的具体范围和规模标准,但不得缩小原国家发展计划委员会所确定的必须招标的范围。目前,全国各地建设工程的招标范围不完全相同,但在各地区人民政府所规定的招标范围之内的工程,必须进行招标,任何不依法招标或化整为零、逃避招标的行为,将承担相应的法律责任。在此范围之外的工程,本着业主自愿的原则,决定是否招标,但建设行政主管部门,不得拒绝其招标要求。

五、建设工程招标的方式

我国《招标投标法》明确规定招标方式有两种:公开招标和邀请招标。在国际招标中,不仅存在上述两种方式,还有议标方式。

(一)公开招标

公开招标是指招标人通过网络、报刊、广播、电视或其他媒介公开发布招标公告的方式,邀请不特定的法人或者其他组织参加投标,并公开出售招标文件,公开开标。所有符合条件的供应商或者承包商都可以平等参加投标竞争,招标人从中择优选定报价合理、工期较短、信誉良好的承包商为中标者的招标方式。公开招标的方式一般对投标人的数量不予限制,故又称无限竞争性招标。

公开招标的缺点是工作量大、周期长、组织成本高等。

(二)邀请招标

邀请招标是指招标人用投标邀请书的方式邀请三个及三个以上具备承担招标项目的能力、资信良好的特定法人或者其他组织投标。邀请招标又称有限竞争性招标。邀请招标的特点是:①目标集中、招标组织工作容易、工作量小;②邀请招标不需发布公告,招标人只要向特定的投标人发出投标邀请书即可,由于竞争范围有限,可能会使竞争优势更为突出的潜在投标人失去中标机会。

有下列情形之一的,经批准可以进行邀请招标:

(1)项目技术复杂或有特殊要求,只有少量几家潜在投标人可供选择的。

(2)受自然地域环境限制的;涉及国家安全、国家秘密或抢险救灾,适宜招标但不宜公开招标的。

(3)拟公开招标的费用与项目的价值相比,不值得的。

(4)法律、法规规定不宜公开招标的。

国家重点建设项目的邀请招标,应当经国务院计划部门批准;地方重点建设项目的邀请招标,应当经各省、自治区、直辖市人民政府批准。

(三)议标

议标是国际上常用的招标方式,这种招标方式是建设单位邀请不少于两家(含两家)的承包商,通过直接协商谈判选择承包商的招标方式。

议标主要适用于不宜公开招标或邀请招标的特殊工程。根据联合国国际贸易法委员会《货物、工程和服务采购示范法》的规定,下列情况可以采用议标:

(1)不可预见的紧迫情况下的急需货物、工程或服务;

(2)由于灾难性事件的急需;

(3)保密的需要。

议标的优点:可以节省时间,容易达成协议,迅速展开工作,保密性良好;其缺点:竞争力差,无法获得有竞争力的报价。

第二节 建设工程施工招标程序

一、建设工程施工招标的条件

(一)建设单位招标应当具备的条件

(1)招标单位是法人或依法成立的其他组织;

(2)有与招标工程相适应的经济、技术、管理人员;

(3)有组织编制招标文件的能力;

(4)有审查投标单位资质的能力;

(5)有组织开标、评标、定标的能力。

不具备上述(2)~(5)项条件的,须委托具有相应资质的咨询、监理等单位代理招标。

(二)建设项目招标应当具备的条件

(1)招标人已依法成立;

(2)初步设计及概算应当审批履行手续的,已经批准;

(3)招标范围、招标方式和招标组织形式等应当履行审批手续的,已经核准;

(4)建设用地的征用工作已经完成;

(5)有能够满足施工需要的施工图纸及技术资料;

(6)建设资金和主要建筑材料、设备的来源已经落实。

上述规定的主要目的在于促使建设单位严格按基本建设程序办事,防止"三边"(边勘测、边设计、边施工)工程的现象发生,并确保招标工作的顺利进行。

二、建设工程施工招标的程序

建设工程招标要经历招标准备工作、招标方式的确定、编制招标文件、发包方发售招标文件、组织现场考察、投标前答疑、接收投标文件、开标、评标、定标及签订合同等诸多过程。公开招标工作程序见图2-1。

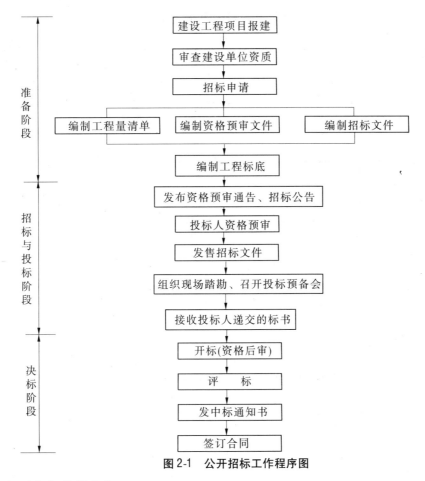

图 2-1　公开招标工作程序图

(一)招标前的准备

招标前的准备由招标人独立完成,主要工作包括下列几个方面。

1. 确定招标范围

工程建设招标,可分为:整个建设过程各个阶段全部工作的招标,即工程建设总承包招标或全过程总体招标,或者其中某个阶段的招标,某个阶段中某一专项的招标。

2. 工程报建

按照《工程建设项目报建管理办法》的规定,工程建设项目由建设单位或其代理机构在工程项目可行性研究报告或其他立项文件被批准后,向当地建设行政主管部门或其授权机构进行报建。建设工程项目报建内容主要包括:工程名称、建设地点、投资规模、资金来源、当年投资额、工程规模、开工日期、竣工日期、发包方式、工程筹建情况。其报建登记表格式见表 2-1。

3. 招标备案

招标人自行办理招标的,在发布招标公告或投标邀请书 5 日前,应向建设行政主管部门办理招标备案,建设行政主管部门自收到备案资料之日起 5 个工作日内没有异议的,招标人可以发布招标公告或投标邀请书;不具备招标条件的,责令其停止办理招标事宜。招标备案表格式见表 2-2。

表 2-1　建设工程项目报建登记表格式

建设单位			单位地址	
工程名称			建设地点	
建设规模			总投资	
资金来源			拟定发包方式	
投资计划文号				
规划许可证号			计划开竣工期	
工程筹建情况	建设用地		负责人	
	拆迁		经办人	
	勘察		联系电话	
	设计		报审日期	
建设单位意见		（盖章） 年　　月　　日		
所属主管部门意见		（盖章） 年　　月　　日		
建设行政主管部门意见		（盖章） 年　　月　　日		

表 2-2　招标人自行招标条件备案表

项目编号：　　　　　　　　　　　　　　　　　日期：　　年　　月　　日

招标人概况	招标人			
	单位性质		法人代表	
	单位地址			
	联系电话		邮　编	
招标项目概况	项目名称		建设规模	m²
	建设地址			
批准文号投资情况	项目批准文号及日期			
	投资来源		计划投资总额	万元
自行招标	经项目审批部门核准	审批部门		
		是否核准自行招标	□是　　　　□否	
		核准文号		
	无需经项目审批或项目审批部门不核准	招标人条件 （□内打√或×）	1. 项目法人资格	□具备
			2. 专业技术力量	□具备
			3. 同类项目招标经验	□具备
			4. 招标机构、业务人员	□具备
			5. 熟悉和掌握招标投标法规	□具备
招标人经办人	签字		联系电话	
法人单位盖章				

4. 选择招标方式

招标人应按照我国《招标投标法》、其他相关法律法规的规定以及建设项目特点确定招标方式。

5. 编制资格预审文件

采用公开招标的工程项目,招标人应参照"资格预审文件范本"编写资格预审文件。资格预审文件的主要内容有:资格预审申请人须知、资格预审申请书格式、资格预审评审标准或方法。

6. 编制招标文件

招标文件是招标机构负责拟定的供招标人进行招标、投标人据以投标的成套文件,工程招标文件不仅是招标、投标阶段进行具体工作的基本依据,而且也是签订合同文件的重要组成部分。招标文件应当包括招标项目的技术要求、对投标人资格审查的标准、投标报价的要求和评标标准等所有实质性要求和条件以及拟签订合同的主要条款。

招标人编写的招标文件在向投标人发放的同时应向建设行政主管部门备案,建设行政主管部门发现招标文件有违反法律、法规内容的,责令其改正。

7. 编制工程标底

工程标底是招标人控制投资、掌握招标项目造价的重要手段。工程标底由招标人自行编制或委托经建设行政主管部门批准的具有编制工程标底资格和能力的中介服务机构代理编制。

招标人根据项目的特点,招标前可以预设标底,也可以不设标底。设有标底的招标项目,在评标时应当参考标底。招标人设有标底的,开标前标底必须保密。

(二)招标与投标阶段的主要工作

1. 发布招标公告或投标邀请书

招标备案后可根据招标方式,发布招标公告或投标邀请书。招标公告的作用在于使潜在投标人获得招标信息,决定是否参与竞争。实行邀请招标的工程项目,招标人应当向三个以上具备承担招标项目能力、资信良好的特定法人或其他组织发出投标邀请书。

2. 资格预审文件的编制与递交

1)资格预审文件的编制

投标申请人应按照资格预审文件要求的格式填报相关内容。编制完成后,须由投标人的法定代表人签字并加盖投标人公章、法定代表人印鉴。

2)资格预审文件的递交

资格预审文件编制完成后,须按规定进行密封,在要求的时间内报送招标人。

3. 资格预审

1)资格审查

采取资格预审的工程项目,招标人需向报名参加投标的申请人发放资格预审文件。招标人资格预审时不得超出资格预审文件规定的评审标准,不得用提高资格标准、业绩标准等附加条件加以限制或排斥投标申请人,不得对投标申请人实行歧视待遇。

2)发放合格通知书

合格投标人确定后,招标人向资格预审合格的投标人发出资格预审合格通知书。投标人在收到资格预审合格通知书后,应以书面形式予以确认是否参加投标。只有通过资格预审的投标申请人才有资格参加下一轮的投标竞争。

4. 发售招标文件

1)招标文件的发售

招标人向合格投标人发放招标文件,可以酌收工本费,但不得以此牟利。对于其中的设计文件,招标人可以酌收押金,在确定中标人后,对于设计文件退回的,招标人应当同时将其押金退还。

2)招标文件澄清或修改

投标人收到招标文件、图纸和有关资料后,若有疑问或不清楚的问题需要解答、解释的,应当在招标文件中相应规定的时间内以书面形式向招标人提出,招标人应以书面形式或在投标预备会上予以解答。

招标人对招标文件所作的任何澄清和修改,须报建设行政主管部门备案,并在投标截止日期15日前发给获得招标文件的所有投标人。投标人收到招标文件的澄清或修改内容后,应以书面形式确认。

招标文件的澄清或修改内容作为招标文件的组成部分,对招标人和投标人起约束作用。

5. 踏勘现场、投标预备会

1)踏勘现场

招标人在投标人须知规定的时间内组织投标人自费进行现场考察,使投标人了解工程项目的现场条件、自然条件、施工条件以及周围环境条件,以便编制投标文件。要求投标人通过自己实地考察确定投标策略,避免在履行合同过程中以不了解现场情况推卸应承担的责任。

投标人在踏勘现场中如有疑问,应在投标预备会前以书面形式向招标人提出,便于招标人对投标人的疑问予以解答。投标人在踏勘现场中的疑问,招标人可以以书面形式答复,也可以在投标预备会上答复。

2)投标预备会

在招标文件中规定的时间和地点,由招标人主持召开投标预备会,也称标前会议或者答疑会。投标预备会由招标人组织并主持召开,目的在于解答投标人提出的关于招标文件和踏勘现场的疑问。答疑会结束后,由招标人以书面形式将所有问题及问题的解答向获得招标文件的投标人发放。会议记录作为招标文件的组成部分,内容与已发放的招标文件不一致之处,以会议记录的解答为准。问题及解答纪要须同时向建设行政主管部门备案。

为便于投标人在编制投标文件时,将答疑会上对招标文件的澄清和相关问题及解答内容考虑进去,招标人可根据需要延长投标截止时间。

6. 投标文件的编制

编制投标文件的准备工作:

(1)投标人领取招标文件、图纸和有关技术资料后,应仔细阅读研究上述文件,可以书面形式向招标人提出问题。

（2）为编制投标文件、选择合适的报价策略，收集现行各类市场价格信息、取费依据和标准。

（3）踏勘现场，掌握建设项目的地理环境和现场情况。

投标文件的编制：

（1）根据招标文件的要求编制投标文件，并按照招标文件的要求办理投标担保事宜。

（2）投标文件编制完成后，仔细整理、核对投标文件。

（3）投标文件需经投标人的法定代表人签署并加盖公章和法定代表人印鉴，并按招标文件规定的要求密封、标志。

7.投标文件的递交与接收

1）投标文件的递交

投标人应在招标文件所规定的投标文件递交日期和地点将密封后的投标文件送达给招标人。

投标人递交投标文件后，在规定的投标截止时间之前，可以以书面形式补充修改或撤回已提交的投标文件，并通知招标人。补充、修改的内容为投标文件的组成部分。但在投标截止日期以后，不能更改或撤回投标文件。

投标截止期满后，投标人少于三个的，招标人将依法重新招标。

2）投标文件的接收

在投标文件递交截止时间前，招标人应做好投标文件签收，并对所接受的投标文件在开标前妥善保存，在规定投标递交截止时间后递交的投标文件，将不予接受或原封退回。

（三）决标阶段的主要工作

决标阶段的工作主要包括开标、评标、定标和签订合同。

1.开标

开标是指在招标文件确定的投标截止时间的同一时间，招标人依照招标文件规定的地点，开启投标人提交的投标文件，并公开宣布投标人的名称、投标报价、工期等主要内容的活动。它是招标投标的一项重要程序，具体要求如下：

（1）提交投标文件截止之时，即为开标之时，其中无间隔时间，以防不端行为有可乘之机。

（2）开标的主持人和参加人。主持人是招标人或招标代理机构，并负责开标全过程的工作。参加人除评标委员会成员外，还应当邀请所有投标人参加：一方面，使投标人得以了解开标是否依法进行，起到监督的作用；另一方面，了解其他人投标情况，做到知彼知己，以衡量自己中标的可能性，或者衡量自己是否在中标的短名单之中。

在开标时，投标文件出现下列情形之一的，应当作为无效标书处理，不得进入下一阶段的评审：

（1）投标文件未按招标文件的要求予以密封；

（2）投标文件中无单位和法定代表人或其委托代理人的印鉴，或未按规定加盖印鉴；

（3）未按规定的格式填写，关键内容不全或字迹模糊、辨认不清；

（4）逾期送达者；

（5）投标人未参加开标会议；

（6）投标未按招标文件的要求提供投标保证金或投标保函；

（7）组成联合体投标的，投标文件未附联合体各方共同协议。

2．评标

评标是在招标管理机构的监督下，按相关规定成立的评标委员会依据评标原则、评标方法对各投标单位递交的投标文件进行综合评价，公正合理、择优向招标人推荐中标单位。

评标委员会由招标人的代表和有关技术、经济等方面的专家组成，一般要求成员人数为5人以上的单数，其中经济、技术方面的专家不得少于成员人数的三分之二。

3．定标

评标委员会完成评标后，向招标单位推荐中标单位，中标单位由招标管理机构核准，获准后由招标单位向中标人发出中标通知书。

4．签订合同

（1）中标人确定后，招标人应当向中标人发出中标通知书，并同时将中标结果告知所有未中标的投标人。中标通知书对招标人和中标人具有同等法律效力，中标通知书发出后，招标人改变中标结果的，或者中标人放弃中标结果的，应当承担法律责任。

（2）招标人与中标人应当自中标通知书发出之日起30日内，按照招标文件和中标人的投标文件订立书面合同，招标人和中标人订立的合同不能对投标文件内容有实质性改变，投标人并按要求提交履约保证金。

（3）中标人若拒绝在规定时间内提交履约保证金或签订合同的，招标人报请招标管理机构批准后取消其中标资格，并按规定没收其投标保证金。若招标人拒绝与中标人签订合同的，应双倍返还投标保证金。

（4）招标人与中标人签订合同后，招标人应及时通知其他投标人。招标人收取投标保证金的，应当将投标保证金退还中标人和未中标人。因违反规定被没收的投标保证金将不予退还。

（四）邀请招标程序

邀请招标的程序与公开招标的程序，只是在审查投标单位的资质等级上不同，邀请招标对投标单位的资质审查采用资质后审的方式，而公开招标一般采用资格预审的方式。其他的程序内容都基本相同。

第三节 建设工程施工招标文件编制

为规范招标文件编制过程、招标文件编制质量，促进招标投标活动的公开、公平和公正，由国家发展和改革委员会等九部委在原2002年版招标文件范本基础上，联合编制了《中华人民共和国标准施工招标文件》（2007年版）（简称《标准文件》），并于2008年5月1日试行。

（1）《标准文件》的实施原则和特点。国务院九部委在总结现有行业施工招标文件范本实施经验，针对实践中存在的问题，在借鉴世界银行、亚洲开发银行做法的基础上编制了《标准文件》。纠正了施工招标文件编制中带有普遍性和共同性的问题，更加规范和完善招标文件的编写。

（2）《标准文件》的适用范围。《标准文件》在政府投资项目中试行。国务院相关部门和地方人民政府相关部门可选择若干政府投资项目作为试点，由试点项目招标人按本规定使用《标准文件》。试点项目招标人应根据《标准文件》和行业标准施工招标文件，结合招标项目的具体特点和实际需要，按照公开、公平、公正和诚实信用原则编写施工招标资格预审文件或施工招标文件。

（3）《标准文件》的内容。《标准文件》共包括四卷八章。

第一卷

　第一章　招标公告（投标邀请书）

　第二章　投标人须知

　第三章　评标办法

　第四章　合同条款及格式

　第五章　工程量清单

第二卷

　第六章　图纸

第三卷

　第七章　技术标准和要求

第四卷

　第八章　投标文件格式

一、招标公告及投标邀请

招标申请书和招标文件、评标办法等获得批准后，招标人就要发布招标公告或发出投标邀请书。

采用公开招标方式的，招标人要在报刊、杂志、广播、电视、电脑网络等大多传媒或建设工程交易中心公告栏上发布招标公告。招标公告应当至少载明下列内容：①招标人的名称和地址；②招标项目的内容、规模、资金来源；③招标项目的实施地点和工期；④获取招标文件或者资格预审文件的地点和时间；⑤对招标文件或者资格预审文件收取的费用；⑥对投标人的资质等级要求。招标公告格式参见本章第五节"建设工程招标书编制实例"。

二、资格审查文件的编制

资格预审主要是审查潜在投标人或投标人是否符合下列条件：

（1）具有独立订立合同的权利；

（2）具有圆满履行合同的能力，包括专业、技术资格和能力，资金、设备和其他物质设施状况，管理能力，经验、信誉和相应的工作人员；三年内没有参与骗取合同有关的犯罪或严重违法行为。

此外，如果国家对投标人的资格条件另有规定的，招标人必须依照其规定，不得与这些规定相冲突或低于这些规定的要求。在不涉及商业秘密的前提下，潜在投标人或投标人应向招标人提交能证明上述有关资质和业绩情况的法定证明文件或其他资料。这样就能预先淘汰不合格的投标人,减少评标阶段的工作时间和费用。

(一)资格预审公告的内容

资格预审公告应包含以下内容:

(1)建设单位名称;建设项目地点;结构类型;批准招标管理机构,现通过资格预审确定出合格的施工单位参加投标。

(2)参加资格预审的施工单位资质等级,施工单位应具备的以往类似经验,并证明在机械设备、人员和资金、技术等方面有能力完成上述工程,以便通过资格预审。

(3)工程质量要求达到国家施工验收规范(优良、合格)标准,计划开工日期及计划竣工日期,施工总工期。

(4)该工程的发包方式,工程招标范围。

(5)符合资质要求条件的施工单位向招标单位领取资格预审文件的地点,资格预审文件的发放日期、具体时间。

(6)施工单位填写的资格预审文件送审的最后截止时间、地点。

(7)双方单位名称、法定代表人盖章,通信地址、联系人、邮政编码、电话、日期等信息。

(二)资格预审须知

资格预审须知应包括以下内容。

1. 总则

总则分别列出工程招标人名称、资金来源、工程名称和位置、工程概述(其中包括"初步工程量清单"中的主要项目和估计数量、申请人有资格执行的最小合同规模,以及资格预审时间表等,可用附件形式列出)。

2. 要求投标人提供的资料和证明

在资格预审须知中应说明对投标人提供资料内容的要求,一般包括:

(1)申请人的身份及组织机构,包括该公司或合伙人、联合体各方的章程或法律地位、注册地点、主要营业地点、资质等级等原始文件的复印件。

(2)申请人(包括联合体的各方)在近三年内完成的与本工程相似的工程的情况和正在履行合同的工程的情况。

(3)管理和执行本合同所配备主要人员的资历和经验。

(4)执行本合同拟采用的主要施工机械设备情况。

(5)提供本工程拟分包的项目及拟承担分包项目分包人的情况。

(6)提供近两年经审计的财务报表,今后两年的财务预测以及申请人出具的允许招标人在其开户银行进行查询的授权书。

(7)申请人近两年介入的诉讼情况。

3. 资格预审通过的强制性标准

强制性标准以附件的形式列入。它是通过资格预审时对列入工程项目一览表中各主要项目提出的强制性要求,包括强制性经验标准(指主要工程一览表中主要项目的业绩要求),强制性财务、人员、设备、分包、诉讼及履约标准等。达不到标准的,资格预审不能通过。

4. 对联合体提交资格预审申请的要求

在许多情况下,对于一个合同项目,需要两家或两家以上组成的联合体才能完成。因此,在资格预审须知中对联合体通过资格预审做出具体规定。一般规定如下:

(1)联合体各方均应当具备承担招标项目的相应能力。

(2)由同一专业的单位组成的联合体,按照资质等级较低的单位确定资质等级。

(3)联合体的每个成员必须各自提交申请资格预审的全套文件。

(4)对于通过资格预审后参加投标的投标文件以后签订的合同,对联合体各方都产生约束力。

(5)联合体协议应随同投标文件一起提交,该协议要规定出联合体各方对项目承担的共同和分别的义务,并声明联合体各方提出的参加并承担本项目的责任和份额以及承担其相应工程的足够能力和经验。

5. 对通过资格预审投标人所建议的分包人的要求

通过资格预审后,如果申请人对他所建议的分包人有变更时,必须征得招标人的同意,否则,他们的资格预审被视为无效。

6. 对通过资格预审的国内投标人的优惠

世界银行贷款项目对于通过资格预审的国内投标人,在投标时能够提供令招标人满意的符合优惠标准的文件证明时,在评标时其投标报价可以享受优惠。一般享受优惠的标准条件为:①投标人在工程所在国注册;②工程所在国的投标人持有绝大多数股份;③分包给国外工程量不超过合同价的50%。具备上述三个条件者,其投标报价在评标排名次时可享受7.5%的优惠。

7. 其他规定

包括递交资格预审文件的份数,送交单位的地址、邮编、电话、传真、负责人、截止日期等。

（三）资格后审

对于一些开工期要求比较早、工程不算复杂的工程项目,为了争取早日开工,有时不进行资格预审,而进行资格后审。资格后审是在招标文件中加入资格审查的内容。投标人在填报投标文件的同时,按要求填写资格审查资料。评标委员会在正式评标前先对投标人进行资格审查,对资格审查合格的投标人进行评标,对不合格的投标人不进行评标。资格后审的内容与资格预审的内容大致相同,主要包括:投标人的组织机构、财务状况、人员与设备情况、施工经验等方面。

三、招标文件的编制

（一）招标文件组成

建设工程招标文件是编制投标文件的重要依据,是评标的依据,也是签订承发包合同的基础,它是构成合同双方履约的依据。招标文件的用意是要告知投标人应注意、必须注意实现的事项。

招标文件的组成除投标人须知中写明的招标文件的内容外,还有对招标文件的解释、修改和补充内容。投标单位应对组成招标文件的内容全面阅读,若投标文件实质上不符合招标文件要求,将有可能被拒绝。

招标文件应告知的内容包括以下几个方面的内容:

(1)投标人必须遵守的规定、要求、条件,评标的标准和程序。

(2)投标文件中必须按规定填报的各种文件、资料格式,包括投标书格式、资格审查报告表、填入单价或总价的工程量清单、报价一览表、施工组织技术方案、投标保函格式及其他补充资料。

(3)中标人应办理文件的格式,如合同协议书格式、履约保函格式、动员预付款保函格式等。

(4)由招标人提出,构成合同的实质内容。

招标文件具体内容可参见本章第五节"建设工程招标书编制实例"。

(二)招标文件的澄清与修改

包括投标人提出的疑问和招标人自行澄清的内容,都应规定于投标截止时间多少日内以书面形式澄清。澄清的内容向所有投标人发送,投标人应在规定的时间内以书面形式给予确定。澄清的内容为招标文件的组成部分。

(三)招标文件的修改

在投标截止时间 15 天前,招标人可以以书面形式修改招标文件,并通知所有已购买招标文件的投标人。如果修改招标文件的时间距投标截止时间不足 15 天,应相应延长投标截止时间。对投标文件的修改和延长投标截止日期应报招标管理部门批准。

四、评标、定标办法编制

建设工程评标、定标办法,在内容上主要由以下几部分组成。

(一)评标、定标的组织

评标、定标的组织是由招标人设立的负责工程投标书评定的临时组织,其形式是评标委员会,由招标人和有关方面的技术经济专家组成,实行少数服从多数的原则。

(二)评标、定标的原则

(1)评标委员会成员应当客观、公正地履行职责,遵守职业道德,对所提出的评审意见承担个人责任。

(2)评标委员会成员不得私下接触投标人,不得收受投标人的财物或者其他好处。

(3)评标委员会成员和参与评标的有关工作人员不得透露对投标文件的评审和目标候选人的推荐情况以及与评标有关的其他情况。

(4)评标委员会可以要求投标人对投标文件中含义不明确的内容作必要的澄清或者说明,但是澄清或者说明不得超出投标文件的范围或者改变投标文件的实质性要求。

(5)评标委员会应当按照招标文件确定的评标标准和方法,对投标文件进行评审和比较,设有标底的应当参考标底。

(6)接受依法实施的监督。

(三)评标、定标的程序

建设工程评标程序分为:评标的准备、初步评审、详细评审、编写评标报告。对确认有效标书一般经过初审、终审,即符合性、技术性、商务性(简称两段三审)后转入定标程序。

(1)评标的准备。评标委员会成员在正式对投标文件进行评审前,应当认真研究招标文件,招标人或者其委托的招标代理机构应当向评标委员会提供评标所需的重要信息和数据。

(2)符合性评审。投标文件的符合性评审包括形式评审、资格评审、响应性评审及商务符合性和技术符合性鉴定。投标文件应实质上响应招标文件的所有条款,否则将被列为废标予以拒绝,不允许投标人通过修正或撤销其不符合要求的差异或保留。主要有以下工作内容:①投标文件的有效性;②投标文件的完整性:投标文件中是否包括招标文件规定应递交的全部文件,如标价的工程量清单、报价汇总表、施工进度计划、施工方案、施工人员和施工机械设备的配备等,以及应该提供的必要的支持文件和资料;③与招标文件的一致性。

(3)技术性评审。投标文件的技术性评审包括:方案可行性评估和关键工序评估;劳务、材料、机械设备、质量控制措施、安全保证措施评估以及对施工现场周围环境污染的保护措施评估。

(4)商务性评审。投标文件的商务性评审包括:投标报价校核,审查全部报价数据计算的正确性,分析报价构成的合理性,并与标底价格进行对比分析。如果报价中存在算术计算上的错误,应进行修正。修正后的投标报价经投标人确认后对其起约束作用。

(5)综合评审。综合评审是指评标委员会按照招标文件上规定的评分标准,对投标人的报价、工期、质量、施工方案或施工组织设计、业绩、社会信誉、优惠条件等方面进行综合评分。

被授权直接定标的评标委员会可直接确定中标人。对使用国有资金投资或者国家融资的项目,招标人应当确定排名第一的中标候选人为中标人。排名第一的中标候选人放弃中标,因不可抗力提出不能履行合同,或者招标文件规定应当提交履约保证金而在规定的期限内未能提交的,招标人可以确定排名第二的中标候选人为中标人。

(四)评标、定标方法

建设工程评标方法有多种,我国目前常用的评标办法有经评审的最低投标价法、综合评估法。

1. 经评审的最低投标价法

经评审的最低投标价法简称为最低投标价法,是对价格因素进行评估,指能够满足招标文件的实质性要求,并经评审的最低投标价格的投标,应当推荐为中标人的方法。

经评审的最低投标价既不是投标人中的最低投标价,也不是中标价,它是将一些因素折算为"评标价",然后依据"评标价"评定投标人的次序,最后确定次序中"评标价"最低的投标人为中标候选人。中标候选人应当限制为 1～3 人。

采用此方法的前提条件是:投标人通过了资格预审,具有质量保证的可靠基础。

该方法的适用范围是:具有通用技术、性能标准,或者招标人对于其技术性能没有特殊要求的招标项目。主要适用于小型工程,是一种只对投标人的投标报价进行评议,从而确定中标人的评标办法。

2.综合评估法

综合评估法,也称打分法,是指评标委员会按预先确定的评分标准,对各投标文件需评审的要素(报价或其他非价格因素,如技术方案、工期、信誉等)进行量化、评审计分,以投标文件综合得分的高低确定中标单位的评标办法。综合评分法可以较全面地反映出投标人的素质,是目前应用最广泛的评标、定标方法。

使用综合评分法,评审要素确定后,首先将需要评审的内容划分为几大项,并根据招标项目的性质、特点,以及各要素对招标人总投资的影响程度来具体分配权重(即"得分");然后再将各类要素细划成评定小项并确定评分标准。这种方法往往将各评审因素的指标分解成100分,因此也称百分法。

(五)评标、定标日程安排

招标文件中应阐明评标、定标的时间及地点,定标的最长期限。

(六)评标、定标过程中争议问题的澄清、解释和协调处理

(略)

第四节　建设工程施工招标标底的编制

一、标底的概念

标底是指招标人根据招标项目的具体情况,编制的完成招标项目所需的全部费用,是根据国家规定的计价依据和计价办法计算出来的工程造价,是招标人对建设工程的期望价格,也是工程造价的表现形式之一。

我国《招标投标法》没有明确规定招标工程是否必须设置标底价格,招标人可根据工程的实际情况自己决定是否需要编制标底。

二、建设工程施工招标标底编制的依据

(1)国家有关的法律、法规和部门规章。

(2)招标文件。如投标人须知、协议书、合同条款、投标书部分、技术规范及标准等。

(3)施工现场地质、水文、勘察资料及现场环境等资料。由于建筑产品的单件性、价值量大及可逆转的特点,不同地点的不同建设项目其水文地质、工程地质条件、环境、交通等都会直接影响建设项目的质量及成本,标底价格中需如实计入上述几方面的影响。

(4)设计文件、施工组织设计、施工方案和方法。

(5)国家和地方现行的工程预算定额、工期定额、工程项目计划类别和取费标准、国家或地方的价格调整文件等。

(6)招标时建筑材料及设备等的市场价格。

三、建设工程施工招标标底编制的原则

(1)根据国家或地方公布的统一工程项目划分、计量单位、工程量计算规则以及施工图纸、招标文件,并参照国家或地方规定的技术、经济标准、定额及规范、当地市场价格等

确定工程量,编制标底。市场价格一般以权威机构所统计的价格为准。

(2)标底的计价内容、计价依据应与招标文件的规定完全一致。标底价格由成本、利润、税金组成,一般应控制在批准的总概算(或修正概算)及投资限额内。

(3)标底作为建设单位的期望价格,应力求与市场的实际变化吻合,要有利于竞争和保证工程质量。

(4)标底价格应考虑因人、机、料等价格变动及施工中的不可预见因素及风险,工程质量要求高的,还应增加相应费用。

(5)一个工程只能编制一个标底。

(6)标底编制完成后,应密封报送招标管理机构审定。审定后必须及时妥善封存,直至开标时,所有接触过标底价格的人员均需保密。

四、标底的编制程序

(1)确定标底的编制单位。

(2)收集编制资料。包括:全套施工图纸及现场地质、水文、地上情况的有关资料,招标文件,领取标底价格计算书、报审的有关表格。

(3)参加交底会及现场勘察。标底编审人员均应参加施工图交底、施工方案交底以及现场勘察、招标预备会,便于标底的编审工作。

(4)编制标底。编制人员应严格按照国家的有关政策、规定,科学公正地编制标底价格。

(5)审核标底价格。

五、建设工程施工招标标底的编制方法

《建筑工程施工发包与承包计价管理办法》(中华人民共和国建设部第 107 号令)第五条中规定,施工图预算、招标标底、投标报价由成本、利润和税金构成。

我国目前建设工程施工招标标底的编制,主要采用定额计价和工程量清单计价来编制。

(一)定额计价法编制标底

定额计价法标底的编制主要采用"单位估价法"。它是根据施工图纸及技术说明,按照预算定额规定的分部分项工程子目,逐项计算出工程量,再套用相应项目定额单价(或单位估价表单价)确定直接工程费,然后按定额和规定的费率确定措施费、间接费、利润和税金,再加上人、机、材价格调整和考虑适当的不可预见费,汇总后即可作为工程标底价格的基础。其中,人工、机械台班单价按照本地区造价管理部门规定,材料参照本地区造价管理部门发布的市场指导价取定。

运用定额计价法编制招标工程的标底大多是在工程概算定额或预算的基础上作出的,但它不完全等同于工程概算或施工图预算。编制一个合理、可靠的标底还必须在此基础上考虑以下因素:标底必须适应目标工程的要求,应将目标工期对照工期定额,按照提前天数及工程质量高于国家验收规范的给予奖励,充分考虑到价差因素的影响,还应将地下工程及"三通一平"等招标工程范围内的费用正确计入标底价格,不可抗力可能对施工

产生的影响也应计入其中。

（二）工程量清单计价法编制标底——招标控制价

以工程量清单计价法编制招标控制价主要采用"综合单价法"，所谓综合单价是指完成一个规定计量单位的分部分项工程量清单项目或措施清单项目所需的人工费、材料费、施工机械使用费和企业管理费与利润，以及一定范围内的风险费用。其计算方法为：按规定的工程量计算规则计算出各分项工程的工程量，再与相应的综合单价相乘，得到各分项工程费，将其汇总得分部分项工程项目费，再加上措施项目费、其他项目费、规费和税金，即构成招标控制价。招标控制价由招标最高控制价(A)和招标最低控制价(B)组成。

招标最高控制价(A)是由招标人根据国家或省级、行业建设主管部门颁发的有关计价依据和办法，按设计施工图纸计算的，对招标工程限定的最高工程造价，其数值要求在招标文件中公布，不保密。招标最高控制价(A)是招标人对招标工程发包的最高限价，投标人的报价如超过招标控制价，其投标将作为废标处理。

招标最低控制价(B)是由招标最高控制价(A)乘一定的下浮折减后形成的价格，其计算公式为：$B = A \times (1 - K)$，K 为下浮的幅度。投标人的报价高于且最接近于招标最低控制价(B)，其商务标得分最高。

第五节　建设工程招标书编制实例

建设工程招标的范围包括项目的勘察、设计、施工、监理以及与工程建设有关的重要设备、材料等的采购。下面以某市工业蒸汽锅炉房工程土建施工工程为例，说明招标活动。

一、招标公告

某市工业蒸汽锅炉房工程土建施工招标公告

1. 招标条件

某市工业蒸汽锅炉房工程土建施工项目已由某市建设委员会招标办批准公开招标（批文号：豫[2008]ZJK85 号），项目业主为某市热力总公司，建设资金自筹，招标人为某市热力总公司。项目已具备招标条件，现对该项目的施工进行公开招标。

2. 项目概况与招标范围

2.1　某市热力总公司工程，建设地点在某市经济技术开发区下塘街 23 号，结构类型为钢结构和钢筋混凝土结构，建设规模约为 14 000 m^2。

2.2　工程质量要求达到国家施工验收规范合格标准。开工日期为 2009 年 3 月 1日，竣工日期为 2009 年 8 月 31 日，工期以合同签订工期为准。

2.3　该工程的发包方式为土建工程总承包，招标范围以招标人提供的施工图为准。

3. 投标人资格要求

3.1　本次招标要求投标人须具备房屋建筑工程施工总承包二级以上资质，具有2005 年以来承建烟囱工程 1 个以上业绩，并在人员、设备、资金等方面具有相应的施工能力。

3.2 本次招标不接受联合体投标。

4. 招标文件的获取

4.1 凡有意参加投标者,请于 2008 年 10 月 6 日至 2008 年 10 月 17 日(法定公休日、法定节假日除外),每日 8:30 至 12:00,14:30 至 17:30(北京时间,下同),在某工程建设监理公司招标代理部(黄河路 12 号)持单位介绍信购买招标文件。

4.2 招标文件每套售价 2 000 元,售后不退。图纸押金 20 000 元,在退还图纸时退还(不计利息)。

4.3 邮购招标文件的,需另加手续费(含邮费)200 元。招标人在收到单位介绍信和邮购款(含手续费)后 3 日内寄送。

5. 投标文件的递交

5.1 投标文件递交的截止时间(投标截止时间,下同)为 2008 年 12 月 18 日 9:00 整,地点为某工程建设监理公司招标代理部。

5.2 逾期送达或者未送达指定地点的投标文件,招标人不予受理。

二、投标人须知

(一)投标人须知前附表

投标人须知前附表如表 2-3 所示。

表 2-3 投标人须知前附表

项号	内容
1	工程综合说明: 工程名称:某市工业蒸汽锅炉房工程土建施工 建设地点:某市经济技术开发区下塘街 23 号 招标范围:主厂房设备基础及储煤库、灰渣库、输煤廊、烟囱、办公楼等附属工程(以招标人提供的施工图为准) 投资总额:暂定 1 000 万元 要求工期:以合同签订工期为准 发包方式:土建工程总承包 工程质量及安全要求:合格工程,无安全事故
2	资金来源:自筹
3	投标人资质等级:房屋建筑工程施工总承包二级以上资质 项目经理资质等级:具有工民建二级以上资质
4	投标有效期:60 天(日历天)
5	投标保证金:¥800 000 元 大写:人民币捌拾万元整 单位名称:某市热力总公司 银行账号: 开户行:某市建设银行

项号	内容	
6	发招标文件时间:2008 年 10 月 6 日 发招标文件地点:某工程建设监理公司招标代理部(黄河路 12 号)	
7	答疑方式:投标人若有疑问应在收到招标文件 3 天内以书面形式递交或传真至某工程建设监理公司招标代理部,招标人以答疑书的形式回答投标人疑问	
8	投标文件份数:正本 1 份、副本 6 份、电子版 1 份	
9	开标时间:2008 年 12 月 18 日 10 时整(北京时间) 投标截止日期:2008 年 12 月 18 日 9 时整(北京时间) 投标有效期:开标后的 28 日内 开标及投标文件递交地点:某工程建设监理公司招标代理部(黄河路 12 号)	
10	履约保证金:中标人在收到中标通知书后 5 日内向招标人提供中标价5%的履约保证金,履约保证金以现金或电汇形式提供	
11	采用工程量清单计价形式 投标人可根据企业具体情况在合理范围内自主报价,但不得低于企业实际成本	
12	招标代理机构: 地址: 联系人: 电话/传真:	招标人: 联系人: 地址: 电话:

(二) 总则

本招标文件是某市工业蒸汽锅炉房工程土建施工招标过程中各投标方编制投标书的依据。

1. 工程说明

1.1　本工程位于某市经济技术开发区下塘街 23 号,现已有满足施工所用图纸。

1.2　建设地点的现场条件:现场自然条件已具备,现场施工条件已完成。

1.3　本次招标已按照有关规定向某区建设工程招标投标管理办公室办理了招标申请,并获得核准备案。

1.4　本次招标形式为公开招标,结构类型、建设地址、资金来源、质量标准、工期要求、发包范围等见表 2-3。

1.5　工程质量要求:合格工程。若因中标人原因造成工程质量达不到工程质量要求时,中标人应无条件返修并承担由此造成的一切损失。

1.6　招标人发放招标文件后,投标人自行勘察现场,因此而产生的费用由投标人自理。

1.7　要求工期:以合同签订的工期为准。

2. 资金来源:自筹

3. 投标资格与合格条件的要求

3.1　投标人资质等级:房屋建筑工程施工总承包二级以上资质;项目经理资质等级:具有工民建二级以上资质。

3.2　中标人在投标文件中拟定的施工项目经理及主要技术、管理人员,在施工过程中不经招标人同意不得更换,否则将被视为违约;对于不称职的施工管理人员,招标人有权要求中标人随时更换。

3.3　主体土建工程不允许分包,中标人不得向他人转让中标项目,不得将中标项目肢解后分别向他人转让。中标人按照合同约定或者经招标人书面同意,可以将中标项目的部分非主体、非关键性工作分包给他人完成,但分包部分不得超过中标价格的30%;接受分包的人应具备相应的资质条件,并不得再次分包。

4. 投标费用

投标方应承担编制投标文件与递交投标文件所涉及的一切费用。不管投标结果如何,发包方对上述费用不负任何责任。

(三) 招标文件

5. 招标文件的组成

5.1　本合同的招标文件包括下列文件及所有按本须知第7条发出的补充资料。

招标文件包括下列内容:

(1)投标人须知;

(2)合同协议条款;

(3)合同条款;

(4)商务投标格式;

(5)技术投标格式;

(6)项目专项要求;

(7)图纸及相关资料;

(8)工程量清单。

5.2　投标人应认真阅读招标文件中所含的投标人须知、合同条款、技术规范、规定格式等内容,投标人的投标文件应在实质上响应招标文件的要求;否则,投标人的投标文件将被拒绝。

6. 招标文件的解释

此招标文件最终解释权归某市热力总公司招标处所有。

投标单位对收到的招标文件若有疑问应在收到招标文件后3日内,以书面形式并加盖公司公章送达招标人,招标人将在投标截止15日前以书面形式予以解答(包括对要求澄清问题的说明,但不指明问题的来源),答复将送给所有获得招标文件的投标单位,并作为招标文件的补充组成部分。

7. 招标文件的修改

7.1　招标人在招标文件发出后,如需对招标文件进行修改,将在投标截止日期15日前以补充通知的形式通知投标人。补充通知作为招标文件的组成部分,对投标人起约束作用。

7.2 当招标文件、答疑纪要、补充通知内容相互矛盾时,以最后发出的通知(或纪要)为准。

(四)投标文件

8.投标文件的要求

与投标有关的所有文件必须使用中文。投标文件内不得作其他任何与本工程无关的标识或文字;版面整洁、字迹清楚、不许涂改。

9.投标文件的组成

投标人的投标文件应包括下列内容:

A.商务标

(1)投标函及投标函附录;

(2)法人代表授权委托书;

(3)投标文件汇总表;

(4)详细投标预算书:包括工程量清单表、主要材料清单报价表、设备清单报价表、投标报价汇总表等;

(5)投标保证金交付证明;

(6)投标人资格及资质证明文件;

(7)服务、保修及优惠承诺。

B.技术标

(1)投标人实力、业绩证明资料:包括企业2006年以来承建类似工程业绩(包括项目名称、专业分类、起止时间、工程造价、质量评定结果);项目经理2006年以来承建的类似工程业绩(包括项目名称、专业分类、起止时间、工程造价、质量评定结果);拟完成本工程的技术力量;项目部主要管理和技术人员的数量、资历、证书、在本工程中拟担任的职务项目经理工作简历。

(2)施工组织设计:包括工程概况及施工部署;施工准备;施工方案及主要施工方法是否科学、合理、周密详细;满足工程需要的劳动力计划及主要施工机械配备;是否有质量目标、保证体系及质量控制程序;保证工期的技术组织措施;确保安全、文明施工的技术措施;施工总进度计划是否安排合理,周密详细,抓住关键工序;施工总平面布置图合理有序。

(五)投标报价

10.投标货币

投标文件中有图纸部分投标报价全部采用人民币表示,无图纸部分采用百分比费率表示。

11.报价方式

本次投标报价采用两种:有图纸的工程由投标人做预算自主合理报价,其报价应是完成图纸及招标文件规定范围内的全部内容。

没有图纸的工程以优惠比率报价方式,只报工程最终结算价的优惠比率。即

$$合同价 = 审定工程造价(结算价) \times (1 - 优惠比率)$$

12. 投标人报价要求

投标人应充分考虑施工期间各类建材的市场风险和国家政策性调整风险系数,在合理范围内投标方自主报价,但不得低于企业实际成本。

（六）投标文件的递交

13. 投标文件的份数、密封与标志

13.1　投标文件要求正本 1 份、副本 6 份,电子版本 1 份。电子版投标文件以 U 盘形式提供,文档打不开者按废标处理。

13.2　投标文件商务标和技术标不分别装订,正本和副本应分别装订,并在封面注明"在　年　月　日　时前不准启封"字样,封条上加盖投标人公章和法定代表人(或授权代表)印签或签字,包封的正面加盖投标人公章和法定代表人(或授权代表)印签或签字,并写明招标编号、项目名称、投标人名称、日期。

13.3　投标文件正本与副本均应使用不能擦去的墨水打印或书写,并须加盖投标人的企业印章、企业法定代表人或其委托代理人印章。

13.4　正本、副本如有不一致之处,以正本为准;如果用数字表示的数额与文字表示的数额不一致时,以文字表示的数额为准。

13.5　全套投标文件应无涂改和行间插字,如有修改须在修改处加盖投标人的企业印章、企业法定代表人或其委托代理人印章。

14. 投标文件的递交

14.1　投标人应按表 2-3 所规定的投标文件递交截止时间之前将投标文件送达开标地点。

14.2　在投标文件递交截止时间以后送达的投标文件为无效的投标文件,招标人将原封退给投标人。

14.3　投标文件有下列情形之一的,招标代理人将拒收其投标文件。

(1)投标截止时间后送达的;

(2)未按招标文件要求提供投标保证金的;

(3)未密封或者未按招标文件要求密封的。

15. 投标有效期

15.1　投标有效期从本须知表 2-3 规定的投标文件递交截止时间起开始计算。投标文件在本须知表 2-3 规定的日历天内保持有效。

15.2　在特殊情况下,招标人可以根据需要以书面形式向投标人提出延长投标有效期的要求,对此要求投标人须以书面形式予以答复。投标人可以拒绝招标人这种要求,而不被没收投标保证金。同意延长投标有效期的投标人既不能要求也不允许修改其投标文件,但需要相应的延长投标保证金的有效期,在延长的投标有效期内,本须知关于投标保证金退还与没收的规定仍然适用。

16. 投标保证金

16.1　投标人应提供一份 80 万元的投标保证金,投标保证金必须在领取招标文件后

10 日内提供,投标保证金的进账回单或收据是投标文件的一个组成部分。

16.2 招标人将拒绝未按要求提供投标保证金的投标文件。

16.3 未中标投标人的投标保证金将在确定中标人后 7 日内退还(不计利息)。

16.4 如有下列情况,招标人将没收投标人的投标保证金:

(1)中标人未能在规定期限内签署施工合同;

(2)投标人在投标有效期内撤回其投标文件。

17. 投标文件的修改、补充与撤回

17.1 投标人可以在投标文件递交截止时间之前以书面形式修改、补充或撤回投标文件。在投标文件递交截止时间后不能修改、补充或撤回投标文件。

17.2 投标文件的修改、补充与撤回通知,投标人均须按本款的规定密封、标志和递交(标明"修改"、"补充"或"撤回"字样)。

17.3 在投标有效期内,投标人不能撤回其投标文件。

(七)开标

18. 开标要求事项

18.1 招标单位按照招标文件既定的时间和地点公开举行开标会议,并邀请所有投标人代表参加开标会议,开标会议由招标代理机构主持,在有关部门的监督下进行。

18.2 只有投标人的企业法定代表人或其委托代理人(持合法、有效的委托书及身份证原件)方可参加开标会议。

18.3 投标人应按时参加开标会议并签到,投标人参加开标会议时应出示以下资料:合法、有效的委托书,身份证原件(企业法定代表人委托代理人),项目经理证原件。

19. 投标文件出现以下情况之一者作废标处理

(1)未加盖投标人公章及未经法定代表人或者法定代表人委托的代理人签字的;

(2)超过招标文件规定的项目完成期限的;

(3)投标文件附有招标人不能接受的条件的;

(4)明显不符合安全技术规格、标准要求的;

(5)以他人名义投标的;

(6)采取不正当手段谋取中标的;

(7)未按招标文件规定编制各项报价的;

(8)税金、安全文明搬迁施工增加费违背工程造价管理规定的;

(9)不符合招标文件中规定的其他实质性要求的。

(八)评标、定价

20. 评标内容的保密

20.1 公开开标后,直到授予中标人合同为止,凡属于对投标文件的审查、澄清、评价和比较的有关资料以及中标候选人的推荐情况,与评标有关的其他任何情况均应保密。

20.2 在投标文件的评审和比较、中标候选人推荐以及授予合同的过程中,投标人如试图向招标人和评标委员会施加的任何行为,都将会导致其投标被拒绝。

21. 投标文件的澄清

为了有助于投标文件的审查、评价和比较,评标委员会可以以书面形式要求投标人对投标文件含义不明确的内容作必要的澄清或者说明。有关澄清说明与答复,投标人应以书面形式进行,但对投标报价和实质性的内容不得更改。凡属于评标委员会中发现的算术错误进行核实的修改不在此例。

22. 错误的修正

评标委员会将对确定为实质上响应招标文件要求的投标文件校核,看其是否有计算上、累计上或表达上的错误,修正错误的原则如下:

(1)如果数字表示的金额和用文字表示的金额不一致,应以文字表示的数额为准;

(2)投标文件中填报的投标报价、投标日期、工程质量目标前后不一致时,以投标函及其附表所填报的内容为准。

23. 投标文件的评审

本次评标采用综合评估法,评标委员会按下列评标办法进行综合打分,评标分初审、详审和推荐中标候选人三个阶段。

23.1 初审

23.1.1 评标委员会首先审定每份投标文件是否有效,有下列情况之一的,招标文件视为无效(即无效标):

(1)投标人以他人名义投标、串通投标、以行贿手段谋取中标或者以其他弄虚作假方式投标的。

(2)投标人的报价明显低于其他投标报价、使得其投标报价可能低于其成本价,当评委会要求该投标人提供相关证明材料,而投标人不能合理说明或者不能提供相关证明材料的。

23.1.2 评标委员会不对无效标进行评审。

评标委员会拒绝投标人通过修正或撤销其不符合要求的偏差,使之成为具有响应性的投标。

23.2 投标文件的详细评审。

经初步评审合格的投标文件,评标委员会根据招标文件确定的评标标准和方法,对其技术标部分和商务标部分作进一步评审与比较。

23.3 推荐中标候选人。

23.3.1 投标人的排名按得分从高到低顺序排列。评标结束后,评标委员会写出评标报告并向招标人推荐得分高的前三名为中标候选人。

23.3.2 经评标委员会评审,若发现有效投标文件不足三个使得投标明显缺乏竞争的,评标委员会可以否决全部投标,招标人应依法重新招标。

24. 定标

招标人按评标委员会依法推荐的中标候选人顺序确定中标人。若前位中标候选人不再响应招标文件或确有重大实质性问题,可以按顺序向下确定中标人。

25. 评标规则

本工程采用综合评估法,即最大限度地满足招标文件中规定的各项综合评价标准,给报价、施工组织设计、质量保证、工期保证、业绩与信誉等赋予不同的权重,用打分的方法,评出中标人。

(九)授予合同

26. 合同授予标准

本工程合同将授予经过评标委员会推荐并经招标人确认的中标人。

27. 中标通知书

(1)招标人在确定中标人之日起 15 日内,向监督部门提交施工招标投标情况的书面报告。

(2)招标人将在发出中标通知书的同时,将中标结果以书面形式通知所有未中标的投标人。

(3)中标通知书是合同的组成部分。

28. 合同签订

(1)招标人和中标人应当自中标通知书发出之日起 15 日内,按照招标文件和中标人的投标文件订立书面合同,订立书面合同后 7 日内,中标人应将合同送至招标投标监督管理机构备案。

(2)施工合同经双方法定代表人或其委托代理人签字并加盖企业印章和法定代表人或其委托代理人印章后生效。

(3)如果中标人未能遵守相关规定与招标人订立合同的,投标保证金不予退还并取消其中标资格,给招标人造成的损失超过投标保证金数额的,应当对超过部分予以赔偿;招标人无正当理由不与中标人签订合同,给中标人造成损失的,招标人应当给予赔偿。

(4)鉴于热力工程的施工特点,在收到中标通知书后的 7 日内,如果中标人未按要求提供履约保证金,招标人将取消其中标资格,并扣除投标保证金。

29. 履约担保

合同协议书签署后 7 日内,中标人应按本须知表 2-3 第 10 项规定的金额向招标人提交履约担保。

三、评标办法

(一)评标内容

评标内容为商务标和技术标。

(二)评标人员

评标委员会由招标人和从某省招标评标专家库中随机抽取的专家组成。招标方人员 1 人,专家库中抽取的专家 4 名。评标采取少数服从多数的原则。

(三)评标计分标准

评标内容的分值分配:各评标内容的分值总和为 100 分,分值分配及分配系数如表 2-4 所示。

表 2-4 评标内容分值分配及分配系数表

序号	项目名称		分值分配及分配系数
一	技术标 (40分)	工程质量	2(0.02)
		施工组织设计	28(0.28)
		技术保证措施	10(0.10)
二	商务标 (60分)	投标报价	50(0.50)
		服务、保修及优惠承诺	8(0.08)
		项目组织机构	2(0.02)

(四)施工组织设计实行暗标

(略)

(五)技术标的评标标准(40分)

1.工程质量(2分)

承诺工程质量达到质量目标要求的得2分。

2.施工组织设计(28分)

(1)工程概况及施工部署(0~3分)。

(2)施工准备(0~2分)。

(3)施工方案及主要施工方法是否科学、合理、周密详细(2~5分)。

(4)满足工程需要的劳动力计划及主要施工机械配备(1~2分)。

(5)是否有质量目标、保证体系及质量控制程序(1~2分)。

(6)保证工期的技术组织措施(1~4分)。

(7)确保安全、文明施工的技术措施(1~3分)。

(8)施工总进度计划是否安排合理,周密详细,抓住关键工序(1~2分)。

(9)施工总平面布置图合理有序(0~3分)。

(10)有降低成本、提高质量的合理化建议(1~2分)。

评标委员会根据以上内容要求在0~28分之间打分,每缺1项,所缺项为0分。

3.技术保证措施(10分)

(1)切实可行的保护周围坏境和不扰民措施。

(2)切实可行的保护地下管网、电缆等措施。

(3)投标人是否有确保安全、文明施工专项方案及安全保证体系和安全保证制度。

(4)投标人项目管理机构人员是否配备齐全。

(5)确保各工序质量技术措施,及全过程质量控制工作。

评标委员会根据以上内容要求在0~10分之间综合打分,每缺1项,所缺项为0分。

(六)商务标的评标标准(60分)

1.投标报价(50分)

有图纸部分和无图纸部分的工程投标报价各占25分。

（1）有图纸的单项工程投标报价评分办法。

招标人提出的标底的 50% 与所有有效投标人投标报价（去掉一个最低值和一个最高值）的算数平均值的 50% 之和作为评标标准价（D）。投标人的投标报价与评标价相比，相等者得基本分 16 分；每低于评标价 1%，在 16 分的基础上加 1.5 分，最多加 9 分；低于评标价 6% 的（不含 6%），每低 1%，在 25 分的基础上扣 1 分，扣完为止；高于评标价的，每高于 1%，在 16 分的基础上扣 1 分，扣完为止。

（2）无图纸的单项工程投标报价评分办法。

招标人提出的优惠比率的 50% 与所有有效投标人所报优惠比率的算术平均值的 50% 之和作为评标优惠比率（D）。有效投标人报价优惠比率（C）与评标优惠比率（D）相比较，其差值 A（优惠比率）为零者得 16 分，每差 1%，在 16 分的基础上加 2 分，最多加 9 分；相差 6%（不含 6%）以上，每差 1%，在 25 分基础上扣 1.5 分，25 分扣完为止；每差 −1%，在 16 分基础上扣 1 分，扣完为止；相差比例不是整数的小数点后保留 2 位（恶意报价者此项不得分）。

计算式：$A\% = C - D$，A 保留两位小数。

报价采用内插法计算，取小数点后 2 位，计算 3 位，四舍五入至 2 位。

2. 服务、保修及优惠承诺（8 分）

（1）保证专款专用。

（2）保修期限按国家有关规定，发现问题保证做到随叫随到、优质服务。

（3）工期承诺（由投标人自己根据自身实力填写）。

（4）投标人对农民工工资保障金承诺及其他承诺（由投标人自己根据自身实力填写）。

以上 4 项评标委员会根据以上内容要求在 0～8 分之间综合打分，每缺 1 项，所缺项扣 3 分，扣完为止。

3. 项目组织机构（2 分）

项目组织机构健全，组织形式设置合理（2 分）。

四、合同条款及格式

本工程执行《建设工程施工合同（示范文本）》（GF—1999—0201）的合同条件，依据招标文件及其补充通知、投标文件、答疑纪要、中标通知书、投标人在投标文件中承诺的工期、质量及其他承诺签订施工合同。

五、图纸

本工程目前有图纸 56 页。

六、工程技术条件及规范

本工程实施中采用图纸中指定的和以下列出的技术规范和标准。所采用的规范和标准如出现施工不一致的情况，以标准高的为准。

（1）《建筑地基处理技术规范》（JGJ 79—1991）。

（2）《地下工程防水技术规范》（GB 50108—2008）。

(3)《混凝土结构工程施工质量验收规范》(GB 50204—2002)。

(4)《建筑地面工程施工及验收规范》(GB 50209—1995)。

(5)《建筑安装工程质量检验评定统一标准》(GBJ 300—88)。

(6)《预制混凝土构件质量检验评定标准》(GBJ 321—1990)。

(7)《建筑机械使用安全技术规程》(JGJ 33—2001)。

(8)《建筑工程施工现场供用电安全规范》(GB 50194—1993)。

(9)《现场设备、工业管道焊接工程施工及验收规范》(GB 50236—1998)。

(10)《城市供热管网工程施工及验收规范》(CJJ 28—2004)。

(11)《工业金属管道工程施工及验收规范》(GB 50235—1997)。

(12)《城镇直埋供热管道工程技术规程》(CJJ/T 81—1999)。

以上规范,以最新发布的为准。以上技术规范、标准与新技术规范、标准不一致时,以新技术规范、标准为准。

本章小结

在建设市场运行过程中,招标投标制度全面保障了承发包双方利益,保证了竞争的公开、公平。本章介绍了建设工程项目施工招标的概念、范围和程序等各阶段的主要工作,招标的种类、范围、方式,招标文件内容及格式,依据国家颁布的《招标投标法》、《工程建设项目施工招标投标办法》、《标准施工招标资格预审文件》和《标准文件》等内容进行招标文件的编写及实施。编制工程标底的方法有定额计价法和工程量清单计价法。开标时间为提交投标文件截止时间的同一时间,在招标人的主持下邀请所有投标人参加开标会。在评标环节,评标委员会由招标人代表和评标专家组成,成员为 5 人以上单数,其中技术、经济专家不少于成员总数的三分之二。评标时可以采用综合评估法和经评审的最低投标价法,中标人的投标应当能够最大限度地满足招标文件中规定的各项综合评价标准,或者能够满足招标文件的实质性要求,并且经评审的投标价格最低,全低于成本的除外。

【小知识】 国际工程招标的方式与惯常做法

国际工程招标投标既可能是国外的工程建设项目,也有可能是在我国境内的自有资金工程建设项目,如国家大剧院的设计、奥运会相关项目等都应用了国际工程招标。工程项目建设的资金如果使用国际金融组织或外国政府贷款,也必须遵循贷款协议中采用国际工程招标投标方式选择中标人。

1. 国际工程招标方式

1)国际竞争性招标

招标人邀请几个及至几十个投标人参加投标,通过多数投标人竞争,选择其中对招标人最有利的投标人达成交易的方式。分为公开招标、邀请招标两种。目前,国际上普遍采用。

2)国际非竞争性招标

国际非竞争性招标也称议标,具体做法与国内招标方式相似。近10年来,在国际工程承发包中地位越来越重要。

3）双信封投标

双信封投标即投标人同时递交技术建议书和价格建议书。评标时首先开封技术建议书，并审查技术方面是否符合招标的要求，再与每一位投标人对其技术建议书进行讨论，以使所有的投标书达到所要求的技术标准。如由于技术方案的修改导致原已递交的投标价需修改时，将原提交的未开封的价格建议书退还投标人，并要求投标人在规定期间再次提交其价格建议书。当所有价格建议书都提交后，再一并打开进行评标。亚洲银行允许采用此种做法，但需事先得到批准，并应注意将有关程序在招标文件中写清楚。世界银行不允许采取此种做法。

4）两阶段招标

两阶段招标是指国际竞争性招标与国际非竞争性招标两种方式的有机结合。第一阶段，按公开招标方式进行，选出几家符合资格的投标人再进行第二阶段的投标报价，最后确定中标人。

5）保留性招标

招标人所在国为了保护本国投标人的利益，将原来适合于无限竞争性招标方式招标的工程留下一部分专门给本国承包商。这种方式适合于资金来源渠道广的工程项目，如世界银行贷款加国内配套投资的项目招标。

6）地区性公开招标

项目的资金来源属于某一地区的组织，例如：阿拉伯基金、地区性开发银行贷款等。该项目的招标只限于该组织的成员国。

7）排他性招标

在利用政府贷款采购物资或者建设工程项目时，一般都规定在借款国和贷款国同时招标，只有借、贷两国的供应商和承包商才能参加投标，这种方式称为排他性招标。其招标方式可以采取公开招标或谈判招标的方式进行。

2. 惯常做法

1）世界银行推行的做法

强调项目的经济性和效益性；对所有会员国、瑞士和中国台湾的所有合格企业予以同等的竞争机会，通过招标和签署合同，采取措施鼓励借款国发展本国制造和承包商（评标时，借款国的承包商享有7.5%的优惠）。要求业主公正表述拟建工程的技术要求，保证不同国家的合格企业能够广泛参与投标，技术说明书须以实施的要求为依据，世界银行从项目选择直到整个实施过程都有权参与意见，在关键性问题上享有决定性发言权。

2）英联邦地区的做法

以改良的方式实行国际竞争性招标，即国际有限招标，主要做法：

（1）对承包商资格预审。

（2）招标部门保留一份常备的经批准的承包商名单，使业主在委托项目时心中有数。

（3）规定预选投标者的数目，一般邀请4~8家投标人，项目规模越大，邀请的投标者越少。

（4）初步调查。在发出标前，先对其保留的名单上拟邀请的承包商的投标诚意情况进行调查,以保证要求的投标者的数目。

3)法语国家和地区的做法

招标方式有拍卖式和询价式。

拍卖式招标:是在取得投标资格的条件下,以报价作为判标的唯一标准,即在投标人报价低于招标人规定的标底价的条件下,报价最低者得标。此方式适用于简单工程或工程内容完全确定,技术高低不影响对承包商的选择情况。公开宣布各投标人报价后,如报价全部超过标底的20%,招标单位有权宣布废标,此情况下,招标单位可对原招标条件作某些修改后重新招标。

询价式招标:是法语国家和地区工程发包单位招揽承包商参加竞争以委托实施工程的另一种形式。它是法语国家和地区工程承发包的主要方式,适用于工程复杂,规模较大,涉及面广及技术、工期、外汇与支付比例等有严格要求的工程项目。此种方式与世界银行推行的竞争性招标做法大体相似,可以是公开询价招标,也可以是有限询价式招标;可以采取带设计的竞赛形式,也可以采取非竞赛形式。

复习思考题

2-1 我国《招标投标法》中规定哪些工程建设项目必须招标?

2-2 为什么要对投标人进行资格审查? 资格审查的方式有几种? 投标人资格审查需要提供哪些资料?

2-3 编制标底的主要程序与主要依据是什么?

2-4 联合体投标要注意哪些问题?

2-5 评标委员会如何组成? 常用的评标方法有哪几种?

2-6 某建筑工程项目施工招标工作进入评标阶段,共有3家承包商的投标文件进入详细评审。根据招标文件确定的评标标准和评标方法,本项目评标采用综合评估法。具体评标标准如下:

报价不超过标底价(35 500万元)的±5%者为有效标,超过者为无效报价。报价为标底的98%者得100分,在此基础上,报价比标底每下降1%,扣1分,每上升1%,扣2分(计分按四舍五入取整)。定额工期为500天,评分标准:工期提前10%为100分,在此基础上每拖后5天扣2分。企业信誉和施工经验得分在资格审查时评定。

上述四项评标指标的总权重分别为:投标报价60%,投标工期20%,企业信誉和施工经验均为10%。各投标单位的有关情况如表2-5所示。

表2-5 各投标单位的有关情况

投标单位	报价(万元)	总工期(天)	企业信誉得分	施工经验得分
A	35 642	460	95	100
B	34 364	450	95	100
C	33 867	460	100	95

问题:请按综合得分最高者中标的原则确定中标单位。

第三章　建设工程投标

【职业能力目标】

通过本章的学习,能够为投标决策收集整理需要的信息资料,能够协助编写投标文件,能够协助造价工程师运用投标技巧调整投标报价。

【学习要求】

1. 掌握有关工程投标的基本概念,投标程序,投标决策的影响因素及投标技巧,投标文件的内容及注意事项。

2. 了解投标活动的一般程序。

3. 掌握投标文件的组成。

第一节　建设工程投标概述

一、投标的概念

投标有时也叫报价,指投标人(或承包人)根据所掌握的信息,按照招标人的要求,参与投标竞争,以获得工程建设承包权的法律活动。

招标与投标是一个有机整体,招标是建设单位在招标投标活动中的工作内容;投标则是承包商在招标投标活动中的工作内容。

投标的主要活动内容是:

(1)投标人了解的投标信息,提出投标申请;

(2)接受招标人的资格审查;

(3)购买招标文件及有关技术资料;

(4)参加现场踏勘,并提出疑问;

(5)编制投标文件;

(6)办理投标保函,递交投标文件;

(7)参加开标会;

(8)若中标,接受中标通知书并签订合同。

二、投标的组织

投标是一种市场竞争行为,在买方市场的状态下,投标过程竞争十分激烈,需要有专门的机构和人员对投标全过程加以组织与管理,以提高工作效率和中标的可能性。建立一个强有力的、内行的投标班子是投标获得成功的根本保证。

不同的工程项目,由于其规模、性质等不同,建设单位在决策时可能各有侧重,因而在确定投标班子人选及制订投标方案时必须充分考虑,在企业中抽调相关人员组成干练有效的投标班子投标,或选择合适的合作伙伴组成联合体投标;寻找良好的合作银行。

投标班子的组成人员应包含以下四个方面的人才:

(1)经营管理类人才。指专门从事工程业务承揽工作的公司经营部门管理人员和拟定的项目经理。经营部人员应具备一定的法律知识,熟悉《招标投标法》、《中华人民共和国合同法》、《建筑法》和《建设工程质量管理条例》等法律法规,熟悉招标文件,包括合同条款,对投标、合同签约有丰富经验;掌握大量的调查和统计资料,具备分析和预测等科学手段,有较强的社会活动和公共关系能力。项目经理应熟悉项目运行的内在规律,具有丰富的实践经验和大量的市场信息。这类人才在投标班子中起核心作用,制定和贯彻经营方针和规划,负责工作的全面筹划和安排。

(2)专业技术人才。主要指工程施工中的各类技术人才,诸如土木工程师、水暖电工程师、造价工程师、专业设备工程师等各类技术人员。他们具有丰富的工程经验,掌握本学科最新的专业知识,具备较强的实际操作能力,在投标时能从本公司的实际技术水平出发,确定各项专业实施方案、提出具有竞争力的报价,能从设计或施工角度,对招标文件的设计图纸提出改进方案。

(3)商务金融类人才。指从事财、物和商务等方面的人才。他们具有材料设备采购、财务会计、金融、保险和税务等方面的专业知识,与银行有良好的合作经历及合作经验,能够顺利办理贷款、存款、提请银行开具保函、信用证明、资信证明及代理调查等。投标报价所需要的市场信息主要来自这类人才。

(4)在参加涉外工程投标时,还应配备了解建筑工程专业和合同管理的翻译人员。

一般情况下,企业有一个按专业和承包地区分组的相对稳定的投标班子,同时一些投标人员和工程施工人员的工作是相互交叉的,即部分投标人员参加所投标项目的实施,这样才能减少工程实施过程中的失误和损失,不断积累经验,提高投标人员的水平和公司的总体投标水平。

投标人若无法独立承担招标项目的建设,或独立投标中标的可能性不大,以及在业主的某些特殊要求下,可以寻找其他有实力的或业主关系良好的承包商组成联合体参与竞争。

三、投标的程序

投标活动的一般程序如下:
(1)投标决策;
(2)成立投标组织;
(3)参加资格预审,并购买标书;
(4)参加现场踏勘和招标预备会;
(5)进行技术环境和市场环境调查;
(6)编制施工组织设计;
(7)编制并审核施工图预算;
(8)报价决策;
(9)标书成稿;
(10)标书装订和封包;

（11）递交标书参加开标会议；

（12）接到中标通知书后，与建设单位签订合同。

第二节　建设工程投标文件的编制

一、建设工程投标文件的基本内容

建设工程投标文件，是建设工程投标人单方面阐述自己响应招标文件要求，旨在向招标人提出愿意订立合同的意思表示，是投标人确定、修改和解释有关投标事项的各种书面表达形式的统称。从合同订立过程来分析，建设工程投标文件在性质上属于一种要约，其目的在于向招标人提出订立合同的意愿。

投标人在投标文件中必须明确向招标人表示愿以招标文件的内容订立合同的意思；必须对招标文件提出的实质性要求和条件做出响应，不得以低于成本的报价竞标；必须由有资格的投标人编制；必须按照规定的时间、地点递交给招标人。否则，该投标文件将被招标人拒绝。

投标文件的编写应严格按照招标文件的要求，一般不带任何附加条件，否则会导致废标。建设工程投标文件是由一系列有关投标方面的书面资料组成的，投标文件一般应包括以下内容：

（1）投标函。其主要内容为投标报价、质量、工期目标、履约保证金数额等。

（2）投标书附录。其内容为投标人对开工工期、履约保证金、违约金以及招标文件规定其他要求的具体承诺。

（3）投标保证金。投标保证金的形式有现金、支票、汇票和银行保函，但具体采用何种形式应根据招标文件规定。另外，投标保证金被视做投标文件的组成部分，未及时交纳投标保证金，该投标将被作为废标而遭拒绝。

（4）法定代表人资格证明书。

（5）授权委托书。

（6）具有标价的工程量清单与报价表。当招标文件要求投标书需附报价计算书时，应附上。

（7）辅助资料表。常见的有：企业资信证明资料、企业业绩证明资料、项目经理简历及证明资料、项目部管理人员表及证明资料、施工机械设备表、劳动力计划表和临时设施计划表等。

（8）资格审查表（资格预审的不采用）。

（9）对招标文件中的合同协议条款内容的确认和响应。该部分内容往往并入投标书或投标书附录。

（10）施工组织设计。内容一般包括：施工部署，施工方案，总进度计划，资源计划，施工总平面图，季节性施工措施，质量、进度保证措施，安全施工、文明施工、环境保护措施等。

（11）按招标文件规定提交的其他资料。

上述（1）至（6）及（9）项内容组成商务标，（10）项为技术标的主要内容，（7）、（8）项内容组成资信标或并入商务标、技术标。具体根据招标文件规定。

投标人必须使用招标文件提供的投标文件表格格式,但表格可以按同样格式扩展。招标文件中拟定的供投标人投标时填写的一套投标文件格式,主要有投标书及投标书附录、工程量清单与报价表、辅助资料表等。

二、建设工程投标文件的编制步骤

在决定了投标、建立了投标组织后,下一步的核心工作就是编制投标文件。一般情况下,投标文件编制的主要工作按以下次序开展,但也不是一成不变的,根据编制投标文件的时间要求、拥有的资源不同及其他影响因素,有些工作可以同步推进。

(一)接受资格预审

根据《招标投标法》的有关规定,招标人可以对投标人进行资格预审。投标人在获得招标信息后,可以从招标人处获得资格预审申请表,投标工作从填写资格预审申请表开始。

(1)为了顺利通过资格预审,投标人应在平时就将一般资格预审的有关资料准备齐全,最好储存在计算机中。若要填写某个项目资格预审调查表,可将有关文件调出来加以补充完善。因为资格预审内容中,财务状况、施工经验、人员能力等属于通用审查内容,在此基础上,附加一些其他具体项目的补充说明或填写一些其他表格,即可成为资格预审书送出。

(2)填表时要加强重点分析,及针对工程项目的特点,填好重要部位。特别是要反映出本公司施工经验、施工水平和施工组织能力,这往往是业主考虑的主要方面。

(3)在招标决策阶段,研究并确定本公司发展的主要地区和项目,注意收集信息,如有合适项目,及早动手做资格预审的申请准备,并根据相应的资格预审方法,为自己打分,找出差距。如果自己不能解决,则应考虑寻找合适的合作伙伴组成联合体来参加投标。

(4)做好递交资格预审调查表后的跟踪工作,一边及时发现问题,一边及时补充材料。

(二)报价准备

1. 熟悉招标文件

企业通过资格预审获得投标资格后,要购买招标文件并研究和熟悉招标文件,在此过程中,应特别注意标价计算可能产生重大影响的问题。主要包括以下几个方面:①合同条件。如工期、拖期罚款、保函要求、保险、付款条件、货币、提前竣工奖励、争议、仲裁、诉讼法律等。②材料、设备和施工技术要求。如所采用的规范、特殊施工和施工材料的技术要求等。③工程范围和报价要求,承包商可能获得补偿的权利。④熟悉图纸和设计说明,为投标报价做准备;熟悉招标文件,同时找出招标文件中含糊不清的问题,及时提请业主澄清。

2. 标前调查与现场踏勘

标前调查是投标前最重要的一步,如果在投标决策阶段已对投标项目所在地区进行了较深入的调查研究,则在领到招标文件后只需进行针对性的补充调查即可;否则,还需要进行深入调查。标前调查的内容包括:①工程的性质及工程与其他工程间的关系,投标人所投标的工程与其他承包商或分包商的关系;②工程所在地的政治形势、经济形式、法律法规、风俗习惯、自然条件、生产和生活条件等;③项目资金来源是否可靠,避免风险;④项目开工手续是否齐备,避免免费为其估价;⑤业主是否有明显的授标倾向,避免陪标;⑥竞争对手的数量,同类工程的经验,其他优势,管用的投标策略等。

现场踏勘是指去工地现场进行考察,招标人一般在招标文件中要注明现场考察的时间和地点,在文件发出后就要安排投标人进行准备工作。现场踏勘既是投标人的权利,又是其责任。因此,投标人在报价前必须认真地进行现场踏勘,全面、仔细地调查了解工地及其周围的政治、经济、地理等情况。现场踏勘均由投标人自费进行。投标人进入现场后应特别注意从以下五方面进行考察:①工程的性质以及与其他周边工程之间的关系;②投标人所投标的工程与其他承包商或分包商之间的关系;③工地地形、地貌、地质、气候、交通、电力、水源等条件,有无障碍物等;④工地附近住宿条件,料场开采条件,其他加工条件,设备维修条件等;⑤工地附近治安情况等。

3. 研究招标文件,校核工程量

招标文件是投标的主要依据,应该进行仔细分析。分析应主要放在投标人须知、专用条款、设计图纸、工程范围以及工程量表上,最好有专人或小组研究技术规范和设计图纸,明确特殊要求。

对于招标文件中的工程量清单,投标人一定要进行校核,因为这直接影响中标的机会和投标报价。对于无工程量清单的招标工程,应当计算工程量,其项目一般可按单价项目划分为依据。在校核中如发现工程量相差较大,投标人不能随便改变工程量,而应致函或直接找业主澄清。尤其对于总价合同要特别注意,如果业主在投标前不给予更正,而且是对投标人不利的情况,投标人应在投标时附上说明。投标人在核算工程量时,应结合招标文件中的技术规范明确工程量中每一细目的具体内容,才不至于在计算单位工程量价格时出现错误。如果招标工程是一个大型项目,而且投标时间又比较短,投标人至少要对工程量大而造价高的项目进行核实。

(三)施工组织设计

施工组织设计是指导拟建工程施工全过程各项活动的技术、经济和组织的综合性文件。

施工组织设计要根据国家的有关技术政策和规定、业主的要求、设计图纸和组织施工的基本原则,从拟建工程施工全局出发,结合工程的具体条件,合理地组织安排,采用科学的管理方法,不断地改进施工技术,有效地使用人力、物力,安排好时间和空间,以期达到耗工少、工期短、质量高和造价低的最优效果。

在投标过程中,必须编制施工组织设计,这件工作对于投标报价影响很大。但此时所编制的施工组织设计其深度和范围都比不上接到施工任务后由项目部编制的施工组织设计,因此是初步的施工组织设计。如果中标,再编制详细而全面的施工组织设计。初步的施工组织设计一般包括进度计划和施工方案等。招标人将根据施工组织设计的内容评价投标人是否采取了充分和合理的措施,保证按期完成工程施工任务。另外,施工组织设计对投标人自己也是十分重要的,因为进度安排是否合理,施工方案选择是否恰当,对工程成本与报价有密切关系。

(四)价格估算

投标人在研究了招标文件并对现场进行了考察之后,即进入工程价格估算阶段。投标人根据自己的经验和习惯,一般工程在施工图基础上进行报价,其方法与编制施工图预算的方法基本相同,但应注意以下问题:

1. 工程量计算

目前,由于各省、市、自治区的预算定额都有自己的规定,从而引起单价、费用、工程项目定额内容不尽相同。参加一个地区的投标报价,必须首先熟悉当地使用的定额及规定,才能将计算工程量时的项目划分清楚。此外,还应注意不可调整工程项目的计算。一般来说,上部工程的工程量不可调整,计算时应尽量准确无误。而允许调整(视招标文件规定)的工程项目,其准确性可以降低。最后,应注意工程量计算与现场实际相结合,如土石方工程、构件和半成品的运输及吊装等,使其尽量作到与今后施工相吻合。

2. 正确套用单价

正确套用单价的基础是要掌握定额单位所包含的内容,同时又要与各分部分项工程的施工工艺和操作过程相一致。这就需要作标人除掌握定额外,还要对施工组织设计或施工方案有较深的了解。同时,又要熟悉本企业主要项目施工工艺的一般做法。

3. 准确计算各种数据

工程量、单价、合价以及各种费用的计算,都属于数据的计算,这些数据的运算一般都比较简单。但是,许多数字是相互关联的,一处错误就会引起一系列的错误。因此,工程量的计算首先应精确,而工程量的计算又取决于作标人计算程序的合理性。应当指出的是,投标报价是竞争激烈的商务活动,它不同于一般的施工图预算编制,投标人由于计算上的失误而失标,或中标后引起企业亏损的事例很多。因此,精明的投标人,在完成计算后,一定要耐心细致地复核,以减少运算上的失误。

4. 合理确定各类费用

国内投标报价中所谓报价合理,是指企业根据自身条件,以及企业所掌握的外部条件(如材料供应等),所确定的费用合理的工程造价。但是,前提必须是企业应有一定的利润。确定各类费用的收取标准是国内工程报价的核心问题。因此,投标人应尽力掌握企业当前经营状况的各种资料,主要应从企业管理费、其他直接费、其他间接费、材料差价等方面进行核算,以取得可靠数据,才能确定取费标准和合理计算各项费用。

(五) 单价分析

单价分析是对工程量表上所列项目的单价的分析、计算和确定,或者是研究如何计算不同项目的直接费和分摊间接费、利润和风险之后所得出的项目单价。有的招标文件要求投标人对部分项目要递交单价分析表,而一般招标文件不要求报单价分析表。但是对投标人来说,除很有经验、有把握的项目外,必须对工程量大、对工程成本起决定性作用、没有经验或特殊的项目进行单价分析,以使报价建立在可靠的基础之上。最后,将每个项目单价分析表中计算的人工费、材料费、机械台班费、分摊的管理费进行汇总,并与原来估算的各项费用对比后,调整各种管理分摊系数,得出修正后的工程总价。

(六) 投标报价决策

以上计算得出的价格只是特定的暂时标价,须经多方面分析后,才能做出最终报价决策。在报价时,投标人要客观而慎重地分析本行业的情况和竞争形势。在此基础上,对报价进行深入细致地分析,包括分析竞争对手、市场材料价格、企业盈亏、企业当前任务情况等,最后做出报价决策。确定报价上浮或下浮的比例,多方面分析工程情况,决定最后报价。

报价是确定中标人的条件之一,而不是唯一的条件。一般来说,在工期、质量、社会信誉相同的条件下，招标人选择最低标价。但是，确定标价主要是和标底比较，许多地区规定合格标价的范围(即上下浮动范围)。在这种情况下应特别注意，不能追求报价最低，而应当在评价标准的诸因素上多下工夫。例如，企业自身掌握有三大材料及流动资金拥有量、施工组织水平高、工期短等优势，要以自身的优势去战胜竞争对手。标价过高或过低，不但不能中标，而且会严重损害本企业的形象。

三、建设工程投标文件的编制要求

投标人在编制投标文件时一般要求：

(1)投标人编制投标文件时必须使用招标文件提供的投标文件表格格式，但表格可以按同样格式扩展。投标保证金、履约保证金的方式，按招标文件有关条款的规定可以选择。投标人根据招标文件的要求和条件填写投标文件的空格时，凡要求填写的空格都必须填写，不得空着不填;否则，即被视为放弃意见。实质性的项目或数字如工期、质量等级、价格等未填写的，将被作为无效或作废的投标文件处理。将投标文件按规定的日期送交招标人，等待开标、决标。

(2)应当编制的投标文件"正本"仅1份，"副本"则按招标文件前附表所述的份数提供，同时要明确标明"投标文件正本"和"投标文件副本"字样。投标文件正本和副本如有不一致之处，以正本为准。

(3)投标文件正本与副本均应使用不能擦去的墨水打印或书写，各种投标文件的填写都要字迹清晰、端正，补充设计图纸要整洁、美观。

(4)所有投标文件均由投标人的法定代表人签署、加盖印鉴，并加盖法人单位公章。

(5)填报投标文件应反复校核，保证分项和汇总计算均无错误。全套投标文件均应无涂改和行间插字，除非这些删改是根据招标人的要求进行的，或者是投标人造成的必须修改的错误。修改处应由投标文件签字人签字证明并加盖印鉴。

(6)如招标文件规定投标保证金为合同总价的某百分比时，开投标保函不要太早，以防泄漏己方报价。但有的投标人提前开出并故意加大保函金额，以麻痹竞争对手的情况也是存在的。

(7)投标人应将投标文件的正本和每份副本分别密封在内层包封，再密封在一个外层包封中，并在内包封上正确标明"投标文件正本"和"投标文件副本"。内层和外层包封都应写明招标人名称和地址、合同名称、工程名称、招标编号，并注明开标时间以前不得开封。在内层包封上还应写明投标人的名称与地址、邮政编码，以便投标出现逾期送达时能原封退回。如果内外层包封没有按上述规定密封并加写标志，招标人将不承担投标文件错放或提前开封的责任，由此造成的提前开封的投标文件将被拒绝，并退还给投标人。投标文件递交至招标文件前附表所述的单位和地址。

四、建设工程投标文件的递交

投标人应在招标文件前附表规定的日期内将投标文件递交给招标人。当招标人按招标文件中投标人须知规定，延长递交投标文件的截止日期时，投标人仔细记住新的截止时间，避免因标书的逾期送达而导致废标。

投标人可以在递交投标文件以后,在规定的投标截止时间之前,采用书面形式向招标人递交补充、修改或撤回其投标文件的通知。在投标截止日期以后,不能更改投标文件。投标人的补充、修改或撤回通知,应按招标文件中投标人须知的规定编制、密封、标识和递交,并在包封上标明"补充"、"修改"或"撤回"字样。补充、修改的内容为投标文件的组成部分。根据投标人须知的规定,在投标截止时间与招标文件中规定的投标有效期终止日之间的这段时间内,投标人不能再撤回投标文件,否则其投标保证金将不予退还。

投标人递交投标文件不宜太早,一般在招标文件规定的截止日期前一两天内密封送交指定地点比较好。

第三节   建设工程投标决策

一、投标决策的基本前提和原则

投标决策是指投标人对是否投标、投标哪些项目,是以高价投标还是以低价投标的决策过程。在激烈的市场竞争中,能够承揽到工程项目,不仅是企业之间财力和技术实力的较量,而且也是智力的比拼。因此,企业在积累雄厚的经济实力、拥有丰富的经验和管理能力,并创建了良好的社会声誉之后,还要有一套独特而有效的经营策略。也可以说,投标决策是指承包商为实现其一定利益目标,针对招标项目的实际情况,对投标可行性和具体策略进行论证和抉择的活动。

(一)投标决策的基本前提

由于投标决策是综合了经验、技术、智慧、信息等多方资源进行的活动,所以收集和掌握有关招标项目的情报和信息,对于有目的地做好投标准备工作具有十分重要的意义。因此,注意以下两方面的内容是投标决策的基本前提:

(1)建立广泛的信息来源渠道,建立项目数据库。企业可通过多渠道获得信息。如各级基本建设管理部门,包括发展和改革委员会、建设委员会、经济贸易委员会等;建设单位及主管部门;各地勘察设计单位;各类咨询机构;各种工程承包公司;城市综合开发公司、房地产公司、行业协会等;各类刊物、广播、电视、互联网等多种媒体。

根据《招标投标法》制定的《招标公告发布暂行办法》规定,原国家发展计划委员会根据国务院授权,按照相对集中、适度竞争、受众分布合理的原则,指定《中国日报》、《中国经济导报》、《中国建设报》、《中国采购与招标网》对招标公告发布活动进行监督。其中,依法必须招标的国际招标项目的招标公告应在《中国日报》上发布。

通过上述渠道,及时、准确地掌握有关招标项目信息,同时建立一定格式的数据库,随着时间推移和情况的变化,及时对数据库中的数据加以补充和修改,这对于比较、权衡、选择有利项目是十分必要的。

(2)开展广泛的调查活动。为提高中标概率和获得良好的经济利益,除获知哪些项目拟进行招标外,投标人还应从战略角度全面调查、收集以下资料,做出投标与否的决策。

工程方面的信息,包括工程的性质、规模、技术复杂程度、工程现场条件、工期、工程的材料供应条件、质量要求及交工条件等。

业主方面的信息，包括业主的信誉、资金来源有无保障、工程款支付能力等，是否要求承包商带资承包、延期支付，投标能否在公平条件下进行，是否已有内定的承包商。

市场竞争条件，包括当地的施工用料供应条件和市场价格；当地机电设备采购条件、租赁费、零配件供应和机械修理能力等；当地生活用品供应情况、食品供应和价格水平；当地劳务的技术水平、劳务态度、雇用价格及雇用手续、途径等；当地运输状况，如车辆租赁价格，汽车零配件供应情况，油料价格及供应情况等；有关海港、航空港及铁路的装卸能力、费用及管理方面的规定等。

竞争对手情况，包括竞争对手的数量、质量和投标的积极性，竞争对手已实施工程的投标价格，对手投标报价的标准等。

(二) 投标决策的原则

进行投标决策实际上是企业的经营决策问题，因此投标决策时，必须遵循下列原则。

1. 可行性

选择的投标对象是否可行，一定要从本企业的实际情况出发，实事求是，量力而行，从而保证本企业均衡生产、连续施工为前提，防止出现"窝工"和"赶工"现象。首先，要从企业的施工力量、机械设备、技术能力、施工经验等方面，考虑该招标项目是否比较合适，是否有一定的利润，能否保证工期和满足质量要求；其次，要考虑能否发挥本企业的特点和特长，技术优势和装备优势，要注意扬长避短，选择适合发挥自己优势的项目，发扬长处才能提高利润，创造信誉，避开自己不擅长的项目和缺乏经验的项目；最后，要根据竞争对手的技术经济情报和市场投标报价动向，分析和预测是否有夺标的把握和机会。对于毫无夺标希望的项目，就不宜参加投标，更不能陪标，以免损害本企业的声誉，进而影响未来的中标机会。若明知竞争不过对手，则应退出竞争，减少损失。

2. 可靠性

要了解招标项目是否已经过正式批准，列入国家或地方的建设计划，资金来源是否可靠，主要材料和设备供应是否有保证，设计文件完成的阶段情况，设计深度是否满足要求等；此外，还要了解业主的资信条件及合同条款的宽严程度，有无重大风险性。应当尽早回避那些利润小而风险大的招标项目以及本企业没有条件承担的项目，否则，将造成不应有的后果。特别是国外的招标项目，更应该注意这个问题。

3. 赢利性

利润是承包商追求的目标之一，保证承包商的利润，既可保证国家财政收入随着经济发展而稳定增长，又可使承包商不断改善技术装备，扩大再生产；同时有利于提高企业职工的收入，改善生活福利设施，从而有助于充分调动职工的积极性和主动性。所以，确定适当的利润率是承包商经营的重要决策。在选取利润率的时候，要分析竞争形势，掌握当时当地的一般利润水平，并综合考虑本企业近期及长远目标，注意近期利润和远期利润的关系。在国内投标中，利润率的选取要根据具体情况适当酌情增减。对竞争很激烈的投标项目，为了夺标，采用的利润率会低于计划利润率，但在以后的施工过程中，注重企业内部革新挖潜，实际的利润率不一定会低于计划利润率。

4. 审慎性

参与每次投标，都要花费不少人力、物力，付出一定的代价。如能夺标，才有利润可言。特别在基建任务不足的情况下,竞争非常激烈,承包商为了生存都在拼命压价,盈利甚微。承包商要审慎选择投标对象,除非在迫不得已的情况下,决不能承揽亏本的施工任务。

5. 灵活性

在某些特殊情况下,采用灵活的战略战术。例如,为了在某个地区打开局面,取得立脚点,可以采用让利方针,以薄利优质取胜。由于报价低、干得好,赢得信誉,势必带来连锁效应。承揽了当前工程,更为今后的工程投标中标创造机会和条件。

在进行投标项目的选择时,还应考虑下列因素:本企业工人和技术人员的操作水平,本企业投入该项目所需机械设备的可能性,施工设计能力,对同类工程工艺熟悉程度和管理经验,战胜对手的可能性,中标承包后对本企业在该地区的影响,流动资金周转的可能性。

做出正确的投标决策,首先应从多方面去收集大量的信息,知己知彼。对承包难度大、风险度高、资金不到位以及"三边"工程,要考虑主动放弃,否则企业将会陷入工期拖长、成本加大的困难,企业的效益、信誉就会受到损害。

对决策投标的项目应充分估计竞争对手的实力、优势及投标环境的优劣等情况。竞争对手的实力越强,竞争就越激烈,对中标的影响就越大。竞争对手拥有的任务不饱满,竞争也会越激烈。

二、选择投标对象的策略

承包商通过投标取得项目,是市场经济条件下的必然。但是,作为承包商来说,并不是每标必投,这里有个投标决策的问题。所谓投标决策,包括两方面内容:其一是投标项目选择的决策;其二是投标策略的决策。投标决策的正确与否,关系到能否中标和中标后的效益,关系到施工企业的发展前景和职工的经济利益。因此,企业的决策班子必须充分认识到投标决策的重要意义,把这一工作摆在企业的重要议事日程上。

(一)定性分析法

建设工程投标决策的首要任务,是在获取招标信息后,对是否参加投标竞争进行分析、论证,并做出抉择。

若项目对投标人来说基本上不存在什么技术、设备、资金和其他方面问题,或虽有技术、设备、资金和其他方面问题但可预见并已有了解决方法,就属于低风险标。低风险标实际上就是不存在什么未解决或解决不了的重大问题,没有什么大的风险的标。如果企业经济实力不强,经不起折腾,投低风险标是比较明智的选择。

若项目对投标人来说存在技术、设备、资金或其他方面未解决的问题,承包难度比较大,就属于高风险标。投高风险标,关键是要能想出办法解决好工程中存在的问题。如果问题解决好了,可获得丰厚的利润,开拓出新的技术领域,锻炼出一支好的队伍,使企业素质和实力上一个台阶;如果问题解决得不好,企业的效益、声誉等都会受损,严重的可能会使企业出现亏损甚至破产。因此,投标人对投标进行决策时,应充分估计项目的风险度。

承包商决定是否参加投标,通常要综合考虑各方面的情况,如承包商当前的经营状况和长远目标,参加投标的目的,影响中标机会的内部、外部因素等。一般说来,有下列情形之一的招标项目,承包商不宜选择投标:

(1)工程规模超过企业资质等级的项目;

（2）超越企业业务范围和经营能力之外的项目；

（3）企业当前任务比较饱满，而招标工程是风险较大或盈利水平较低的项目；

（4）企业劳动力、机械设备和周转材料等资源不能保证的项目；

（5）竞争对手在技术、经济、信誉和社会关系等方面具有明显优势的项目。

（二）定量分析法

投标企业在掌握大量有效信息的基础上，应借助一些决策理论和方法，进行科学决策。在投标决策中，比较常用的决策方法有综合分析法、期望值法和决策树法。这三种方法中，除综合分析法较易掌握外，其他两种方法使用了较复杂的数学工具，如概率论中离散型随机变量，因此只要了解这两种决策方法即可。

1.综合分析法

此方法将投标工程定性分析的各个因素通过评分转化为定量问题，计算综合得分，用以衡量投标工程的条件。下面通过一个简单的案例来说明该方法的运用。

【例3-1】 某企业拟对一项招标工程进行定量分析，以确定是否参加投标。

解 选择评价因素：经营能力、经营需要、中标的可能性、工程条件、时间要求五个主要方面。用综合分析法对五个要素进行评分。

（1）对每个因素视其重要程度给出一个权数（见表3-1）。

（2）将各因素的优劣分为三等，分别评分10分、5分、0分（见表3-1）。

（3）计算综合得分，评价工程的投标条件。

表3-1 评标评价表

评价因素	权数	评分			得分
		好（10分）	一般（5分）	差（0分）	
1.经营能力	0.25	10			2.5
2.经营需要	0.20		5		1.0
3.中标的可能性	0.25	10			2.5
4.工程条件	0.10			0	0
5.时间要求	0.20		5		1.00
合计	1.00				7.00

从表3-1的评分过程可看出，投标条件最好的为10分，但这种情况很少。实际工作中，常根据经验确定一个参加投标的标准分数线，高于此线就参加投标。假定该企业的投标标准分数线是6.5分，则上例工程是可以考虑参加投标的。

2.期望值法

企业投标一般都比较注重经济效益，期望值法就是以经济效益为目标对投标工程进行选择的决策方法。这里所说的期望值就是概率论中离散型随机变量的数学期望值。把每个方案看成是离散型随机变量，其取值就是每个方案在各自自然状态下相应的损益值，而各方案的损益期望值则是各自然状态发生的概率与方案对应的损益值乘积之和。所谓期望值法，即以期望值最大的方案为最佳方案。下面仍然通过一个简单的案例来说明该方法的运用。

【例 3-2】 某企业拟在 A、B、C 三个工程中选择一个投标,各种资料见表 3-2,试决策应选哪个项目投标?

解 用风险型决策中的数学期望值法,计算各工程收益的数学期望值(计算结果见表 3-2)。经比较,应选择 C 工程投标。此时,企业可能获得 11.10 万元的收益值。

表 3-2 期望值计算表

工程名称	未来状态下的收益值(万元)		期望值(万元)
	中标(0.4)	失标(0.6)	
A	20	−0.5	7.70
B	25	−0.8	9.52
C	30	−1.5	11.10

3. 决策树法

如果企业由于施工能力和资源的限制,只能在不同项目中选择一项进行投标,就会有多种方案。此时可以用决策树的方法进行决策。

决策树是图论中树图用于决策的一种工具,它是基于期望值法,以树的生长过程的不断分枝来表示事件发生的各种可能性,以分枝和修剪来寻优的决策方法。决策树的基本决策过程,是先画出决策树,再计算各节点的损益期望值,然后选择损益期望值最大的方案为最优方案。

【例 3-3】 某承包商面临 A、B 两项工程投标,因受本单位的资金条件限制,只能选择其中一项工程投标,或者两项均不投标。根据过去类似工程投标的经验数据,A 工程投高标的中标概率是 0.3,投低标的中标概率是 0.6,编制投标文件的费用是 3 万元;B 工程投高标的中标概率是 0.4,投低标的中标概率是 0.7,编制投标文件的费用是 2 万元。试运用决策树法进行投标决策。

各方案承包的效果、概率及损益值见表 3-3。

表 3-3 方案评价参数表

方案	效果	概率	损益值(万元)
A 高	好	0.3	150
	中	0.5	100
	差	0.2	50
A 低	好	0.2	110
	中	0.7	60
	差	0.1	0
B 高	好	0.4	110
	中	0.5	70
	差	0.1	30
B 低	好	0.2	70
	中	0.5	30
	差	0.3	−10
不投标			0

解　第一步,画出决策树(见图3-1)。

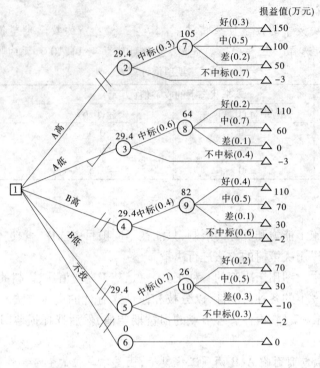

图 3-1　方案评价决策树

第二步,计算各点的损益期望值。

点②:$0.3 \times (0.3 \times 150 + 0.5 \times 100 + 0.2 \times 50) + 0.7 \times (-3) = 29.4$(万元)

点③:$0.6 \times (0.2 \times 110 + 0.7 \times 60 + 0.1 \times 0) + 0.4 \times (-3) = 37.2$(万元)

点④:$0.4 \times (0.4 \times 110 + 0.5 \times 70 + 0.1 \times 30) + 0.6 \times (-2) = 31.6$(万元)

点⑤:$0.7 \times [0.2 \times 70 + 0.5 \times 30 + 0.3 \times (-10)] + 0.3 \times (-2) = 17.6$(万元)

点⑥:$1 \times 0 = 0$(万元)

第三步,确定方案:经比较,点③的期望值最大,故选择 A 工程投低标。

第四节　建设工程投标报价的编制

一、投标报价的编制标准

工程报价是投标的关键性工作,也是整个投标工作的核心。它不仅是能否中标的关键,而且对中标后的盈利多少,在很大程度上起着决定性的作用。

(一)工程投标报价的编制原则

(1)必须贯彻执行国家的有关政策和方针,符合国家的法律、法规和公共利益。

(2)认真贯彻等价有偿的原则。

(3)工程投标报价的编制必须建立在科学分析和合理计算的基础之上,要较准确地反映工程价格。

（二）影响投标报价计算的主要因素

认真计算工程价格，编制好工程报价是一项很严肃的工作。采用哪一种计算方法进行计价应视工程招标文件的要求。但不论采用哪一种方法都必须抓住编制报价的主要因素。

1. 工程量

工程量是计算报价的重要依据。多数招标单位在招标文件中均附有工程实物量。因此，必须进行全面的或者重点的复核工作，核对项目是否齐全、工程做法及用料是否与图纸相符，重点核对工程量是否正确，以求工程量数字的准确性和可靠性，在此基础上再进行套价计算。另一种情况就是标书中根本没给工程量数字，在这种情况下就要组织人员进行详细的工程量计算工作，即使时间很紧迫也必须进行计算；否则，影响编制报价。

2. 单价

工程单价是计算标价的又一个重要依据，同时又是构成标价的第二个重要因素。单价的正确与否，直接关系到标价的高低，因此必须十分重视工程单价的制定或套用。工程单价的制定依据为：一是，国家或地方规定的预算定额、单位估价表及设备价格等；二是，人工、材料、机械使用费的市场价格。

3. 其他各类费用的计算

其他各类费用的计算是构成报价的第三个主要因素。这个因素占总报价的比重是很大的，少者占20%～30%，多者占40%～50%，因此应重视其计算。

为了简化计算，提高工效，可以把所有的各种费用都折算成一定的系数计入到报价中去。计算出直接费后再乘以这个系数就可以得出总报价了。

工程报价计算出来以后，可用多种方法进行复核和综合分析。然后，认真详细地分析风险、利润、报价让步的最大限度，而后参照各种信息资料以及预测的竞争对手情况，最终确定实际报价。

二、投标报价的构成

（一）工程报价的构成

国内工程投标报价的组成和国际工程的投标报价基本相同，但每项费用的内容及对项目分类稍有不同，投标报价的费用组成与现行概（预）算文件中的费用构成基本一致，主要有直接费、间接费、企业利润、税金以及不可预见费等。但投标报价与概（预）算是有区别的。工程概（预）算文件必须按照国家有关规定编制，尤其是各种费用的计算，而投标报价则可根据本企业实际情况进行计算，更能体现企业的实际水平。现简单介绍国内工程投标报价费用组成。

1. 直接费

直接费由直接工程费和措施费组成。直接工程费是指在工程施工中耗费的构成工程实体上的各项费用，包括人工费、材料费和施工机械使用费。措施费是指为完成工程项目施工，发生于该工程施工前和施工过程中非工程实体项目的费用。

2. 间接费

间接费指组织和管理工程施工所需的各项费用，由规费和企业管理费组成。规费是指政府有关权力部门规定必须缴纳的费用。企业管理费是指施工企业组织施工生产和经营管理所需的费用。

3. 企业利润和税金

企业利润和税金是指按照国家有关部门的规定,工程施工企业在承担施工任务时应计取的利润,以及按规定应计入工程造价内的营业税、城市维护建设税和教育费附加。

4. 不可预见费

不可预见费可由风险因素分析予以确定,一般在投标时按工程总造价的3% ~5%来考虑。

(二)工程投标报价计算的依据

(1)招标文件,包括工程范围、质量、工期要求等。

(2)施工图设计图纸和说明书、工程量清单。

(3)施工组织设计。

(4)现行的国家、地方的概算指标或定额,预算定额、取费标准、税金等。

(5)材料预算价格、材差计算的有关规定。

(6)工程量计算的规则。

(7)施工现场条件。

(8)各种资源的市场信息及企业消耗标准或历史数据等。

三、投标报价的编制

(一)工程量清单计价模式下的报价编制

依据招标人在招标文件中提供的工程量清单及自2008年12月1日起实施的《建设工程工程量清单计价规范》(GB 50500—2008)进行投标报价。

1. 工程量清单计价的投标报价的构成

工程量清单计价的投标报价应包括按招标文件规定完成工程量清单所列项目的全部费用,包括分部分项工程费、措施项目费、其他项目费、规费和税金。

$$工程报价 = 分部分项工程费 + 措施项目费 + 其他项目费 + 规费 + 税金 \qquad (3-1)$$

2. 工程量清单应采用综合单价计价

综合单价指完成一个规定计量单位的工程所需的人工费、材料费、机械使用费、管理费和利润,并考虑风险因素。

(1)分部分项工程费是指完成"分部分项工程量清单"项目所需的工程费用。投标人根据企业自身的技术水平、管理水平和市场情况填报分部分项工程量清单计价表中每个分项的综合单价,每个分项的工程数量与综合单价的乘积即为合价,再将合价汇总就是分部分项工程费。

(2)措施项目费用是指为完成工程项目施工,发生于该工程施工前和施工过程中技术、生活、安全等方面的非工程实体项目所需的费用。

(二)定额计价方式下投标报价的编制

一般是采用预算定额来编制,即按照定额规定的分部分项工程子目逐项计算工程量,套用预算定额基价或当时当地的市场价格确定直接费,然后再套用费用定额计取各项费用,最后汇总形成初步的标价。

四、投标报价的技巧

由算标人员算出初步的标价之后,应当对这个报价进行多方面的分析和评估,其目的是分析标价的经济合理性,以便做出最终报价决策。标价的分析与评估应从以下几个方面进行。

(一)标价的宏观审核分析

标价的宏观审核是依据长期的工程实践中积累的大量的经验数据,用类比的方法,从宏观上判断计算标价水平的高低和合理性。因此,可采用下列宏观指标和评审方法。

(1)首先分项统计计算书中的汇总数据,并计算其比例指标。以一般房屋建筑工程为例:

①统计建筑物总面积与各单项建筑物面积。

②统计材料费总价及各主要材料数量和分类总价,计算单位面积的总材料费用指标和各主要材料消耗指标和费用指标;计算材料费占标价的比重。

③统计总劳务费及主要生产工人、辅助工人和管理人员的数量;算出单位建筑面积的用工数和劳务费;并算出按规定工期完成工程时,生产工人和全员的平均人月产值和人年产值;计算劳务费占总标价的比重。

④统计临时工程费用、机械设备使用费及模板脚手架和工具等费用,计算它们占总标价的比重。

⑤统计各类管理费用,计算它们占总标价的比重,特别是计划利润、贷款利息的总数和所占比例。

(2)分析各类指标及其比例关系,从宏观上分析标价结构的合理性。

例如,分析总直接费和总管理费的比例关系,劳务费和材料费的比例关系,临时设施和机具设备费与总的直接费用的比例关系,利润、流动资金及其利息与总标价的比例关系等。承包过类似工程的有经验的承包人不难从这些比例关系判断标价的构成是否基本合理。如果发现有不合理的部分,应当初步探讨其原因。首先研究本工程与其他类似工程是否存在某些不可比因素,如果考虑了不可比因素的影响后,仍存在不合理的情况,就应当深入探索其原因,并考虑调整某些基价、定额或分摊系数的合理性。

(3)探讨上述平均人月产值和人年产值的合理性和实现的可能性。如果从本公司的实践经验角度判断这些指标过高或过低,就应当考虑所采用定额的合理性。

(4)参照同类工程的经验,扣除不可比因素后,分析单位工程价格及用工、用料量的合理性。

(5)从上述宏观分析得出初步印象后,对明显不合理的标价构成部分进行微观方面的分析检查。重点是在提高工效、改变施工方案、降低材料设备价格和节约管理费用等方面提出可行措施,并修正初步计算标价。

(二)标价的动态分析

标价的动态分析是假定某些因素发生变化,测算标价的变化幅度,特别是这些变化对工程计划利润的影响。

1. 工期延误的影响

由于承包人自身的原因,如材料设备交货拖延、管理不善造成工程延误、质量问题造成返工等,承包人可能会增大管理费、劳务费、机械使用费以及占用的资金及利息,这些费用的增加不可能通过索赔得到补偿,而且还会导致误期罚款。一般情况下,可以测算工期延长某一段区间。上述各种费用增大的数额及其占总标价的比率。这种增大的开支部分只能用风险费和计划利润来弥补。因此,可以通过多次测算,得知工期拖延多久利润将全都丧失。

2. 物价和工资上涨的影响

通过调整标价计算中材料设备和工资上涨系数,测算其对工程计划利润的影响;同时,切实调查工程物资和工资的升降趋势和幅度,以便作出恰当判断。通过这一分析,可以得知投标计划利润对物价和工资上涨因素的承受能力。

3. 其他可变因素的影响

影响标价的可变因素很多,而有些是投标人无法控制的,如贷款利率的变化、政策法规的变化等。通过分析这些可变因素的变化,可以了解投标项目计划利润的受影响程度。

（三）标价的盈亏分析

初步计算标价经过宏观审核与进一步分析检查,可能对某些分项的单价作必要的调整,然后形成基础标价,再经盈亏分析,提出可能的低标价和高标价,供投标报价决策时选择。盈亏分析包括盈余分析和亏损分析两个方面。

1. 盈余分析

盈余分析是从标价组成的各个方面挖掘潜力、节约开支,计算出基础标价可能降低的数额,即所谓"挖潜盈余",进而算出低标价。盈余分析主要从下列几个方面进行:

（1）定额和效率,即工料、机械台班消耗定额以及人工、机械效率分析;

（2）价格分析,即对劳务、材料设备、施工机械台班价格三方面进行分析;

（3）费用分析,即对管理费、临时设施费等方面逐项分析;

（4）其他方面,如流动资金与贷款利息,保险费、维修费等方面逐项复核,找出有潜可挖之处。

考虑到挖潜不可能百分之百实现,尚需乘以一定的修正系数(一般取0.5~0.7),据此求出可能的低标价,即

$$低标价 = 基础标价 - (挖潜盈余 \times 修正系数) \qquad (3-2)$$

2. 亏损分析

亏损分析是分析在算标时由于对未来施工过程中可能出现的不利因素考虑不周和估计不足,可能产生的费用增加和损失。其主要从以下几个方面分析:

（1）人工、材料、机械设备价格。

（2）自然条件。

（3）管理不善造成质量、工作效率等问题。

（4）建设单位、监理工程师方面的问题。

（5）管理费失控。

以上分析估计出的亏损额,同样乘以修正系数(0.5~0.7),并据此求出可能的高标价。即

$$高标价 = 基础标价 + (估计亏损 \times 修正系数) \qquad (3-3)$$

（四）报价的技巧

报价的技巧研究,其实是在保证工程质量与工期条件下,为了中标并获得期望的效益,投标程序全过程几乎都要研究投标报价技巧问题。

1. 不平衡报价

不平衡报价,指在总价基本确定的前提下,如何调整内部各个子项的报价,以期既不影响总报价,又在中标后投标人可尽早收回垫支于工程中的资金和获取较好的经济效益。但要注意避免畸高畸、低现象,失去中标机会。通常采用的不平衡报价有下列几种情况:

(1)对能早期结账收回工程款的项目(如土方、基础等)的单价可报以较高价,以利于资金周转;对后期项目(如装饰、电气设备安装等)单价可适当降低。

(2)估计今后工程量可能增加的项目,其单价可提高,而工程量可能减少的项目,其单价可降低。

但上述两点要统筹考虑。对于工程量数量有错误的早期工程,如不可能完成工程量表中的数量,则不能盲目抬高单价,需要具体分析后再确定。

(3)图纸内容不明确或有错误,估计修改后工程量要增加的,其单价可提高;而工程内容不明确的,其单价可降低。

(4)没有工程量只填报单价的项目(如疏浚工程中的开挖淤泥工作等),其单价宜高。这样,既不影响总的投标报价,又可多获利。

(5)对于暂定项目,其实施可能性大的项目,价格可定高价;估计该工程不一定实施的可定低价。

2. 零星用工(计日工)

零星用工(计日工)一般可稍高于工程单价表中的工资单价,之所以这样做是因为零星用工不属于承包有效合同总价的范围,发生时实报实销,也可多获利。

3. 多方案报价法

多方案报价法是利用工程说明书或合同条款不够明确之处,以争取达到修改工程说明书和合同为目的的一种报价方法。当工程说明书或合同条款有些不够明确之处时,往往使投标人承担较大风险。为了减少风险就必须提高工程单价,增加"不可预见费",但这样做又会因报价过高而增加被淘汰的可能性。多方案报价法就是为对付这种两难局面而出现的。

其具体做法是:在标书上报两价目单价,一是按原工程说明书合同条款报一个价,二是加以注解,"如工程说明书或合同条款可作某些改变时"则可降低多少的费用,使报价成为最低,以吸引业主修改说明书和合同条款。还有一种方法是对工程中一部分没有把握的工作,注明按成本加若干酬金结算的办法。但是如有规定,政府工程合同的方案是不容许改动的,这个方法就不能使用。

4. 增加建议方案

有时招标文件中规定,可以提一个建议方案,即可以修改原设计方案,提出投标者的方案。投标人这时应抓住机会,组织一批有经验的设计和施工工程师,对原招标文件的设计和施工方案仔细研究,提出更合理的方案以吸引业主,促成自己的方案中标。这种新的建议方案可以降低总造价或提前竣工或使工程运用更合理,但要注意的是对原招标方案一定也要报价,以供业主比较。增加建议方案时,不要将方案写得太具体,保留方案的技术关键,防止业主将此方案交给其他承包商,同时要强调的是,建议方案一定要比较成熟,或过去有实践经验,因为投标时间不长,如果仅为中标而匆忙提出一些没有把握的方案,可能引起后患。

5. 突然降价法

报价是一件保密的工作,但是对手往往通过各种渠道、手段来刺探情况,因此在报价时可以采取迷惑对方的手法。即先按一般情况报价或表现出自己对该工程兴趣不大,到快投标截止时,再突然降价。如鲁布革水电站引水系统工程招标时,日本大成公司知道自己的主要竞争对手是前田公司,因而在临近开标前把总报价突然降低 8.04%,取得最低标,为以后中标打下基础。

采用这种方法时,一定要在准备投标报价的过程中考虑好降价的幅度,在临近投标截止日期前,根据情报信息与分析判断,再做最后决策。

如果由于采用突然降价法而中标,因为开标只降总价,在签订合同后可采用不平衡报价的思想调整工程量表内的各项单价或价格,以期取得更高的效益。

6. 先亏后盈法

有的承包商,为了打进某一地区,依靠国家、某财团或自身的雄厚资本实力,而采取一种不惜代价,只求中标的低价投标方案。应用这种手法的承包商必须有较好的资信条件,并且提出的施工方案也是先进可行,同时要加强对公司情况的宣传,否则即使低标价,也不一定被业主选中。

7. 开口升级法

将工程中的一些风险大、花钱多的分项工程或工作抛开,仅在报价单中注明,由双方再度商讨决定。这样大大降低了报价,用最低价吸引业主,取得与业主商谈的机会,而在议价谈判和合同谈判中逐渐提高报价。

8. 无利润算标

缺乏竞争优势的承包商,在不得已的情况下,只好在算标中根本不考虑利润去夺标。这种办法一般是处于以下条件时采用:

(1)有可能在得标后,将大部分工程分包给索价较低的一些分包商。

(2)对于分期建设的项目,先以低价获得首期工程,而后赢得机会创造第二期工程中的竞争优势,并在以后的实施中赚得利润。

(3)较长时间内,承包商没有在建的工程项目,如果再不得标,就难以维持生存。因此,虽然本工程无利可图,只要能有一定的管理费维持公司的日常运转,就可设法度过暂时困难,以图将来东山再起。

投标报价的技巧还可以再举出一些。聪明的承包商在多次投标和施工中还会摸索总结出对付各种情况的经验,并不断丰富完善。国际上知名的大牌工程公司,都有自己的投标策略和编标技巧,属于其商业机密,一般不会见诸于公开刊物。承包商只有通过自己的实践,积累总结,才能不断提高自己的编标报价水平。

第五节　建设工程投标书编制实例

下面是某集团公司对某市工业蒸汽锅炉房土建工程的投标资料。

第一部分　商务标

一、投标函

致某市热力总公司：

1. 根据已收到贵方的某市工业蒸汽锅炉房土建工程的招标文件，遵照《中华人民共和国招标投标法》等有关规定，我单位经考察现场和研究上述招标文件的投标人须知、合同条款、图纸及其他有关文件后，我方愿有图纸的工程以人民币柒佰贰拾陆万元，没有图纸的工程以优惠率 10.5% 的投标报价，并按上述图纸、合同条款、技术规范的条件要求承包上述工程的施工、竣工并修补任何缺陷。

2. 我方已详细审阅全部招标文件，包括修改文件及有关附件，我方完全知道必须放弃提出含糊不清或误解的权力。

3. 我方承认投标函附表是我方投标函的组成部分。

4. 一旦我方中标，愿提交中标价的 5% 履约保证金，并承担中标服务费，我方保证在合同专用条款中规定的开工日期开始施工，并在合同专用条款中规定的预计竣工日期完成和交付全部工程，共计 148 日历天内竣工并移交全部工程。

5. 我方同意所递交的投标文件在招标文件规定的投标有效期内有效，在此期间我方投标有可能中标，我方将受此约束。

6. 贵方的中标通知书和本投标文件将构成约束我们双方的合同的一部分。

投标人（盖章）：某安装有限公司

法人或授权委托人（签字和盖章）：李××

日期：2008 年 12 月 16 日

二、法人代表授权书

本授权委托书声明：我李××系某安装有限公司的法定代表人，现授权委托某安装有限公司的王×为公司代理人，以本公司的名义参加某市工业蒸汽锅炉房土建工程的投标活动。代理人在开标、评标、合同谈判过程中所签署的一切文件和处理与之有关的一切事务，我均予以承认。

代理人无转委托权，特此证明。

投标人（公章）：

投标人（公章）：法定代表人（签名）：李××

授权代理人（签名）：王　×

日　　期：2008 年 12 月 16 日

三、投标文件汇总表

投标文件汇总表见表 3-4。

表 3-4 投标文件汇总表

工程名称	某市工业蒸汽锅炉房土建工程			
投标人	某安装有限公司			
投标报价(有图纸部分,除去安全文明施工增加费)	大写:柒佰贰拾陆万元 小写:726 万元			
安全文明施工增加费	大写:壹拾伍万元 小写:15 万元			
优惠比率(无图纸部分,安全文明施工增加费不在优惠范围内)	10.5%			
对农民工工资保障金承诺	如我方中标,愿按中标价的 0.75% 提取农民工工资保障金			
投标工期	148 日历天	投标质量等级		优良
安全目标	无安全事故	文明工地目标		省级文明工地
项目经理	王×	级别	一级	编号	0002
备注				

投标人(盖章):某安装有限公司

法定代表人(盖章):李××

日 期:2008 年 12 月 16 日

四、投标预算书

本工程有图纸部分按工程量清单计价方式计价,按《建设工程工程量清单计价规范》(GB 50500—2008)格式编写工程预算书,由如下内容组成:

1. 封面

2. 投标总价

3. 工程项目总价表

4. 单项工程费汇总表

5. 单位工程费汇总表

6. 分部分项工程量清单计价表

7. 措施项目清单计价表

8. 其他项目清单计价表

9. 零星工作项目计价表

10. 设备清单计价表

11. 分部分项工程量清单综合单价分析表

12. 措施项目费分析计算表

13. 规费分析计算表

14. 主要材料价格表

五、投标保证金交付证明

投标担保书

致某市热力总公司：

根据本担保书，某安装有限公司作为委托人（以下简称"投标人"）和中国建设银行（以下简称"担保人"）共同向某市热力总公司（以下简称"招标人"）承担支付 800 000.00元（大写：捌拾万元）的责任，投标人和担保人均受本担保书的约束。

鉴于投标人于 2008 年 12 月 16 日参加招标人的某市工业蒸汽锅炉房土建工程的投标，本担保人愿为投标人提供投标担保。

本担保书的条件是：如果投标人在投标有效期内收到你方的中标通知书后：

1. 不能或拒绝按投标人须知的要求签署合同协议书。

2. 不能或拒绝按投标人须知的规定提交履约保证金。只要你方指明产生上述任何一种情况的条件时，则本担保人在接到你方以书面形式的要求后，即向你方支付上述全部款额，无需你方提出充分证据证明其要求。

本担保人不承担支付下述金额的责任：

1. 大于本担保书规定的金额；

2. 大于投标人投标价与招标人中标价之间的差额的金额。

担保人在此确认，本担保书责任在投标有效期或延长的投标有效期满后 28 天内有效，若延长投标有效期无须通知本担保人，但任何索款要求应在上述投标有效期内送达本担保人。

担保人：（盖章）

法定代表人或委托代理人：（签字或盖章）

年　　月　　日

六、投标人资格及证明文件

按照招标文件中有关投标资格的要求提供盖有企业印章的文件、证照复印件或影印件，它们一般包括企业法人营业执照、资质证书和年检、安全生产许可证、质量管理体系认证书、环境管理体系认证书、职业健康安全管理体系认证书、企业资信等级证书影印件。

七、服务、保修及优惠承诺

服务、保修及优惠承诺见表 3-5。

表3-5　服务、保修及优惠承诺表

投标人	某安装有限公司
承诺内容：	

一、保证工程款专款专用的承诺

若我公司中标，我公司准备足够的工程施工流动资金，确保中标后及时进驻工地，我公司保证本工程款专款专用，在业主资金暂不到位的情况下连续施工，不影响工期，确保本工程在业主要求和我方承诺的时间内交付使用，使业主满意。

二、保修服务承诺

尊敬的业主：

首先感谢能给我机会为您服务。作为专业的建筑施工企业，我单位有着良好的事业基础和社会声誉，就贵方的本工程而言，能够参与是我方的荣幸，也是贵方对我们工作的支持和肯定。如若我方有幸中标，项目竣工后，我们将以一流的售后服务来继续为您服务。

按照《建设工程质量管理条例》规定的保修期限，自建设单位竣工验收合格之日起计算。

按照《房屋建筑工程质量保修办法》的有关规定，属施工质量问题，保修费用由本单位承担，属其他质量问题，保修费用由责任单位承担。

在保修期内，我们将组成以现场施工项目工程师为首的留守小组，随时处理现场事务，无偿为您培训专业人员和进行业务指导，这是我们应尽的义务，更是我们的责任。在此期间，可以按合同有关条款留部分工程款作为保证金，同时这也是对我方服务的一种约束。

保修期过后，如无特殊情况，我方将撤回留守人员，但这并不表示我们为您服务的结束。以后每半年我们都将有公司人员去贵处定期回访，希望您能把工程质量和服务质量的有关信息及时反馈给我们，以便于我方能把工作做得更好。只要贵方需要，我们保证随叫随到，优质服务。

用户至上，始终是我们的经营宗旨。

三、工期承诺

若我公司中标，我单位保证在148日历天内完成并提交整个工程。如由于我方原因造成的工期延误，愿以每天1 000元人民币接受业主处罚。

四、农民工工资保障金承诺及其他承诺

1.若我公司中标，我方承诺愿按中标价的0.75%提取农民工工资保障金。并及时按月足额发放农民工工资，保证没有拖欠和克扣农民工工资的现象。

2.若我公司中标，我方承诺保证投入本工程的主要人员保持相对稳定，若需要更换，必须先征得招标人同意，更换的人员必须具备有同等条件。并且更换的人数不得超过投标文件中项目部人员的五分之一。

3.若我公司中标，我公司承诺保证在农忙季节及法定节假日正常施工，确保工期如期完成。

4.若我公司中标，我方承诺中标后积极协助业主办理本工程相关的手续。

5.工程质量保修期在招标文件规定的基础上再延长半年。

法人或授权委托人(签字和盖章)

投标人(盖章)：某安装有限公司

日期：2008 年 12 月 16 日

第二部分 技术标

一、投标人实力、业绩

近 3 年企业获得的鲁班奖、各地各级别优质证书、各级优秀建筑企业证书影印件。

(一)企业 2006 年以来承建类似工程业绩

企业 2006 年以来承建类似工程业绩见表 3-6。

表 3-6 企业综合业绩表

建设单位	工程名称	规模	结构类型	开竣工日期	过去 3 年已完成	合同履约
三木集团	热电厂工程	14 200 m²	框架	2006-10～2007-12	中原杯	良好
⋮						
某大学	高层住宅	18 000 m²	框架	2008-01～2009-05	在建	良好

(二)拟完成本工程的技术力量

拟用于本工程的项目管理班子配备情况表(见表 3-7)。

表 3-7 本工程的项目管理班子配备情况表

职务	姓名	职称	上岗资格证明				已承担的类似工程情况
			证书名称	级别	证号	专业	主要项目名称
项目经理	王×	工程师	项目经理证	一级	2102121	土建	三木热电厂
技术负责人	李×	高工	高级工程师证	高级	0479××	施工	现代生活广场
设备负责人	陈×	工程师	工程师证	中级	X32022368030	电气	防疫站办公楼
装饰工程师	王×	工程师	工程师证	中级	X320223196204	装饰	解放路燃气站
质量员	伍×	工程师	质量员证	中级	施字第 94501	土建	防疫站办公楼
施工员	刘×	工程师	施工员证	中级	施字第 94521	安装	农业研究所实验楼
安全员	陈×	助工	安全员证	初级	施字第 94503		防疫站办公楼
材料员	安×	技术员	材料员证		施字第 94556		解放路燃气站
资料员	陈×	助工	资料员证	初级	施字第 94524		防疫站办公楼
预算员	李××	工程师	造价师证		B20023		农业研究所实验楼

拟派项目经理工作简历(见表 3-8)。

表 3-8　拟派项目经理工作简历

姓名	王×	性别	男	年龄	53
职务	分公司经理	职称	工程师	学历	大专
参加工作时间	1982 年		从事项目经理年限		16 年
项目经理资格证书编号			2102121		

在建和已完工程项目情况

建设单位	项目名称	建设规模	开竣工日期	在建或已完	工程质量
热力总公司	供热中继泵站	11 200 m²	2007-07 – 2007-11	已完	合格
三木集团	热电厂一期工程	14 200 m²	2006-10 – 2007-11	已完	优良

拟派项目技术负责人工作简历见表 3-9。

表 3-9　拟派项目技术负责人工作简历

姓名	李×	性别	男	年龄	53
职务	技术负责人	职称	高级工程师	学历	本科
参加工作时间	1981 年		从事技术负责人年限		15 年
资格证书编号			04790×××		

在建和已完工程项目情况

建设单位	项目名称	建设规模	开竣工日期	在建或已完	工程质量
石油分公司	解放路燃气站	9 200 m²	2006-04～2006-07	已完	合格
三木集团	热电厂一期工程	14 200 m²	2006-10～2007-11	已完	优良

二、施工组织设计

1. 工程概况及施工部署

2. 施工准备

3. 施工方案

4. 劳动力计划及主要施工机械配备

5. 确保工程质量的技术组织措施

6. 确保工期的技术组织措施

7. 确保安全、文明施工的技术组织组织措施

8.施工总进度计划

9.施工总平面布置

10.降低成本、提高质量的合理化建议

本章小结

建设工程投标是建筑企业在建设市场中获取工程建设任务的主要方式。建设工程投标上，投标人应根据所掌握的信息，按照招标人要求，参与竞争，以获得建设工程承包权的法律活动。

建设工程投标应按预定的程序进行。

选择投标对象应遵循可行性、可靠性、赢利性、审慎性和灵活性的原则。

选择投标对象的定量分析方法有综合分析法、期望值法、决策树法等。

建设工程施工投标报价的主要技巧有突然降价法、开口升级法、多方案报价法、不平衡报价法等。

建设工程投标文件的内容应当包括拟派出的项目负责人与主要技术人员的简历、业绩和拟用于完成投标项目的机械设备等。通常分为商务标、技术标和价格标三部分。

【小知识】　　　　　　　　　　　国际工程投标书

致：＿＿先生们

1.经研究上述指定工程施工的图纸、合同条件、说明书和建筑工程清单之后，我们作为签署人愿按照上述图纸、合同条件、说明书和建筑工程清单，按＿＿（英镑）的金额，或按上述条件所确定的任何其他金额，承担上述整个工程的施工、建成和维护。

2.我们保证，如果我们的投标被接受，将在接到工程师的开工命令后的＿＿天内开始本工程施工，并从上述本工程开工期限的最后一天算起，在＿＿天内，建成并交付使用本合同中规定的整个工程。

3.如果我们的投标被接受，如有需要，我们将取得一家保险公司或银行的担保或是提供两名合适而殷实的担保人（须经你们认可），同我们一起负有连带责任地承担义务，按不超过上述指定金额10%的金额，根据须经你们认可的保证书条件，担保照章履行合同。

4.我们同意在从规定的收到投标之日起的＿＿天内遵守本投标，在此期限届满之前，本投标将始终对我们具有约束力并可随时被接受。

5.直到制定并签署了一项正式协议为止，本投标连同你们对其的书面接受，将成为我们双方之间具有约束力的合同。

6.我们理解，你们并无义务必须接受你们所收到的价格最低的或其他任何投标。

＿＿＿年＿＿月＿＿日签

签名＿＿以＿＿＿资格经正式授权并代表＿＿签署投标（用印刷体大写）

证人＿＿地址＿＿职业＿＿

复习思考题

3-1 投标决策有哪些方法?

3-2 何为不平衡报价法? 其常见的调整方向有哪些?

3-3 施工投标文件一般包括哪些内容?

3-4 简述投标活动的一般程序。

3-5 简述投标文件编制的一般要求。

3-6 简述技术标编制的要求。

3-7 什么时候投标人应考虑低于成本价报价? 我国为什么要限制这种做法?

3-8 投标决策应遵循哪些原则?

3-9 投标文件递交后可以修订吗?

3-10 建筑企业进行投标应做哪些工作?

第四章 合同管理的法律基础

【职业能力目标】

通过本章的学习,熟悉合同的相关知识,认识合同的类型,具备获取建设工程合同有关法律法规、政策等信息资料的渠道和方法,并能运用于具体的工程项目。

【学习要求】

1. 了解合同管理的概念、作用以及建设工程合同相关的法律体系等。
2. 重点掌握合同法律制度所涉及的相关内容。

第一节 合同管理概述

一、建设工程合同管理的概念及意义

建设工程合同管理是对建设工程项目中相关合同的策划、签订、履行、变更、索赔和争议解决的管理。它是建设工程项目管理的重要组成部分。

建设工程合同是承发包双方为实现建设工程目标,明确相互责任、权利、义务关系的协议;是承包人进行工程建设,发包人支付价款,控制工程项目质量、进度、投资,进而保证工程建设活动顺利进行的重要法律文件。有效的合同管理是促进参与工程建设各方全面履行合同约定的义务,确保建设目标实现的重要手段。因此,加强合同管理工作对于承包商以及业主都具有重要的意义。

(一)加强建设工程合同管理是市场经济的要求

随着我国市场经济机制的发育和完善,要求政府管理部门打破传统观念的束缚,转变政府职能,更多地应用法律、法规和经济手段调节和管理市场,而不是用行政命令干预市场。承包商作为建设市场的主体,进行建筑生产与管理活动,必须按照市场规律要求,健全和完善内部各项管理制度,其中合同管理制度是其管理制度的关键内容之一。加强建设工程合同的管理,是社会主义市场经济规律的必然要求。

(二)加强建设工程合同管理是规范建设市场各方行为的需要

从建设市场经济活动及交易行为看,工程建设的参与各方缺乏市场经济所必需的法制观念和诚信意识,不正当竞争行为时有发生,承发包双方合同自律行为较差,从而加剧了建设市场经济秩序的混乱。因此,政府行政管理部门必须加强建设工程合同的管理,规范市场主体的交易行为,促进建设市场的健康稳定发展。

二、合同管理在工程建设中的作用

建设工程合同在建设项目管理过程中正在发挥越来越重要的作用,具体体现在如下几个方面。

（一）合同是建设项目管理的核心

任何一个建设项目的实施，都是通过签订一系列的承发包合同来实现的，业主和承包商可以在建设工程合同环境下调控建设项目的运行状态，通过对合同管理目标责任的分解，规范建设项目管理机构的内部职能，紧密围绕合同条款开展项目管理工作。因此，无论是对承包商的管理，还是对项目业主本身的内部管理，建设工程合同始终是建设项目管理的核心。

（二）建设工程合同是承发包双方履行义务、享有权利的法律基础

为保证建设项目的顺利实施，通过明确承发包双方的职责、权利和义务，合理分摊承发包双方的责任风险，建设工程合同通常界定了承发包双方基本的权利义务关系。建设工程合同中明确约定的各项权利和义务是承发包双方的最高行为准则，是双方履行义务、享有权利的法律基础。

（三）建设工程合同是处理建设项目实施过程中各种争执和纠纷的法律依据

建设项目由于建设周期长、合同金额大、参建单位众多和项目之间接口复杂等特点，在合同履行过程中，业主与承包商之间、不同承包商之间、承包商与分包商之间以及业主与材料供应商之间不可避免地产生各种争执和纠纷。而调节这些争执和纠纷的主要尺度和依据应是承发包双方在合同中事先做出的各种约定和承诺。所以，建设工程合同是处理建设项目实施过程中各种争执和纠纷的法律依据。

第二节　建设工程合同的法律基础

任何一份合同都在一定的法律条件下起作用，受到该法律的保护与制约，该法律即被称为合同的法律基础或法律背景。

一、我国建设工程合同的法律体系

在我国，所有国内工程合同都必须以我国的法律作为基础。这是一个完整的法律体系，它不仅包括法律，还包括各种行政法规；不仅包括建筑（设）领域的，还包括其他领域的法律和法规，如《中华人民共和国税法》、《中华人民共和国会计法》、《中华人民共和国仲裁法》、《中华人民共和国公司法》等。它有如下几个层次：

（1）法律。指由全国人民代表大会及其常务委员会审议通过并颁布的法律，如《中华人民共和国宪法》、《中华人民共和国民法》、《中华人民共和国民事诉讼法》、《中华人民共和国合同法》、《中华人民共和国仲裁法》、《中华人民共和国文物保护法》、《中华人民共和国土地管理法》、《中华人民共和国建筑法》等。

（2）行政法规。指由国务院依据法律制定和颁布的法规，如《建设工程安全生产管理条例》、《建设项目环境保护管理条例》、《建设工程质量管理条例》等。

（3）行政性规章。指由建设部或（和）国务院的其他主管部门依据法律制定和颁布的各项规章，如《房屋建筑和市政基础设施工程施工招标投标管理办法》、《建筑企业资质管理条例》、《房屋建筑工程保修办法》等。

（4）地方性法规和地方部门规章。它是法律和行政法规的细化、具体化，如地方的建设市场管理办法、招标投标管理办法等。

下层次的(如地方、地方部门)法规和规章不能违反上层次的法律和行政法规,而行政法规也不能违反法律,上下形成一个统一的法律体系。在不矛盾、不抵触的情况下,在上述体系中,对于一个具体的合同和具体的问题,通常是特殊、详细、具体的规定优先。

二、合同法律关系

(一)合同法律关系的概念和构成要素

合同法律关系是指由合同法律规范调整的当事人在民事流转过程中形成的权利义务关系。合同法律关系由法律关系主体、法律关系客体、法律关系内容三个要素构成。

1.合同法律关系的主体

合同法律关系的主体是指参加合同法律关系,依法享有权利和承担义务的当事人。

任何一项合同法律关系都是由两个或两个以上的主体构成,相对而言,一方为权利主体,另一方为义务主体,通常又称为权义主体。

合同法律关系的主体包括自然人、法人和其他组织。

(1)自然人。自然人是指基于出生而成为民事法律关系主体的有生命的人。自然人作为合同法律关系的主体应当具有相应的民事权利能力和民事行为能力。

(2)法人。法人是具有民事权利能力和民事行为能力,依法独立享有民事权利和承担民事义务的组织。法人应当具备以下条件:①依法成立;②有必要的财产和经费;③有独立的财产或独立经营管理的财产和活动经费;④有自己的名称、组织机构、固定场所和规章制度。

2.合同法律关系的客体

合同法律关系的客体是指参加合同法律关系的主体享有的权利和承担的义务所共同指向的对象。如果没有客体,主体就无目标。所以,在法学上把客体又叫标的。

合同法律关系的客体包括物、行为和智力成果。

(1)物。物是指可为人们控制,具有使用价值和价值的生产资料和消费资料。物可以分为动产和不动产、流通物和限制流通物、特定物和种类物、主物和从物等,其中还应包括货币和有价证券。

(2)行为。行为是指人的有意识的活动,主要表现为完成工作的行为和提供劳务的行为,比如建设工程的施工、一些产品的加工制作、运输行为、保管行为等。

(3)智力成果。智力成果是指通过人的脑力劳动所创造的知识财富,比如专利权、商标专用权、著作权、工业设计权等。

3.合同法律关系的内容

合同法律关系的内容是指合同约定或法律规定的主体享有的权利和承担的义务。合同法律关系的内容是连接主体和客体的纽带,也是不可缺少的要素之一。

(二)合同法律关系的产生、变更与消灭

1.法律事实的概念和分类

法律事实是指法律规范所确认的并能引起法律关系产生、变更与消灭的客观情况。这些客观情况多种多样,既可以发生在自然界,也可以发生在人类社会,但不是所有的客观

情况都是法律事实,只有能够引起法律关系产生、变更与消灭的客观情况才是法律事实。

合同法律关系的产生、变更与消灭必须具备一定的法律事实。

法律事实是多种多样的,但主要可以归纳为行为和事件两大类。

(1)行为。指法律关系主体有意识的活动而形成的客观事实。行为包括合法行为和违法行为。合法行为包括经济合法行为、经济司法行为、经济行政行为,比如合同法律关系主体之间签订合同的行为;违法行为包括一般违法行为和严重违法行为。

(2)事件。指不以当事人的意志为转移的客观情况。事件可以分为自然事件、社会事件和意外事件。

2.合同法律关系的产生、变更与消灭

(1)合同法律关系的产生。指由于一定的客观事实的存在,在合同法律关系主体之间形成一定的权利义务关系,比如建设单位与建筑施工企业之间签订建设工程施工合同,就会形成合同法律关系。

(2)合同法律关系的变更。指合同法律关系形成后,由于一定的客观事实出现而引起合同法律关系的主体、客体、内容的变化,比如主体数目的增减、客体的扩大和缩小、主体权利义务的改变等。

(3)合同法律关系的消灭。指合同法律关系主体之间的权利和义务不复存在。合同法律关系的消灭包括自然消灭、双方协商一致而提前消灭、不可抗力引起的消灭、当事人违约引起的消灭等。

第三节　合同法律制度

一、合同与合同法概述

(一)合同的概念

合同即契约,是平等主体的自然人、法人、其他组织之间设立、变更、终止民事权利义务关系的协议。

合同作为协议,其本质是一种合意,是两个意思表示一致的民事法律行为。民法中的合同有广义和狭义之分。广义的合同是指两个以上的民事主体之间设立、变更、终止民事权利义务关系的协议;狭义的合同是指债权合同,即两个以上的民事主体之间,设立、变更、终止债权债务关系的协议。广义的合同除了民法中债权合同之外,还包括物权合同、身份合同,以及行政法中的行政合同和劳动法中的劳动合同等。《中华人民共和国合同法》中所称的合同,是指狭义上的合同。

(二)合同法的概念

合同法是调整平等主体的自然人、法人、其他组织之间在设立、变更、终止合同时所发生的社会关系的法律规范总称。合同法是规范我国社会主义市场交易的基本法律,是民商法的重要组成部分。

1999年3月15日,第九届全国人大第二次会议通过了《中华人民共和国合同法》(简称《合同法》),于1999年10月1日起施行,原有的三部合同法(《中华人民共和国经济合同法》、《中华人民共和国技术合同法》、《中华人民共和国涉外经济合同法》)同时废止。

（三）《合同法》的内容

《合同法》分总则、分则和附则三部分，共23章428条。

总则规定合同法的原则以及共同适用的规定，由8章组成，分别为一般规定、合同的订立、效力、履行、变更和转让、合同的权利义务终止、违约责任。分则规定了对合同法所制定的15门类列名合同的特殊规定，共由15章组成，分别为买卖合同，供用电、水、气、热力合同，赠与合同，借款合同，租赁合同，融资租赁合同，承揽合同，建设工程合同，运输合同，技术合同，保管合同，仓储合同，委托合同，行纪合同，居间合同。

（四）《合同法》的基本原则

《合同法》的原则，是指合同法总的指导思想和贯穿于整个合同法律制度和规范之中的基本准则。《合同法》作为我国民法的组成部分，民法的基本原则，如当事人法律地位平等原则、自愿原则、公平原则、互利有偿原则、民事权益受法律保护原则、社会公德原则等都适用于合同法，这里我们仅介绍体现合同法精神的几个原则。

（1）合同自由原则。即只有在双方当事人经过协商，意思表示完全一致，合同才能成立。

（2）诚实、信用原则。是指当事人在从事交易时应诚实守信，以善意方式取得权利和履行义务，不得滥用权利和损害他人及社会的利益。

（3）合同的法律原则。就《合同法》而言，是指当事人在订立和履行合同时应遵守法律和行政法规。遵守法律和不得损害社会公共利益，是《合同法》的重要基本原则。

（4）鼓励交易原则。即鼓励合法正当的交易。如果当事人之间的合同订立和履行符合法律及行政法规的规定，则当事人各方的行为应当受到鼓励和法律的保护。

二、合同的订立与效力

（一）合同的订立

1. 合同当事人的资格

合同当事人可以是自然人、法人或其他组织，他们应分别具有法律所赋予的相应的民事权利能力和民事行为能力（参见《合同法》第九条）。民事权利能力是法律赋予民事主体享有民事权利和承担民事义务的资格。民事行为能力是实施法律行为的资格。对于自然人来说，行为能力主要指人的认知能力。法律根据自然人不同的认知能力，将自然人分为：完全民事行为能力人、限制民事行为能力人和无民事行为能力人。自然人订立合同一般应具有完全民事行为能力。限制民事行为能力人只能订立与其年龄、智力、精神状况相适应的合同法则，订立的合同须经其法定代理人追认。无民事行为能力人不能订立合同。

2. 合同的形式

合同可以是书面形式、口头形式或其他形式。

（1）书面形式。合同的书面形式是指以文字等有形表现方式所订立合同的形式。《合同法》规定：法律、行政法规规定采用书面形式的，应当采用书面形式。

（2）口头形式。口头形式的合同是指当事人以对话方式达成的一种协议。以电话交谈方式订立的协议，属于口头形式的合同，其录音可作为口头形式的证据。

（3）其他形式。其他形式指书面和口头两种形式以外的合同形式,如视听、默示、公告等。

3.合同的内容

合同的内容即合同的条款,是当事人双方经协商后就某一目的所确定的各自的权利和义务。合同的内容由当事人确定,一般包括以下条款:

(1)当事人的名称或者姓名和住所。当事人的名称或者姓名和住所是有关合同主体的一项内容,即各方当事人的基本情况。

(2)标的。标的是合同当事人双方权利义务共同指向的对象,即合同法律关系的客体。

(3)数量。数量是衡量标的的尺度,是决定合同双方权利义务大小的依据。

(4)质量。质量是标的的内在素质和外观形态的综合指标,是决定产品和劳务价格的重要依据,在合同中应明确规定。

(5)价款或者报酬。价款或者报酬是取得标的物或接受劳务的一方以货币向对方支付的代价。标的为货物时,称其为价款;标的为劳务时,称其为报酬。

(6)履行期限、地点和方式。履行期限是指合同当事人双方履行义务的时间范围,是衡量合同是否按时履行、承担义务一方是否要承担相应的违约责任的标准。

履行地点是指合同当事人双方完成合同规定义务的地方和场所,包括标的的交付、提取地点,服务、劳务或工程项目建设地点,价款或报酬的结算地点等。

履行方式是指合同当事人双方完成合同义务的方法和途径,如标的物的交付或完成工作的方法,价款、酬金的支付方法等,一般根据合同的类别而定。如买卖合同中的交货次数、交货方式、验收方法及付款方式等。

(7)违约责任。违约责任是指当事人不履行或不完全履行合同时所应承担的法律责任。

(8)解决争议的方法。指当事人双方约定的解决合同纠纷的方式或方法。解决争议的方法主要是提起仲裁或诉讼。

4.合同示范文本与格式条款

(1)合同示范文本。合同示范文本,是有关部门或机构事先拟定的、含有合同主要条款的、供合同订立人参照选用的合同文本样式。

(2)合同格式条款。合同格式条款是合同当事人一方为了重复使用而预先拟定的,并在合同订立时未与另一方协商的合同条款。格式条款又称为标准条款。合同当事人可以在合同中部分采用格式条款,也可全部采用格式条款。

5.合同订立的方式

合同订立的方式是指当事人各方就合同的主要条款达成合意的方式或方法。《合同法》规定:"当事人订立合同,采取要约、承诺方式。"

1)要约

要约是当事人一方向另一方作出的以一定条件订立合同的意思表示。提出要约的一方称为要约人,另一方称为受要约人,简称受约人。要约要产生法律效力,应当具备以下条件:

(1)要约是特定的合同当事人向相对人所作的意思表示。

（2）要约应具有明确的订立合同的意思表示,经受要约人承诺,要约人即受该意思表示的约束。

（3）要约应具有明确具体的内容,即其内容应具备合同成立的必要条款,不能含糊不清,以致受要约人不能完整理解要约的主要含义,无法作出相应的承诺。

如果当事人一方的意思表示不是向特定的相对人表达订约愿望,或是缺少合同成立的必要条款,则不能视为要约,而属于要约邀请。要约邀请是当事人一方希望他人向自己发出要约的意思表示。

要约到达受要约人时即生效。

要约可以撤回。要约的撤回是指在要约发生法律效力之前,要约人取消要约或阻止要约生效的行为。

要约可以撤销。要约的撤销是旨在要约生效后,要约人依法取消要约,使其丧失法律效力的行为。但有下列情形之一的,要约不得撤销:

（1）要约人确定了承诺期限或者以其他形式明示要约不可撤销;

（2）受要约人有理由认为要约是不可撤销的,并已经为履行合同作了准备工作。

《合同法》还规定,有下列情形之一的,要约失效:①拒绝要约的通知到达要约人;②要约人依法撤销要约;③承诺期限届满,受要约人未作出承诺;④受要约人对要约的内容作出实质性变更。

要约失效就是要约丧失其法律约束力。要约失效后,要约人不再承担必须接受承诺的义务,受要约人也失去了作出承诺的机会。

2）承诺

承诺是指受要约人同意要约的意思表示。要约一经承诺并送达要约人,合同便告成立。由于承诺的生效即意味着合同的成立,所以有效的承诺必须符合一定的条件,才能产生法律效力。必要的条件是:

（1）承诺必须由受要约人或经其授权的代理人向要约人作出。

（2）承诺的内容应当与要约的内容一致。

（3）承诺应当在要约确定的期限内到达要约人。

承诺可以撤回,撤回承诺的通知应当在承诺到达要约人之前或者与承诺同时到达要约人。由此可以推断,承诺的撤回一般只适用于书面形式的承诺,对于口头形式的承诺,一般一经发出即到达要约人,不存在撤回的时间可能。对于电子数据方式的承诺,一经发出,即刻到达对方的电子信箱,同样也不存在撤回的时间可能。

承诺应当以通知的方式作出,但根据交易习惯或者要约表明可以通过行为作出承诺的除外。承诺通知到达要约人时生效,同时表明合同成立。

6. 合同的成立

1）合同成立的概念

合同的成立是指合同双方或多方当事人已就合同的主要条款达成合意而被法律认为合同客观存在。合同的成立与合同的订立既有联系又有区别。合同的订立是合同成立的前提,合同的成立是合同订立的结果。合同的成立并不意味着合同已生效,但又是合同生效的前提,成立的合同只有具备了生效的条件才能产生法律效力。

2)合同成立的时间

合同成立的时间是当事人之间最终达成协议使合同产生并存在的时间。在大多数情况下,合同成立的时间也就是合同生效的时间。因此,合同成立之时往往也是当事人受合同约束的开始。合同成立的时间因合同的类别不同而有不同的规定:

（1）不要式合同又属诺成合同,有效承诺的通知到达要约人的时间为合同成立时间。

（2）不要式合同又属实践合同,标的物的交付时间为合同成立时间。

（3）要式合同,履行完法定或约定手续的时间为合同成立时间。

（4）特殊要求的合同,如依照法律、法规的规定应当经过有关部门批准或履行其他手续的合同,当获得批准或手续完毕时,合同成立。

3)合同成立的地点

合同成立的地点是当事人之间最终达成协议使合同产生并存在的地点。合同成立的地点如同合同成立的时间一样,因合同的类别不同而有不同的规定:

（1）实践合同的成立地点。对于实践合同,交付标的物的地点为合同成立的地点。

（2）诺成合同的成立地点。对于诺成合同,承诺生效的地点即为合同成立的地点。但有下列情形的除外:①当事人采用合同书形式订立合同的,双方当事人签字或者盖章的地点为合同成立的地点。②当事人采用数据电文形式订立合同的,收件人的主营业地为合同成立地点;没有主营业地的,其经常居住地为合同成立地点。当事人另有约定的,从其约定。

7.缔约过失责任

1)缔约过失责任的概念

缔约过失责任是指当事人一方在订立合同的过程中,因故意或过失违反先合同义务而给对方造成损失时,应向对方承担的赔偿责任。缔约过失责任是在合同成立前的订立过程中产生的法律责任,是基于诚实信用原则而产生的。

缔约过失责任是一种损害赔偿责任,责任承担者依据等价有偿原则赔偿对方因信赖合同成立而遭受的损失。

2)缔约过失责任的成立要件

（1）当事人一方主观上有过错,这种过错包括故意或过失,表现为违背诚实信用原则。

（2）一方的缔约过错行为造成了对方的财产损失,并且这种损失与过错行为有直接的因果关系。

（二）合同的效力

1.合同效力的概念

合同的效力又称合同的法律效力,是指已成立的合同将对合同当事人乃至第三人产生的法律约束力。依法成立的合同,对当事人具有法律约束力。当事人应当按照约定履行自己的义务,不得擅自变更或者解除合同。依法成立的合同,受法律保护。

2.合同的生效

合同的生效是指已经成立的合同开始在当事人之间具有法律效力。

1)合同生效的一般要件

（1）当事人具有相应的订立合同的能力。

（2）当事人意思表示真实。

（3）不违反法律、行政法规的强制性规定或者社会公共利益。

2）合同生效或失效的时间

（1）依法成立的合同，自成立时生效。

（2）法律、行政法规规定应办理批准、登记等手续生效的，依照其规定。

（3）附生效条件的合同，自条件成就时生效；附解除条件的合同，自条件成就时失效。

（4）附生效期限的合同，自期限界至时生效；附终止期限的合同，自期限届满时失效。

3．无效合同

无效合同是指虽已成立，但因欠缺法定有效要件，在法律上确定的自始不发生法律效力的合同。《合同法》规定有下列情形之一的合同无效：

（1）一方以欺诈、胁迫手段订立合同，损害国家利益。

（2）恶意串通，损害国家、集体或第三人利益。

（3）以合法形式掩盖非法目的。

（4）损害社会公共利益。

（5）违反法律、行政法规的强制性规定。

4．可撤销或可变更合同

1）概念和特征

可撤销或可变更合同是指已经成立，但欠缺法定的有效要件，可由当事人一方申请取消其法律效力或变更其内容的合同。可撤销或可变更合同具有如下特征：

（1）当事人的意思表示不真实。

（2）一方当事人可请求人民法院或仲裁机构予以撤销或变更。

（3）若合同既可以撤销也可以只变更内容，如当事人请求变更，则人民法院或仲裁机构不得撤销合同。

（4）可撤销合同在未撤销之前是有效的，一旦被撤销，则自始无效。

2）确认依据

《合同法》规定，有下列情形的合同属于可撤销或可变更合同：

（1）因重大误解订立的合同。

（2）在订立合同时显失公平。

（3）一方以欺诈、胁迫的手段或者乘人之危，使对方在违背真实意思的情况下订立的合同。

3）撤销权的灭失

享有撤销权的一方当事人，发生下列情形的，其撤销权灭失：

（1）自知道或者应当知道撤销事由之日起一年内没有行使撤销权的。

（2）知道撤销事由后明确表示或者以自己的行为放弃撤销权的。

5．无效、被撤销合同的法律后果

（1）无效或被撤销的合同自始没有法律约束力。合同部分无效不影响其他部分效力的，其他部分仍然有效。

（2）合同无效、被撤销或者终止，不影响合同中独立存在的有关解决争议的条款的效力。

(3)对于合同中涉及的财产可采取如下方式处理:①返还原物;②赔偿损失;③收归国有或返还集体。

三、合同的履行

(一)合同履行的概念和原则

合同的履行是指合同生效后,当事人双方按照合同约定的标的、数量、质量、价款、履行期限、履行地点和履行方式等,完成各自应承担的全部义务的行为。

合同的履行应遵循诚实信用原则全面履行约定的义务。当事人在遵循诚实信用原则履行合同的过程中应尽的基本义务有:

(1)通知。即当事人任何一方在合同的履行过程中应当及时通知对方工作的进展和情况的变化以及对方所需要的有关信息,不欺诈,不隐瞒。

(2)协助。相互协助有利于双方顺利履行合同,当事人双方应尽力为对方履行合同创造必要的条件。

(3)保密。当事人在履约的过程中获知对方的商务、技术、经营等秘密信息时,应当主动予以保密,不得擅自泄漏或自己非法使用。

(二)合同履行中的若干规则

1.合同约定不明确时的履行规则

合同生效后,当事人就质量、价款、履行地点等内容约定有遗漏或不明确的,可以通过双方协商补充协议加以明确。如不能达成补充协议的,可按照合同的有关条款或交易习惯确定,或者根据法律的特别规定解决。按以上两种方式仍不能解决的,《合同法》规定了下列处理原则:

(1)质量要求不明确的,按照国家标准、行业标准履行;没有国家标准、行业标准的,按照通常标准或者符合合同目的的特定标准履行。

(2)价值或者报酬不明确的,按照订立合同时履行地的市场价格履行;依法应当执行政府定价或者政府指导价的,按照规定履行。

(3)履行地点不明确的,给付货币的,在接受货币一方所在地履行;交付不动产的,在不动产所在地履行;其他标的,在履行义务一方所在地履行。

(4)履行期限不明确的,债务人可以随时履行,债权人也可以随时要求履行,但应当给对方必要的准备时间。

(5)履行方式不明确的,按照有利于实现合同目的的方式履行。

(6)履行费用的负担不明确的,由履行义务一方负担。

2.价格发生变动时的履行规则

执行政府定价或者政府指导价的,在合同约定的交付期限内政府价格调整时,按照交付时的价格计价。逾期交付标的物的,遇价格上涨时,按照原价格执行;价格下降时,按照新价格执行。逾期提取标的物或者逾期付款的,遇价格上涨时,按照新价格执行;价格下降时,按照原价格执行。

3. 有关第三人的履行规则

一般情况下,合同义务应当由当事人亲自履行。但在不影响当事人合法权益的情况下,当事人可约定由第三人来履行。具体有如下两种情况:

(1)由债务人向第三人履行债务。当事人约定由债务人向第三人履行债务的,债务人未向第三人履行债务或者履行债务不符合约定,应当向债权人承担违约责任。

(2)由第三人向债权人履行债务。当事人约定由第三人向债权人履行债务的,第三人不履行债务或者履行债务不符合约定,债务人应当向债权人承担违约责任。这种情况下,合同当事人的关系也未发生变化,而且也应该取得债权人同意方能实行。

4. 提前履行、部分履行的规则

债权人可以拒绝债务人提前履行债务,但提前履行不损害债权人利益的除外。债务人提前履行债务给债权人增加的费用,由债务人负担。债权人可以拒绝债务人部分履行债务,但部分履行不损害债权人利益的除外。债务人部分履行债务给债权人增加的费用,由债务人负担。

5. 当事人发生变动时的履行规则

(1)债权人分立、合并或者变更住所,如没有通知债务人,致使履行债务发生困难的,债务人可以中止履行或者将标的物提存。

(2)合同生效后,当事人不得因姓名、名称的变更,或者法定代表人、负责人、承办人的变动而不履行合同义务。

(三)合同履行中的抗辩权

1. 抗辩权的概念

在双方合同中,当事人一方依法拒绝对方要求或者否认对方权利主张的权利称为抗辩权。当事人一方行使抗辩权,是在对方不履行应尽义务的情况下,为保护自己的合法利益,中止履行本方义务的行为,是守约方在决定单方终止合同前可以行驶的一种保护自身权益的权利。中止履行时合同仍然有效,若对方纠正了违约行为,行使抗辩权的一方应自觉恢复义务的继续履行。但若对方放任违约造成的影响进一步扩大,或无力继续履行合同义务,行使抗辩权的一方就可以采取单方终止合同的行动。

2. 抗辩权的类别

1)同时履行抗辩权

《合同法》规定:当事人互负债务,没有先后履行顺序的,应当同时履行,一方在对方履行之前有权拒绝其履行要求;一方在对方履行债务不符合约定时,有权拒绝其相应的履行要求。由此,同时履行抗辩权是当事人双方同时享有的权利。

2)异时履行抗辩权

当合同约定一方先履行义务是另一方履行义务的先决条件时,可能发生异时履行抗辩权,按照约定履行的先后次序又可以分为两类:

第一类是后履行一方享有抗辩权。《合同法》规定:当事人互负债务,有先后履行顺序,先履行一方未履行的,后履行一方有权拒绝其履行要求。先履行一方履行债务不符合约定的,后履行一方有权拒绝其相应的履行要求。

第二类是先履行一方享有的抗辩权,也称"不安抗辩权"。这是指应当先履行义务的一方掌握了后履行的一方丧失或者可能丧失履行义务能力的确切证据时，暂时停止履行其义务的行为。

先履行义务一方行使抗辩权应及时通知对方，中止履行合同。如对方恢复履行义务能力或提供适当担保时，应当恢复履行义务。若对方在合理期限内未能恢复履行能力，也未提供适当担保，则行使抗辩权一方可以解除合同。当事人不得滥用不安抗辩权，造成违约的，应当承担违约责任。

四、合同的变更、转让与终止

(一)合同的变更

合同的变更即合同内容的变更，是指在合同依法成立以后至未履行或者未完全履行之前，当事人经过协议对合同的内容进行修改和补充。

合同变更的内容包括：标的物的数量增减、品质的改变和规格的更改等；履行条件的变更，比如履行期限的变更、履行方式的变更、履行地的变更、结算方式的变更；附条件及附期限合同中条件及期限的变更；合同担保的变更；其他内容的变更等。

合同除经当事人协商一致可以变更外，当事人还可因合同无效、重大误解、显失公平等而要求变更。其中，当事人协商一致的合同变更无须通过人民法院。

(二)合同的转让

1.合同转让的概念

合同的转让是指当事人一方依法将其合同的权利和义务的全部或者部分转让给第三人的法律行为。

2.合同转让的相关规定

《合同法》对合同权利和义务的转让分别作了规定，现分述如下：

(1)债权人可以将合同的权利全部或部分转让给第三人，但有下列情形之一的不得转让：①根据合同性质不得转让；②按照当事人的约定不得转让；③依照法律规定不得转让。

(2)债权人转让权利的，应当通知债务人。未经通知，该转让对债务人不发生效力。债务人转让权利的通知不得撤销，但经受让人同意的可以撤销。

(3)债务人将合同的义务全部或者部分转让给第三人的，应当经债权人同意。

(4)当事人一方经对方同意，可以将自己在合同中的权利和义务一并转让给第三人。

(5)法律、行政法规规定转让权利或义务应当办理批准、登记手续的，依照其规定。

(三)合同的终止

1.合同终止的概念

合同终止即合同权利义务的终止，是指合同当事人之间的债权债务关系归于消灭而不复存在。合同终止可能是当事人双方均履行完约定义务后的正常终止，也可以是双方约定的义务未履行完成时，由于某一事件的发生而被迫中止。

2.合同终止的原因

有下列情形之一的，合同的权利义务即可终止。

(1)债务已按照约定履行。

(2)合同解除。

合同解除是指在合同有效成立后,没有履行或者没有履行完毕之前,当事人双方通过协议或者一方行使解除权,使合同关系提前消灭的行为。合同解除分为约定解除和法定解除。

①约定解除。约定解除是当事人通过行使约定的解除权或者双方协商决定而进行的合同解除。

②法定解除。法定解除是解除条件直接由法律规定的合同解除。当法律规定的解除条件具备时,当事人可以解除合同。

合同解除后,尚未履行的,终止履行;已经履行的,根据履行情况和合同性质,当事人可以要求恢复原状或采取其他补救措施,并有权要求赔偿损失。

(3)债务的抵销。

债务抵销是指两人互付给对方种类相同的债务时,双方各以其债权充当债务之清偿,而使双方的债务在对等数额内相互消灭的行为。债务抵销包括法定抵销和合意抵销两种。

(4)债务的提存。

提存是指债务人由于债权人的原因难以履行债务时,将该标的物交给提存机关而终止合同关系的一项制度。债务人将标的物提存后,即发生债务消灭、合同关系消灭的后果,提存是合同消灭的原因。

(5)债务的免除。

债务的免除是债权人以消灭债权为目的而放弃债权的单方法律行为。因债权人抛弃债权,债务人的债务得以免除,合同关系归于消灭,因而免除是合同终止的一种方法。

(6)债务的混同。

债权和债务同归于一人的,合同的权利义务终止,但涉及第三人利益的除外。

五、合同的违约责任

(一)违约责任的概念

违约责任,是指当事人任何一方不能履行或者履行合同不符合约定而应当承担的法律责任。违约行为的表现形式包括不履行和不适当履行。不履行是指当事人不能履行或者拒绝履行合同义务;不适当履行则包括不履行以外的其他所有违约情况。

(二)承担违约责任的条件和原则

1.承担违约责任的条件

当事人承担违约责任的条件,是指当事人承担违约责任应当具备的要件。过错责任条件要求违约人承担违约责任的前提是违约人必须有过错;而严格责任条件不要求以违约人有过错为承担违约责任的前提,只要违约人有违约行为,即当事人不履行合同或者履行合同不符合约定条件,就应当承担违约责任。但对缔约过失、无效合同和可撤销合同依然适用过错条件。

2.承担违约责任的原则

《合同法》规定的承担违约责任是以补偿性为原则的。补偿性是指违约责任旨在弥补或者补偿因违约行为造成的损失。

(三)承担违约责任的方式

1.继续履行

继续履行是指违反合同的当事人不论是否承担了赔偿金或者违约责任,都必须根据对方要求,在自己能够履行的条件下,对合同未履行的部分继续履行。

当事人一方不履行非金钱债务或者履行非金钱债务不符合约定的,对方也可以要求继续履行。但有下列情形之一的除外:

(1)法律上或者实际上不能履行;

(2)债务的标的不适于强制履行或者履行费用过高;

(3)债权人在合理期限内未要求履行。

2.采取补救措施

补救措施主要是指我国《中华人民共和国民法通则》和《合同法》中所确定的,在当事人违反合同的事实发生后,为防止损失发生或者扩大,而由违反合同一方依照法律规定或者约定采取的修理、更换、更新制作、退货、减少价格或者报酬等措施,以给权利人弥补或者挽回损失的责任形式。采取补救措施的责任形式,主要发生在质量不符合约定情况下。

3.赔偿损失

当事人一方不履行合用义务或者履行合同义务不符合约定,给对方造成损失的,应当赔偿对方的损失。损失赔偿额应当相当于因违反所造成的损失,包括合同履行后可以获得的利益,但不得超过违反合同一方订立合同时预见或应当预见的因违反合同所能造成的损失。这种方式是承担违约责任的主要方式。

4.支付违约金

当事人可以约定一方违约时应当根据违约情况向对方支付一定数额的违约金,也可以约定因违约产生的损失的赔偿办法。

5.定金罚则

当事人可以约定一方向对方给付定金作为债权的担保。债务人履行债务后定金应当抵做价款或收回。给付定金的一方不履行约定债务的,无权要求返还定金,收受定金的一方不履行约定债务的,应当双倍返还定金。

当事人既约定违约金,又约定定金的,一方违约时,对方可以选择适用违约金或定金条款。但是,这两种违约责任不能同时使用。

六、合同争议的防范及处理

(一)合同解释

1.合同解释的概念

合同解释,是指为了合理地确定合同当事人的权利义务,对合同内容及其相关资料的含义所作的理解、分析和说明。合同解释可划分为广义的解释和狭义的解释。广义的合同解释,是指任何人都可以对合同的内容及其相关资料的含义进行理解、分析和说明。狭义的合同解释是指受理合同纠纷案件的人民法院或者仲裁机构对合同内容及相关资料的含义所作的具有法律效力的分析和说明。

2. 合同争议产生的原因

合同应当是合同当事人双方完全一致的意思表示。但是,在实际操作中,由于各方面的原因,如当事人的经验不足、素质不高、出于疏忽或是故意,对合同应当包括的条款未作明确规定,或者对有关条款用词不够准确,从而产生争议或者纠纷。产生这种问题的主要原因如下:

(1)使用语言文字不规范。

(2)合同内容中使用的语言文字与其内心的真实意思不一致,甚至出现相悖的情况,即内心想的意思和形成文字的意思相悖,致使合同出现理解上的歧义。

(3)不符合法律规定的要求,需要依法对此内容进行解释,以便修订合同。

(4)合同欠缺某些条款,使当事人的权利义务关系不明确。

(5)当事人事后为了不履行合同,对合同条款作出不同的理解。

一旦在合同履行过程中,产生上述问题,合同当事人双方往往就可能会对合同文件的理解出现偏差,从而导致双方当事人产生合同争议。因此,如何对内容表达不清楚的合同进行正确的解释就显得尤为重要。

3. 合同的解释方法

当事人对合同条款的理解有争议的,应当按照合同所使用的词句、合同的有关条款、合同的目的、交易习惯以及诚实信用原则,确定该条款的真实意思。合同文本用两种以上文字订立并约定具有同等效力的,对各文本使用的词句推定具有相同含义。各文本使用的词句不一致的,应当根据合同的目的予以解释。合同的解释方法主要有以下几种。

1)词句解释

词句解释即首先应当确定当事人双方的共同意图,据此确定合同条款的含义。其规则如下:

(1)排他规则。如果合同中明确提及居于某一特定事项的某些部分而未提及该事项的其他部分,则可以推定为其他部分已经被排除在外。

(2)对合同条款起草人不利规则。虽然合同是经过双方当事人平等协商而做出的一致的意思表示,但是在实际操作过程中,合同往往是由当事人一方提供的,提供方可以根据自己的意愿对合同提出要求。这样,他对合同条款的理解应该更为全面。如果因合同的词义而产生争议,则起草人应当承担由于选用词句的含义不清而带来的风险。

(3)主张合同有效的解释优先规则。双方当事人订立合同的根本目的就是为了正确完整地享有合同权利,履行合同义务,即希望合同最终能够得以实现。如果在合同履行过程中,双方产生争议,其中有一种解释可以从中推断出若按照此解释合同仍然可以继续履行,而从其他各种对合同的解释中可以推断出合同将归于无效而不能履行,此时,应当按照主张合同仍然有效的方法来对合同进行解释。

2)整体解释

整体解释即当双方当事人对合同产生争议后,应当从合同整体出发,联系合同条款上下文,从总体上对合同条款进行解释,而不能断章取义,割裂合同条款之间的联系来进行片面解释。其原则如下:

(1)同类相容规则。即如果有两项以上的条款都包含同样的语句,而前面的条款又对此赋予特定的含义,则可以推断其他条款所表达的含义和前面一样。

（2）非格式条款优先于格式条款规则。即当格式合同与非格式合同并存时,如果格式合同中的某些条款与非格式合同的相互矛盾,应当按照非格式条款的规定执行。

3）合同目的解释

合同目的解释即肯定符合合同目的的理解,排除不符合合同目的的解释。

4）交易习惯解释

交易习惯解释即按照该国家、该地区、该行业所采用的惯例进行解释。

5）诚实信用原则解释

诚实信用原则是合同订立和合同履行的最根本的原则,因此无论对合同的争议采用何种方法进行解释,都不能违反诚实信用原则。

4.合同解释的效力

合同解释的效力是指合同解释所产生的法律后果。

广义的合同解释,任何人都可以进行,但是不一定产生相应的法律后果。狭义的合同解释,是由人民法院或者仲裁机构进行的,解释的结果就会产生相应法律上的后果。

（二）合同纠纷的处理方式与原则

1.合同纠纷的处理方式

合同纠纷是指在合同履行中双方当事人对权利和义务所发生的争执,或称争议。合同在履行过程中,合同纠纷的处理方式有和解、调解、仲裁、诉讼等四种。当事人可以通过和解或者调解解决合同争议。当事人不愿意通过和解、调解解决或者调解不成的,可以通过仲裁协议向仲裁机构申请仲裁。当事人没有订立仲裁协议或者仲裁协议无效的,可以向人民法院起诉。

1）和解

合同纠纷的协商又称和解,是指合同当事人在履行合同过程中,对所产生的合同纠纷,互相主动接触,充分商议,取得一致意见,从而正确解决合同纠纷的一种方法。

2）调解

调解是指在第三者参加下,由第三者出面,认真查明事实,分清责任,通过说服调解,从而促使双方互相谅解,在双方当事人同意的条件下,达成解决合同纠纷协议的一种方法。

调解合同纠纷主要有以下四种方式:①当事人上级主管机关的调解;②律师事务所调解;③工商行政管理部门调解;④人民法院调解。工程承包合同实行监理制度后,监理工程师也有权进行合同的调解。

3）仲裁

仲裁亦称公断,是第三者就某一争议居中裁断的过程。合同的仲裁,是指合同双方当事人之间因合同发生争议经双方协商不成,调解又达不成一致时,根据当事人双方的协议或申请,由仲裁委员会对合同争执所进行的裁决。

仲裁程序通常如下:

（1）申请和受理仲裁。由当事人一方或双方按双方的仲裁协议向仲裁委员会提出仲裁申请。仲裁委员会受理仲裁申请后应通知申请人和被申请人,被申请人在规定时间内提交答辩书。

（2）成立仲裁庭。按规定仲裁庭可由3名或1名仲裁员组成。

（3）开庭和裁决。仲裁按仲裁规则进行。当事人可以提供证据,仲裁庭可以进行调查、收集证据,可以进行专门鉴定。当事人申请仲裁后,仍可以自行和解,达成和解协议;也可放弃、修改、变更仲裁要求。

（4）执行。裁决作出后,当事人应当履行裁决;如果当事人不履行,另一方可以依照民事诉讼法规定向人们法院申请执行。

4）诉讼

诉讼是指合同当事人依法请求人民法院行使审判权,审判双方之间发生的合同争议,作出有国家强制保证实现其合法权益,从而解决纠纷的审判活动。

诉讼是运用司法程序解决争执,由人民法院受理并行使审判权,对合同双方的争执作出强制性判断。

2.合同纠纷的处理原则

合同纠纷处理方式有和解、调解、仲裁、诉讼等四种方式,到底采用哪种方式,可由当事人自行选择,但在实践中,不论采取哪种方式都要以"弄清事实,分清是非,明确责任,适用条款"为前提并坚持以下原则。

1）协商为主的原则

即合同纠纷发生以后,要立足于双方通过协商解决。协商解决合同纠纷,符合当事人双方的经济利益,有利于维护各自的合法权益。

2）调解优先的原则

这主要指合同纠纷无法协商解决时,无论是仲裁机构还是人民法院,都应该先行调解,通过调解让双方自愿达成协议,只有在调解不能解决双方的纠纷时,才采用仲裁或诉讼方式。

七、合同的公证与鉴证

（一）合同的公证

1.合同公证的概念和原则

合同公证,是指国家公证机关根据当事人双方的申请,依法对合同的真实性与合法性进行审查并予以确认的一种法律制度。国家公证机关依照公民、法人的申请,对其法律行为或具有法律意义的文书、事实进行审查并证明其合法性与真实性的法律依据。我国的公证机关是公证处,经省、自治区、直辖市司法行政机关批准设立。

合同公证一般实行自愿公证原则。

2.合同的公证程序

（1）当事人申请公证。

（2）公证员应当对合同进行全面审查,既要审查合同的真实性和合法性,也要审查当事人的身份和行使权利、履行义务的能力。

（3）公证员对申请公证的合同,经过审查认为符合公证原则后,应当制作公证书发给当事人。

（4）对于追偿债款、物品的债权文书，经公证处公证后，该文书具有强制执行的效力。一方当事人不按文书规定履行时，对方当事人可以向有管辖权的基层人民法院申请执行。

（二）合同的鉴证

1. 合同鉴证的概念和原则

合同鉴证是指合同管理机关根据当事人双方的申请对其所签订的合同进行审查证明其真实性和合法性，并督促当事人双方认真履行的法律制度。

我国的合同鉴证实行的是自愿原则，合同鉴证根据双方当事人的申请办理。

2. 合同鉴证的管辖和鉴证审查的内容

合同鉴证应当审查以下主要内容：

（1）不真实、不合法的合同；

（2）有足以影响合同效力的缺陷且当事人拒绝更正的；

（3）当事人提供的申请材料不齐全，经告知补正而没有补正的；

（4）不能即时鉴证，而当事人又不能等待的；

（5）其他依法不能鉴证的。

3. 合同鉴证的作用

（1）经过鉴证审查，可以使合同的内容符合国家的法律、行政法规的规定，有利于纠正违法合同；

（2）经过鉴证审查，可以使合同的内容更加完备，预防和减少合同纠纷；

（3）经过鉴证审查，便于合同管理机关了解情况，督促当事人认真履行合同，提高履约率。

（三）合同公证与鉴证的相同点与区别

1. 合同公证与鉴证的相同点

合同公证与鉴证，除另有规定外，都实行自愿申请原则；合同鉴证与公证的内容和范围相同；合同鉴证与公证的目的都是为了证明合同的合法性与真实性。

2. 合同公证与鉴证的区别

（1）合同公证与鉴证的性质不同。合同鉴证是工商行政管理机关依据《合同鉴证办法》行使的行政管理行为；而合同公证则是司法行政管理机关领导下的公证机关依据《公证暂行条例》行使公证权所作出的司法行政行为。

（2）合同公证与鉴证的效力不同。经过公证的合同其法律效力高于经过鉴证的合同。

（3）法律效力的适用范围不同。公证作为司法行政行为，按照国家惯例，在我国域内和域外都有法律效力；而鉴证作为行政管理行为，其效力只能限于我国国内。

本章小结

建设工程合同是承发包双方为实现建设工程目标，明确相互责任、权利、义务关系的协议。

合同，是一种法律关系，调整在民事流转过程中所形成的当事人权利和义务。

《合同法》的基本原则包括:平等原则、合同自由原则、公平原则、诚实信用原则、法律原则、合同严守原则及鼓励交易的原则。

合同订立主要有三种方式:口头方式、书面方式以及其他方式。但建设工程合同必须采用书面方式。

合同的法律效力是指已成立的合同将对合同当事人乃至第三人产生的法律约束力。

合同的履行是指合同生效后,当事人双方按照合同约定完成各自应承担的全部义务的行为。

合同的转让是指当事人一方依法将其合同权利和义务的部分或者全部转让给第三人的法律行为。

合同解除分为约定解除和法定解除。

合同纠纷的处理方式有:和解、调解、仲裁、诉讼等。

合同公证与鉴证的区别:性质不同,效力不同,适用范围不同。

【小知识】 **古契约一则:高何包卖铺地契约**

立约永远卖铺地人高何包、亲母余氏,系州城圩街移居科邑村。今因家中贫寒,无米度活,不已,母子商议,愿将祖父遗下铺基一处,坐落圩街中,共起得铺屋两座之地,宽有一丈三尺,前至大街,后至河边,左邻邱家,右界农姓。先通本街近邻,无人承受,凭中问到卷蒿巷赵老兄台印国福处实永买,取出本铜钱九千文足,即日亲手领钱回家应用。三面商定:其地即交与钱主,随时建造铺屋并旧遗下石条、石说交与钱主为用。日后倘有黄金、河海之变两无悔言。若年深月久,或有疏族兄弟冒言争端,系在约内卖主当不敢异言。此乃明卖明买,并非折债等情。恐后无凭,人心难测,立约一张,交与钱主收执存据。

中保人本街黄致富

立永卖铺地人高何包、亲母余氏

（请人代笔）

同治十二年(1873)五月十七日

——摘自李倩著《民国时期契约制度研究》

复习思考题

4-1 简述建设工程合同管理的意义及其在工程建设中的作用。

4-2 什么是合同法律关系?

4-3 合同法律关系的主体、客体、内容各包括哪些?

4-4 什么是法律事实?法律事实包括哪些?

4-5 什么是合同?什么是合同法?

4-6 合同有哪几种形式?

4-7 合同一般应包括哪些条款?

4-8 简述合同订立的程序。

4-9 什么是无效合同?哪些情况下合同无效?

4-10　构成合同有效的要件有哪些?

4-11　试述合同履行的原则。

4-12　简述合同履行中当事人享有哪些抗辩权?

4-13　合同解除和终止的条件各有哪些?

4-14　承担违约责任的方式有哪些?

4-15　合同争议的解决方式有哪些?各有何特点?

4-16　何为合同的公证、鉴证,两者有何区别与联系?

4-17　甲公司(承租方)与乙公司(出租方)于2004年1月2日签订《房屋租赁合同》(以下简称合同),约定租赁用途为餐饮、住宿,租期10年,年租金70万元。付款方式:首次付款70万元,开业前再付70万元,两年后,一年一交,先交款后使用。乙公司于合同签订后三个月内完成房屋配套工程、天然气管道工程及消防达到要求。

合同签订后,甲方依约将第一年租金支付乙方。但乙方却未按合同约定期限完成房屋配套、天然气管道输入及消防也没有达到要求。直到2005年4月14日,乙方才完成上述合同义务。

2005年4月15日,乙方向甲公司发出催款通知书,要求甲公司支付第二年租金。同时,乙公司同意在第二年租金中扣除让出的三个月租金(即违约赔偿)。

甲公司不同意上述要求,认为乙公司迟延履行达一年之久,只扣除三个月租金不足以补偿自己的损失。于是明确提出书面要求:要求乙公司扣除十个月房租,该房租可以由乙方返还甲公司后,甲公司再向乙公司支付第二年租金,也可以从第二年房租中抵扣,否则,甲方不支付乙公司第二年房租。双方由此对支付第二年房租形成争议。

问题:甲公司是否享有先履行抗辩权?

第五章　建设工程合同

【职业能力目标】

通过本章的学习,能够正确认识建设工程合同的概念、特征和建设合同的主要合同关系;了解建设工程委托监理合同及建设工程勘察、设计合同示范文本;初步具备拟定相关合同条款的能力。

【学习要求】

1. 熟悉建设工程合同的概念、特征及主要合同关系。

2. 熟悉建设工程监理合同,建设工程勘察、设计合同及建设工程其他合同。

第一节　概　述

一、建设工程合同的概念和特征

(一)建设工程合同的概念

根据《合同法》第二百六十九条规定:建设工程合同是承包人进行工程建设,发包人支付价款的合同。建设工程合同包括工程勘察、设计、施工合同。

建设工程合同是建设工程的发包人为完成工程建设的任务,与承包人订立的合同,承包人应按照发包人的要求完成工程建设,发包人按照合同要求接受该建设工程并支付价款。承包人是指在建设工程合同中负责工程的勘察、设计、施工任务的一方当事人,承包人最主要的义务是进行工程建设,即进行工程的勘察、设计、施工等工作。发包人是指在建设工程合同中委托承包人进行工程的勘察、设计、施工任务的建设单位(或业主、项目法人),发包人最主要的义务是向承包人支付相应的价款。

建设工程合同是一类特殊的承揽合同,又称基本建设工程承揽合同。由于建设工程是一项耗资巨大、回收期长、安全性强,涉及面广的重大固定资产投资活动,所以《合同法》将建设工程合同从加工承揽合同中分离出来,列为独立的一章。

(二)建设工程合同的特征

1. 建设工程合同主体的严格性

由于建设工程涉及到人们的生命安全和国家重大财产的安全,所以国家严格规定了从事建设工程行业的从业资格。建设工程合同的主体一般只能是法人。《建筑法》第十三条规定:从事建筑活动的施工企业、勘察单位、设计单位和工程监理单位,按照其拥有的注册资本、专业技术人员、技术装备和已完成的建筑工程业绩等资质条件,划分为不同的资质等级,经资质审查合格,取得相应等级的资质证书后,方可在其资质等级许可证的范围内从事建筑活动。因此,发包人、承包人必须具备一定的资格,否则,建设工程合同可能因主体不合格而导致无效。发包人对需要建设的工程,应经过计划管理部门审批,落实投资计划,并且应当具备相应的协调能力。承包人是有资格从事工程建设的企业,而且应当具备相应的勘察、设计、施工等资质,没有资格证书的,一律不得擅自从事工程勘察、设计业务;资质等级低的,不能越级承包工程。

2.建设工程合同标的的特殊性

建设工程合同的标的是各类建筑产品,建筑产品是不动产。承包人所完成的工作成果不仅不可动,而且须长期存在并发挥作用,这就决定了每项工程的合同标的物都是特殊的,相互间不可替代。另外,建筑产品的类别庞杂,其外观、结构、使用功能都各不相同,这就要求每一个建筑产品都需单独设计和施工,建筑产品单体性生产也决定了建设工程合同标的的特殊性。

3.建设工程合同制订的计划性和程序性

由于工程建设对于国家经济发展、公民工作生活有重大影响,所以国家对建设工程的投资和程序有严格的管理程序,建设工程合同的订立和履行也必须遵守国家关于基本建设程序的规定。国家重大建设工程合同,应当按照国家规定的程序和国家批准的投资计划、可行性研究报告等文件订立。

4.建设工程合同的要式性

建设工程合同,履行期限长,工作环节多,涉及面广,双方权利、义务应通过书面合同形式予以确定,不采用书面形式订立的建设工程合同不能有效成立。建设工程合同应当采用书面形式。

二、建设工程合同的主要合同关系

在工程建设过程中,涉及到许多领域纷繁复杂的各种不同事务,是一个极为复杂的社会生产过程,分别经历了可行性研究、勘察、设计、工程施工和组织运行等阶段。一个建设工程,从土建、水电、暖通等专业设计和施工活动,到各种建筑材料、机械设备、资金和劳动力的供应,方方面面,缺一不可。在当前社会化大生产和专业化分工的社会背景下,一个工程中,相关的合同文件可能有几份、几十份、甚至上千份,它们之间形成各式各样的经济关系。工程中维系这些经济关系的纽带就是合同,所以产生了一系列各式各样相关联的合同关系。工程项目的建设过程实质上又是一系列经济合同的签订和履行过程,而在这一系列建设工程合同关系中,最主要的就是建设单位和承包商两方面。

(一)建设单位的主要合同关系

建设单位作为工程建设的投资方,是工程的所有者,他可能是政府、企业、几个企业的组合、政府与企业的组合(如合资项目、BOT项目的业主)等。业主投资一个项目,通常委派代理人(或代表)以业主的身份对工程进行经营管理。

建设单位在进行投资建设前,首先会确定出工程项目的整体目标,如建设单位根据自身需求,是准备建设民用建筑,或是桥涵隧道,再或是水利工程,这个目标是所有相关工程合同的核心。要实现工程目标,建设单位必须将建设工程的勘察、设计、工程施工、设备和材料供应等工作委托出去,势必与相关单位签订合同。

1.咨询(监理)合同

咨询(监理)合同是业主与咨询(监理)公司签订的合同。咨询(监理)公司负责工程的可行性研究、设计监理、招标和施工阶段监理等某一项或几项工作。

2. 勘察设计合同

勘察设计合同是业主与勘察、设计单位签订的合同。勘察、设计单位负责工程的地质勘察和技术设计工作。

3. 物资采购合同

当由业主负责提供工程材料和设备时,业主与有关材料和设备供应单位签订物资采购合同。

4. 工程施工合同

为保证工程顺利建成,业主与工程承包商需签订工程施工合同。一个或几个承包商分别承包土建、安装、装饰、通信等工程施工。

5. 贷款合同

贷款合同是业主与金融机构签订的合同。金融机构向业主提供资金保证,按照资金来源的不同,可能有贷款合同、合资合同或 BOT 合同等。

（二）承包商的主要合同关系

承包商是工程施工的具体实施者,是工程承包合同的执行者。承包商通过投标接受业主的委托,签订工程总承包合同。承包商要完成承包合同的责任,包括由工程量所确定的工程范围的施工、竣工和保修,为完成这些工程提供劳动力、施工设备、材料,有时也包括技术设计。任何承包商也不可能具备所有专业工程的施工能力、材料和设备的生产和供应能力,因此可以将部分工程或工作委托出去。所以,承包商常常又有自己复杂的合同关系。

1. 分包合同

对于一些大的工程,承包商常常必须与其他承包商合作才能完成总承包合同责任。承包商把从业主那里承接到的工程中的某些分项工程或工作分包给另一承包商来完成,则要与其签订分包合同。

承包商在承包合同下可能订立许多分包合同,而分包商仅完成总承包商分包给自己的工程,向总承包商负责,与业主无合同关系。总承包商仍向业主担负全部工程责任,负责工程的管理和所属各分包商工作之间的协调,以及各分包商之间合同责任界限的划分,同时承担由于协调失误造成损失的责任,向业主承担工程风险。

在投标书中,承包商必须附上拟定的分包商的名单,供业主审查。如果在工程施工中重新委托分包商,必须经过监理工程师的批准。

2. 物资采购合同

承包商为工程所进行的必要的材料与设备的采购和供应,必须与供应商签订供应合同。

3. 运输合同

运输合同是承包商为解决材料和设备的运输问题而与运输单位签订的合同。

4. 租赁合同

在建设工程中,承包商需要许多施工设备、运输设备、周转材料。当有些设备、周转材料在现场使用率较低,或自己购置需要大量资金投入而自己又不具备这个经济实力时,可以采用租赁方式,与租赁单位签订租赁合同。

5. 劳务供应合同

建筑产品往往要花费大量的人力、物力和财力。承包商不可能全部采用固定工人来完成该项工程，为了满足任务的临时需要，往往要与劳务供应商签订劳务供应合同，由劳务供应商向工程提供劳务。

6. 保险合同

承包商按施工合同要求对工程进行保险，与保险公司签订保险合同。

承包商的这些合同都与工程承包合同相关，都是为了履行承包合同而签订的。此外，在许多大型工程中，尤其是在业主要求总承包的工程中，承包商经常是几个企业的联营，即联营承包（最常见的是设备供应商、土建承包商、安装承包商、勘察设计单位的联合投标），这时承包商之间还需订立联营合同。

三、建设工程合同体系

综上所述，在工程实践中，对一个工程项目所签订的不同层次、不同种类的合同进行组合分析，就可以得到该工程的合同体系，如图 5-1 所示。

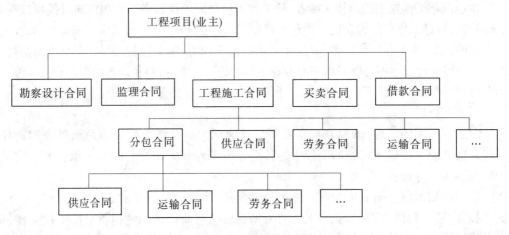

图 5-1　建设工程合同体系

在该合同体系中，所有合同都是为了完成业主的项目目标，都必须围绕这个目标签订和实施，由于这些合同之间都存在着复杂的内部联系，构成了该工程的合同网络。其中，工程承包合同是最普遍、最有代表性，也是最复杂的合同类型，在工程项目的合同体系中处于主导地位，是整个项目合同管理的重点。无论是业主、监理工程师还是承包人都将它作为合同管理的主要对象。

第二节　建设工程监理合同

一、建设工程委托监理合同的概念和特征

（一）建设工程委托监理合同的概念

建设工程委托监理合同简称监理合同，是指工程建设单位聘请监理单位代其对工程

项目进行管理,明确双方权利、义务、法律责任等内容的协议。监理单位受建设单位委托,依据国家法律、行政法规以及相关设计文件和建设工程合同,对工程承包单位在工程质量、工程施工进度和建设资金投入使用等方面实施监督。建设单位及其合法继承人称委托人、监理单位及其合法继承人称监理人,他们是合同的主体。

建设部、国家工商行政管理局 2000 年 2 月颁发了《建设工程委托监理合同(示范文本)》(GF—2000—0202),该文本由"建设工程委托监理合同"、"标准条件"和"专用条件"组成。

"建设工程委托监理合同"是建设单位对监理单位的一个总委托协议书,是纲领性文件。合同中当事人双方确定委托监理工程概况(如工程名称、地点、规模和总投资等),并对合同签订、生效、完成时双方愿意履行约定的各项义务予以承诺和约定。该合同是一份标准的格式文件,经当事人双方填写具体规定的内容并签字盖章后才可以产生法律效力。

"标准条件"涵盖了合同中所用词语定义,适用范围和法规,签约双方的义务、权利和责任,合同生效、变更与终止,监理报酬、争议解决以及其他一些情况。"标准条件"是监理合同的通用文本,适用于各类工程建设监理委托,是所有签约工程都应遵守的基本条件。

由于"标准条件"适用于各类工程建设监理委托,因此其中的某些条款规定的较笼统,在需要签订具体工程项目的监理合同时,在"专用条件"中会就地域特点、专业特点和委托监理项目的特点,对"标准条件"中的某些条款进行补充。若"标准条件"中规定的部分内容双方认为不合适,也可以协议修正。"专用条件"不能单独使用,它必须与"标准条件"结合在一起才能使用。

(二)建设工程委托监理合同的特征

监理合同的当事人双方应当是具有民事权利能力和民事行为能力、取得法人资格的企事业单位或其他社会组织,个人在法律允许范围内也可以成为合同当事人。委托人必须是由国家批准的建设项目,落实投资计划的企事业单位、其他社会组织及个人。监理人必须是依法成立的具有法人资格的监理单位,并且所承担的工程监理业务应与单位资质相符合。

委托监理合同的标的是服务。工程建设实施阶段所签订的其他合同,如勘查设计合同、施工承包合同、物资采购合同、加工承揽合同的标的是产生新的物质或信息成果,而监理合同的标的是服务,即监理工程师凭借自己的知识、经验、技能受业主委托为其所签订的其他合同的履行实施监督和管理。因此,《合同法》将监理合同划入委托合同的范畴。《合同法》第二百七十六条规定:建设工程实施监理的,发包人应当与监理人采用书面形式订立委托监理合同。发包人与监理人的权利和义务以及法律责任,应当依照本法委托合同以及其他有关法律、行政法规的规定。

二、合同主体双方的主要权利和义务

双方签订合同的根本目的就是为了实现合同标的,明确双方的权利和义务。为了使合同更加清晰明确、便于掌握,在《建设工程委托监理合同(示范文本)》(GF—2000—0202)的"标准条件"中,明确给出"监理人义务"、"委托人义务"、"监理人权利"和"委托人权利"的相关内容。

（一）委托人的权利和义务

1.委托人的权利

（1）委托人有选定工程总承包人，以及与其订立合同的权利。

（2）委托人有对工程规模、设计标准、规划设计、生产工艺设计和设计使用功能要求的认定权，以及对工程设计变更的审批权。

（3）监理人调换总监理工程师须事先经委托人同意。

（4）委托人有权要求监理人提交监理工作月报及监理业务范围内的专项报告。

（5）当委托人发现监理人员不按监理合同履行监理职责，或与承包人串通给委托人或工程造成损失的，委托人有权要求监理人更换监理人员，直到终止合同并要求监理人承担相应的赔偿责任或连带赔偿责任。

2.委托人的义务

（1）委托人在监理人开展监理业务之前应向监理人支付预付款。

（2）委托人应当负责工程建设的所有外部关系的协调，为监理工作提供外部条件。根据需要，如将部分或全部协调工作委托监理人承担，则应在"专用条件"中明确委托的工作和相应的报酬。

（3）委托人应当在双方约定的时间内免费向监理人提供与工程有关的为监理工作所需要的工程资料。

（4）委托人应当在"专用条件"约定的时间内就监理人书面提交并要求做出决定的一切事宜给予书面决定。

（5）委托人应当授权一名熟悉工程情况、能在规定时间内做出决定的常驻代表（在"专用条件"中约定）负责与监理人联系。委托人更换常驻代表，要提前通知监理人。

（6）委托人应当将授予监理人的监理权利，以及监理人主要成员的职能分工、监理权限及时书面通知已选定的承包合同的承包人，并在与第三人签订的合同中予以明确。

（7）委托人应在不影响监理人开展监理工作的时间内提供如下资料：①与本工程合作的原材料、构配件、机械设备等生产厂家名录；②与本工程有关的协作单位、配合单位的名录。

（8）委托人应免费向监理人提供办公用房、通信设施、监理人员工地住房及合同"专用条件"约定的设施，对监理人自备的设施给予合理的经济补偿。

（9）根据情况需要，如果双方约定，由委托人免费向监理人提供其他人员，应在监理合同"专用条件"中予以明确。

（二）监理人的权利和义务

1.监理人的权利

监理人在委托人委的工程范围内，享有以下权利：

（1）选择工程总承包人的建议权。

（2）选择工程分包人的认可权。

（3）对工程建设有关事项包括工程规模、设计标准、规划设计、生产工艺设计和使用功能要求，向委托人的建议权。

（4）对工程设计中的技术问题，按照安全和优化的原则，向设计人提出建议；如果拟提出的建议可能会提高工程造价,或延长工期,应当事先征得委托人的同意。当发现工程设计不符合国家颁布的建设工程质量标准或设计合同约定的质量标准时,监理人应当书面报告委托人并要求设计人更正。

(5)审批工程施工组织设计和技术方案,按照保质量、保工期和降低成本的原则,向承包人提出建议,并向委托人提出书面报告。

(6)主持工程建设有关协作单位的组织协调,重要协调事项应当事先向委托人报告。

(7)征得委托人同意,监理人有权发布开工令、停工令、复工令,但应当事先向委托人报告。如在紧急情况下未能事先报告时,则应在24小时内向委托人做出书面报告。

(8)工程上使用的材料和施工质量的检验权。对于不符合设计要求和合同约定及国家质量标准的材料、构配件、设备,有权通知承包人停止使用;对于不符合规范和质量标准的工序、分部分项工程和不安全施工作业,有权通知承包人停工整改、返工。承包人得到监理机构下达复工令后才能复工。

(9)工程施工进度的检查、监督权,以及工程实际竣工日期提前或超过工程施工合同规定的竣工期限的签认权。

(10)在工程施工合同约定的工程价格范围内,工程款支付的审核和签认权,以及工程结算的复核确认权与否决权。未经总监理工程师签字确认,委托人不支付工程款。

监理人在委托人授权下,可对任何承包人合同规定的义务提出变更。如果由此严重影响了工程费用、质量或进度,则这种变更须经委托人事先批准。在紧急情况下未能事先报委托人批准时,监理人所做的变更也应尽快通知委托人。在监理过程中如发现工程承包人员工作不力,监理机构可要求承包人调换有关人员。

在委托的工程范围内,委托人或承包人对对方的任何意见和要求(包括索赔要求),均必须首先向监理机构提出,由监理机构研究处置意见,再同双方协商确定。当委托人和承包人发生争议时,监理机构应根据自己的职能,以独立的身份判断,公正地进行调解。当双方的争议由政府建设行政主管部门调解或仲裁机关仲裁时,应当提供作证的事实材料。

2. 监理人的义务

(1)监理人按合同约定派出监理工作需要的监理机构及监理人员,向委托人报送委派的总监理工程师及其监理机构主要成员名单、监理规划,完成监理合同专用条件中约定的监理工程范围内的监理业务。在履行合同义务期间,应按合同约定定期向委托人报告监理工作。

(2)监理人在履行本合同的义务期间应积极认真工作,为委托人提供与其水平相适应的咨询意见,公正维护各方面的合法权益。

(3)监理人使用委托人提供的设施和物品属委托人的财产,在监理工作完成或中止时,应将其设施和剩余的物品按合同约定的时间和方式移交给委托人。

(4)在合同期内或合同终止后,未征得有关方同意,不得泄露与本工程、本合同业务有关的保密资料。

三、建设工程监理合同的履行

建设监理合同当事人应当严格按照合同的约定履行各自的义务。当然,最主要的是,监理单位应当完成监理工作,业主应当按照约定支付监理酬金。

(一)监理单位完成监理工作

工程建设监理工作包括工程监理的正常工作、附加工作和额外工作。

建设工程合同的标的是服务,是监理人为委托人提供的监理服务。在《工程建设监理规定》中规定:工程建设监理的主要内容是控制工程建设的投资、建设工期和工程质量,进行工程建设合同管理,协调有关单位间的工作关系。按照这一规定,委托人委托监理业务范围非常广泛,从工程建设各阶段来说可以包括项目前期立项咨询到设计阶段、实施阶段、保修阶段的监理。在每一阶段,又可以进行投资、质量、工期的三大控制,以及信息、合同两项管理。

工程监理的正常工作是指双方在"专用条件"内约定,委托人委托的监理工作范围和内容。

工程监理的附加工作是指委托人委托监理范围以外,通过双方书面协议另外增加的工作内容;由于委托人或承包人原因,使监理工作受到阻碍或延误,因增加工作量或持续时间而增加的工作。

工程监理的额外工作是指正常工作和附加工作以外或非监理人自己的原因而暂停或终止监理业务,其善后工作及恢复监理业务工作。

(二)监理酬金的支付

合同双方当事人可以在"专用条件"中约定以下内容:①监理酬金的计取方法;②支付监理酬金的时间和数额;③支付监理酬金所采用的货币币种、汇率。

如果业主在规定支付期限内未支付监理酬金,自规定支付之日起,应当向监理单位补偿应付的酬金利息。利息额按规定支付期限最后一日银行贷款利率乘以拖欠酬金时间计算。

(三)违约责任

任何一方对另一方负有责任时,赔偿原则如下:

(1)赔偿应限于由于违约所造成的,可以合理预见的损失和损害的数额。

(2)在任何情况下,赔偿的累计数额不应超过"专用条件"中规定的最大赔偿限额;在监理单位一方,其赔偿总额不应超出监理酬金总额(除去税金)。

(3)如果任何一方与第三方共同对另一方负有责任时,则负有责任一方所应付的赔偿比例应限于由其违约所应负责的那部分比例。

监理工作的责任期即监理合同的有效期。监理单位在责任期内,如果因过失而造成了经济损失,要负监理失职责任。在监理过程中,如果完成全部议定监理任务因工程进展的推迟或延误而超过议定的日期,双方应进一步商定相应延长的责任期,监理单位不对责任期以外发生的任何事件所引起的损失或损害负责,也不对第三方违反合同规定的质量要求和竣工时限承担责任。

第三节　建设工程勘察、设计合同

一、建设工程勘察、设计合同的主要条款

建设工程勘察、设计合同简称勘察、设计合同，它是勘察合同与设计合同的统称。建设工程勘察、设计合同指发包人与承包人为完成勘察、设计任务，明确双方权利、义务的协议。建设单位或建设项目总承包单位为发包人。持有国家认可的勘察、设计证书，具备经有关部门核准的资质等级的勘察、设计单位为承包人。根据建设工程勘察、设计合同，承包人应完成委托方委托的勘察、设计任务，发包人接受符合合同要求的勘察、设计成果并支付报酬。

为了规范勘察、设计合同，《合同法》第二百七十四条规定：勘察、设计合同的内容包括提交有关基础资料和文件(包括概(预)算)的期限、质量要求、费用以及其他协作条件等条款。建设工程勘察、设计合同应当具备的主要条款如下。

(一)工程名称、工程地点、工程规模、合同编号、证书等级及合同签订日期

建设工程勘察、设计合同应当具备一般合同的条款，如发包人、承包人的名称和住所、标的、质量、价款、履行方式、地点、期限、违约责任、解决争议的方法等。由于建设工程勘察、设计合同标的的特殊性，法律还对建设工程勘察、设计合同中某些内容作出特别规定，成为建设工程勘察、设计合同中不可缺少的条款。

(二)发包人提交有关基础资料和文件(包括概(预)算)的期限

为使工程勘察、设计工作顺利进行，发包人应向承包人提供相关资料和文件，且勘察人或设计人须在规定期限内完成并向发包人提交工作成果，如超过规定期限应当承担违约责任。

勘察或设计基础资料是指勘察、设计单位在进行勘察、设计工作所依据的基础文件和情况。勘察基础资料包括可行性报告，工程需要勘察的地点、内容，勘察技术要求及附图等。设计的基础资料包括工程的选址报告等勘察资料以及原料(或者经过批准的资源报告)、燃料、水、电、运输等方面的协议文件，需要经过科研取得的技术资料。提交勘察、设计文件也是勘察人、设计人的基本义务。勘察文件一般包括对工程选址的测量数据、地质数据和水文数据等。设计文件主要包括建设工程设计图纸及说明，材料设备清单和工程的概(预)算等。

(三)勘察、设计的质量要求

勘察、设计的质量要求主要是指发包人对勘察、设计工作提出的标准和要求。勘察人、设计人应当按照勘察设计规范和合同约定的质量要求进行勘察、设计工作，按时提交符合质量要求的勘察、设计成果。勘察、设计质量要求是确定勘察人、设计人工作责任的重要依据。

(四)勘察、设计费用

勘察、设计费用是发包人对承包人完成勘察、设计工作的报酬。支付勘察、设计费是发包人在勘察、设计合同中的主要义务，因此在勘察、设计费用条款中应当明确勘察、设计费用的数额或计算方法以及勘察、设计费用支付的方式、地点和时间等内容。

(五)双方其他协作条件

双方其他协作条件是指双方当事人为了保证勘察、设计工作的顺利完成所应当履行的相互协助的义务。发包人的主要协作义务是在勘察、设计人员入场工作时,为勘察、设计人员提供必要的工作条件和生活条件,以保证其正常开展工作。勘察、设计人的主要协作义务是配合工程建设的施工,解决施工中的有关勘察、设计问题,设计人要负责设计变更和修改预算,参加试车考核和工程验收等。对于大中型工业项目和复杂的民用工程应当派人现场设计,并参加隐蔽工程的验收等。

二、建设工程勘察、设计合同的履行

建设工程勘察、设计合同的履行主要表现在费用的支付和双方责任两方面。

(一)费用标准及支付方式

1.勘察费及支付方式

勘察费按国家规定的现行收费标准计取,或以预算包干、中标价加签证、实际完成工作量结算等方式计取收费。若国家规定的收费标准中没有规定的收费项目,由发包人、勘察人另行议定。勘察合同生效后3日内,发包方向勘察人支付预算勘察费的20%作为定金,之后按合同约定,随工程进度分批拨付费用。全部勘察工作结束后,承包人按合同规定时间向发包人提交勘察报告书和图纸,发包人收取资料后,在规定期限内按实际勘察工程量付清勘察费。

2.设计费及支付方式

设计费一般根据不同建设规模和工程内容的繁简程度制定不同的收费定额或计价规范,再根据定额或计价规范来计算收取的费用。和勘察费一样,设计费也是在设计合同生效后3日内,发包方向设计人支付预算设计费总额的20%作为定金,之后按合同约定分批拨付费用。

根据国家有关规定,发包人和承包人应在合同中应明确勘察、设计费的额度和支付期限。发包人不履行合同的,无权要求返还定金;勘察、设计人不履行合同的,应当双倍返还定金。

(二)双方责任

1.勘察合同双方责任

1)发包人责任

(1)发包人应在规定的时间内向承包人提供资料文件,并对其完整性、正确性以及时限性负责。

(2)若在勘察工作范围内没有资料、图纸,发包人应负责清查地下埋藏物,如因未提供上述资料、图纸,或提供的资料、图纸不可靠,致使勘察人在勘察工作过程中发生人身伤害或造成经济损失,由发包人承担相应责任。

(3)发包人应及时为勘察人提供并解决勘察现场的工作条件和出现的问题,如落实土地征用、青苗树木赔偿、拆除地上地下障碍物、处理施工扰民及影响施工正常进行的有关问题、平整场地、修好通行道路、接通电源水源等,并承担其费用。

(4)由于发包人原因造成勘察人停工、窝工,除工期顺延外,发包人应支付停、窝工费。

(5)发包人应保护勘察提交的成果资料(如投标书、勘察方案、文件、资料图纸、数据等),未经勘察人同意,发包人不得复制、不得泄露、不得擅自修改、传送或向第三人转让或用于合同外的项目;否则,发包人应负法律责任。

2)勘察人责任

(1)勘察人应按国家相关技术规范、标准和合同约定的技术要求进行工程勘察,并按合同规定的时间提交质量合格的勘察成果资料,并对其负责。

(2)由于勘察人提供的勘察成果资料质量不合格,勘察人应负责无偿给予补充完善使其达到质量合格。

(3)在现场工作的勘察人员,应遵守发包人的安全保卫及其他有关的规章制度,承担其有关资料保密义务。

2.设计合同双方责任

1)发包人责任

(1)发包人应在规定的时间内向设计人提供资料文件,并对其完整性、正确性以及时限性负责,发包人不得要求设计人违反国家有关标准进行设计。

(2)发包人变更委托设计项目、规模、条件或因提交的资料错误,或所提交资料有较大修改,以致设计人设计需返工时,双方除需另行协商签订补充协议或另订合同、重新明确有关条款外,发包人应按设计人所耗工作量向设计人增付设计费。

(3)发包人应为派赴现场处理有关设计问题的工作人员提供必要的工作、生活及交通等方便条件。

(4)发包人应保护设计提交的设计资料(如投标书、勘察方案、文件、资料图纸、数据、计算软件和专利技术等),未经设计人同意,发包人对设计人交付的设计资料不得复制、不得泄露、不得擅自修改、传送或向第三人转让或用于合同外的项目;否则,发包人应负法律责任。

2)设计人责任

(1)设计人应按国家相关技术规范、标准和发包人提出的设计要求,进行工程设计,并按合同规定的时间提交质量合格的设计成果资料,并对其负责。

(2)设计人交付规定设计资料及文件后,按规定参加有关的设计审查,并根据审查结论负责对不超过原定范围的内容做必要调整补充。设计人按合同规定时限交付设计资料和文件,若本年内项目开始施工,设计人负责向发包人及施工单位进行设计交底、处理有关设计问题和参加竣工验收;若在一年内项目尚未开始施工,设计人仍负责上述工作,但应按所需工作量向发包人适当收取咨询服务费,费用额度由双方确定。

(3)设计人应保护发包人的设计产权,不得向第三人泄露、转让发包人提交的产品图纸等技术经济资料。如发生以上情况并给发包人造成经济损失,发包人有权向设计人索赔。

三、勘察、设计合同的违约责任

(一)发包人的违约责任

(1)在合同履行期间,发包人要求终止或解除合同,承包人(勘察人、设计人)未开始工作的,不退还发包人已付定金;已开始勘察、设计工作的,发包人应根据已进行的实际工作量,不足一半时,按该阶段勘察、设计费的一半支付;超过一半时,按该阶段勘察、设计费的全部支付。

（2）发包人应按合同规定的金额和时间向设计人支付勘察、设计费,逾期应承担支付金额的逾期违约金。逾期超过30日以上时,勘察、设计人有权暂停进行下阶段工作。

（二）承包人（勘察人、设计人）的违约责任

对于承包人而言,必须保证建设工程的勘察、设计的质量,这是勘察人和设计人所需承担责任的关键所在。《合同法》第二百八十条规定:勘察、设计的质量不符合要求或者未按照期限提交勘察、设计文件,拖延工期,造成发包人损失的,勘察人、设计人应当继续完善勘察、设计,减收或者免收勘察、设计费并赔偿损失。

由此可见,勘察人、设计人承担违约责任的方式包括:

（1）承包人有继续完善合同约定的义务。在发生上述违约行为后,双方当事人应当重新约定勘察、设计完成和提交的时间,勘察人、设计人仍应继续完善或完成勘察设计任务,而不得拒绝完成工作任务。

（2）对承包人减收或免收勘察、设计费。在发生上述违约行为后,勘察人、设计人应当根据违约程度的大小,减收或者免收勘察、设计费用。

（3）承包人向发包人赔偿损失。若因勘察人、设计人的违约行为造成发包人经济损失,勘察人、设计人除减收或免收勘察费、设计费外,还应当赔偿发包人的经济损失。

第四节　建设工程其他合同

在本章第一节中曾经提到,工程建设是一项极为复杂的社会生产工程,它牵涉到不同领域,方方面面,形成各种各样的合同关系。除建设工程监理委托合同,建设工程勘察、设计合同以及后面会讲到的建筑工程施工合同外,还会涉及到承揽合同、物资采购合同、工程保险合同、工程担保合同、货物运输合同、加工合同、租赁合同等其他合同。这些合同关系共同构成了一个完整的建设工程合同体系。

一、承揽合同

由于《合同法》中规定,建设工程合同一章中没有规定的,适用承揽合同的有关规定。所以,我们在学习建设合同的同时,也应当了解承揽合同。

（一）承揽合同概述

承揽合同是承揽人按照定做人的要求完成工作,交付工作成果,定做人给付报酬的合同。承揽合同的内容包括承揽的标的、数量、质量、报酬、承揽方式、材料的提供、履行。

承揽合同具有以下特征:①承揽合同的标的是按照定做人的要求完成的工作成果。②工作成果不仅要体现定做人的要求,而且要有相应的物质形态。加工定做要有符合定做人要求的物品,修理、复制要有符合定做人要求的修复完好的物品。③承担合同是诺成合同、双务合同、有偿合同。

（二）承揽合同的履行

1.承揽人的履行

根据《合同法》规定,承揽人应当以自己的设备、技术和劳力,完成主要工作,但当事人另有约定的除外。若承揽人将其承揽的主要工作交由第三人完成,须经定做人同意,未经定做人同意的,定做人可以要求解除合同。此外,承揽人可以将其承揽的辅助工作交由第三人完成,且应当就该第三人完成的工作成果向定做人负责。

对于材料的提供,如果承揽人提供材料,承揽人应当按照约定选用材料,并接受定做人检验。如果定做人提供材料,承揽人应当对定做人提供的材料及时检验,发现不符合约定时,及时通知定做人更换、补齐或者采取其他补救措施。承揽人不能擅自更换定做人提供的材料,也不能更换不需要修理的零部件。

承揽人在工作期间,应当接受定做人必要的监督检验。承揽人完成工作后,应当向定做人交付工作成果,并提交必要的技术资料和有关质量证明。承揽人交付的工作成果不符合质量要求的,须按照定做人的要求承担修理、重做、减少报酬、赔偿损失等违约责任。

2. 定做人的履行

在整个工作期间,承揽工作需要定做人协助的,定做人有协助的义务。定做人不履行协助义务致使承揽工作不能完成的,承揽人可以催告定做人在合理期限内履行义务,并可以顺延履行期限;定做人逾期不履行的,承揽人可以解除合同。

定做人中途变更承揽工作的要求,造成承揽人损失的,应当赔偿损失。而且,定做人不得因监督检验妨碍承揽人的正常工作。定做人可以随时解除承揽合同,但如果造成承揽人损失应当予以赔偿。

定做人应当按照约定的期限支付报酬。定做人未向承揽人支付报酬或者材料费等价款的,承揽人对完成的工作成果享有留置权。

二、建设工程物资采购合同

(一)建设工程物资采购合同概述

建设工程物资采购合同是指出卖人(即卖方)与买受人(即买方)为实现建设工程物资买卖,所确立的设立、变更、终止相互权利与义务关系的协议。建设工程物资采购合同是一种物资交易的买卖合同,不过它是以建设物资为交易标的的特殊买卖合同。建设工程物资采购合同的主体是出卖人与买受人。出卖人是物资供应方,一般为物资供应部门或建筑材料和设备的生产厂家;买受人是物资采购方,为建设单位或建筑承包企业。

(二)材料采购合同、设备采购合同

建设工程物资采购合同,一般分为材料采购合同和设备采购合同。建筑材料和设备的供应须经过订货、生产(加工)、运输、储存、使用(安装)等各个环节,是一个非常复杂的过程。材料采购合同和设备采购合同是连接生产、流通和使用的纽带。

1. 材料采购合同

材料采购合同的主要内容有标的、数量、包装、运输方式、价格、结算、违约责任和特殊条款等。

1)材料采购方式

材料采购方式主要有三种:①公开招标方式。买方提出招标文件,详细说明供应条件、品种、数量、质量要求、供应地点等,由供应方报价,经过竞争签订供应合同。这种方式适用于大批量采购。②"询价－报价"方式。买方按要求向几个供应商发出询价函,由供

应商给出回复。买方经过对比分析,选择一个符合要求、资信好、价格合理的供应商签订合同。③直接采购方式。买方直接向供方采购,双方商谈价格,签订供应合同。零星材料(品种多、价格低)多以直接采购形式购买,不需签订书面的供应合同。

2)材料采购合同的履行

材料采购合同订立后,应依《合同法》的规定予以全面地、实际地履行。

(1)按约定的标的履行。买方交付的货物必须与合同规定的名称、品种、规格、型号相一致,除非采购方同意,不允许以其他货物代替合同中规定的货物,也不允许以支付违约金或赔偿金的方式代替履行合同。

(2)按合同规定的期限、地点交付货物。交付货物的日期应在合同规定的交付期限内,实际交付的日期早于或迟于合同规定的交付期限,即视为同意延期交货。提前交付,买方可拒绝接受。逾期交付的,应当承担逾期交付的责任。

(3)按合同规定的数量和质量交付货物。对于交付货物的数量应当场检验,清点账目后,由双方当事人签字。对于质量的检验,外在质量可当场检验,内在质量需做物理或化学试验,试验的结果为验收的依据。卖方在交货时,应将产品合格证随同产品交买方据以验收。材料的检验,对买方来说既是一项权利也是一项义务,买方在收到标的物时,应当在约定的检验期间内检验,没有约定检验期间的,应当及时检验。当事人约定检验期间的,买方应当在检验期间内将标的物的数量或者质量不符合约定的情形通知卖方。买方怠于通知的,视为标的物的数量或者质量符合约定。

(4)违约责任。卖方不能交货的,应向买方支付违约金;卖方所交货物与合同规定不符的,应根据情况由卖方负责包换、包退、包赔,由此造成的买方损失,卖方承担不能按合同规定期限交货的责任或提前交货的责任。买方中途退货,应向卖方支付违约金;逾期付款,应按中国人民银行关于延期付款的规定向卖方支付逾期付款违约金。

2.设备采购合同

成套设备供应合同的一般条款主要包括:产品(成套设备)的名称、品种、型号、规格、等级、技术标准或技术性能指标,数量和计量单位;包装标准及包装物的供应与回收的规定;交货单位、交货方式、运输方式、到货地点、交(提)货单位,交(提)货期限,验收方法,产品价格,结算方式、开户银行、账户名称、账号、结算单位;违约责任等。

1)设备采购方式

建设工程设备采购方式主要有三种:①委托承包。由设备成套公司根据发包单位提供的成套设备清单进行承包供应,并收取设备价格一定百分比的成套业务费。②按设备包干。根据发包单位提出的设备清单及双方核定的设备预算总价,由设备成套公司承包供应。③招标投标。发包单位对需要的成套设备进行招标,设备成套公司参加投标,按照中标结果承包供应。

除上述三种方式外,设备成套公司还可以根据项目建设单位的要求以及自身能力,联合科研单位、设计单位、制造厂家和设备安装企业等,对设备进行从工艺、产品设计到现场设备安装、调试总承包。

2)设备供应合同的履行

设备供应合同供方的责任有:①组织有关生产企业到现场进行技术服务,处理有关设备技术方面的问题。②供方应了解、掌握工程建设进度和设备到货、安装进度，协助联系设备的交货、到货等工作，按施工现场设备安装的需要保证供应。③参与大型、专用、关键设备的开箱验收工作，配合建设单位或安装单位处理在接运、检验过程中发现的设备质量和缺损件等问题，明确设备质量问题的责任。④及时向有关主管单位报告重大设备质量问题，以及项目现场未能解决的其他问题。当出现重大意见分歧或争执，而施工单位或建设单位坚持处理时，应及时写出备忘录备查。⑤参加工程的竣工验收，处理在工程验收中发现的有关设备的质量问题。⑥监督和了解生产企业派驻现场的技术服务人员的工作情况，并对他们的工作进行指导和协调。⑦做好现场服务工作日记，及时记录日常服务工作情况及现场发生的设备质量问题和处理结果，定期向有关单位抄送报表，汇报工作情况，做好现场工作总结。⑧成套设备生产企业的责任应按照现场服务组的要求，及时派出技术人员到现场，并在现场服务组的统一领导下开展技术服务工作；同时对本厂供应的产品的技术、质量、数量、交货期、价格等全面负责。配套设备的技术、质量等问题也应由成套设备生产企业统一负责联系和处理解决。此外，该企业还要及时答复或解决现场服务组提出的有关设备的技术、质量、缺损件等问题。

设备供应合同需方的责任有：①建设单位应向供方提供设备详细的技术设计资料和施工要求；②应配合供方做好设备的计划接运（收）工作，协助驻现场的技术服务组开展工作；③按合同要求参与并监督现场的设备供应、验收、安装、试车等工作；④组织各有关方面进行工程验收，提出验收报告。

三、建设工程施工分包合同

（一）建设工程施工专业分包合同

《建设工程施工专业分包合同（示范文本）》（GF—2003—0213）是在《建设工程合同（示范文本）》执行 3 年后制定的，两个文本依照的法律法规和遵循的原则是一样的。文本结构与词语含义及表述、顺序也基本相同，后者以前者的基本框架为基础。

专业分包合同仍然包括"协议书"、"通用条款"和"专用条款"三部分，"专用条款"与"通用条款"条目相对应，是"通用条款"在具体工程上的落实。协议书中合同双方为承包人和分包人。

组成专业分包合同的文件及优先解释顺序如下：

（1）本合同协议书；

（2）中标通知书（如有时）；

（3）分包商的投标函及报价书；

（4）除总包合同工程价款外的总包合同文件；

（5）本合同专用条款；

（6）本合同通用条款；

（7）本合同工程建设标准、图纸；

（8）合同履行过程中，承包人和分包商协商一致的其他书面文件。

专业分包合同是以发包人与承包人已经签订施工总承包合同为前提条件的，承包人对发包人负责，分包人对承包人负责，分包人履行总包合同中与分包工程有关的承包人的所有义务,并与承包人承担履行分包工程合同以及确保分包工程质量的连带责任。因此,分包人应全面了解总包合同除价格内容外各项规定,以便明确己方的责任范围。根据分包人与发包人的关系条款规定,分包人须服从承包人转发的发包人或工程师与分包工程有关的指令。未经承包人允许,分包人不得以任何理由与发包人或工程师发生直接工作联系,分包人不得直接致函发包人或工程师,也不得直接接受发包人或工程师的指令。如分包人与发包人或工程师发生直接工作联系,将被视为违约,并承担违约责任。

与施工合同"工程分包"条款相比较,分包人没有将工程分包的权利,仅可经承包人同意进行劳务分包。分包人应对再分包的劳务作业质量等相关事宜进行督促和检查,并承担相关连带责任。

(二)建设工程施工劳务分包合同

《建设工程施工劳务分包合同(示范文本)》(GF—2003—0214)和施工专业分包合同一样,是为配合工程施工合同而制定的分包合同。劳务分包合同是以发包人与工程承包人已经签订施工总承包合同或专业承(分)包合同为前提条件的,依照法律法规与遵循原则同前两个合同文本,由于劳务分包合同所含的工作规模小,合同总价低,涉及的技术规范和法律概念在前两个合同文本中已有明确规定,所以本合同文本较之更简单、更明了些。

劳务分包合同文本采用了较简化的表达方式,将"协议书"、"通用条款"和"专用条款"合为一体,国家对双方当事人的行为规范要求分条款表明,双方将协商好的量化意见填在相应条款的空格中即可。组成施工劳务分包合同的文件及解释顺序如下:

(1)本合同;

(2)本合同附件;

(3)本工程施工总承包合同;

(4)本工程施工专业承(分)包合同。

劳务分包人对劳务分包范围内的工程质量向工程承包人负责,组织具有相应资格证书的熟练工人投入工作。未经工程承包人授权或允许,不得擅自与发包人及有关部门建立工作联系。劳务分包人须服从工程承包人转发的发包人及工程师指令。

劳务报酬可按以下三种方式计算:

(1)固定劳务报酬(含管理费);

(2)约定不同工种劳务的计时单价(含管理费),按确认的工时计算;

(3)约定不同工作成果的计件单价(含管理费),按确认的工程量计算。

劳务分包人不得将劳务分包合同中的劳务作业转包或再次分包给他人,否则,劳务分包人将依法承担责任。

本章小结

建设工程合同是建设工程的发包人为完成工程建设的任务,与承包人订立的合同,承包人应按照发包人的要求完成工程建设,发包人按照合同要求接受该建设工程并支付价款。建设工程合同包括工程勘察、设计、施工合同。

建设工程合同具备以下特征:建设工程合同主体的严格性、建设工程合同标的的特殊性、建设工程合同制定的计划性和程序性以及建设工程合同的要式性。

建设工程委托监理合同简称监理合同,是指工程建设单位聘请监理单位代其对工程项目进行管理,明确双方权利、义务、法律责任等内容的协议。在《建设工程委托监理合同(示范文本)》(GF—2000—0202)的"标准条件"中,明确给出"监理人义务"、"委托人义务"、"监理人权利"和"委托人权利"的相关内容。

建设工程勘察、设计合同简称勘察、设计合同,它是勘察合同与设计合同的统称。建设工程勘察、设计合同指发包人与承包人为完成勘察、设计任务,明确双方权利与义务的协议。

承揽合同是承揽人按照定做人的要求完成工作,交付工作成果,定做人给付报酬的合同。承揽包括加工、定做、修理、复制、测试、检验等工作。

建设工程物资采购合同是指出卖人与买受人为实现建设工程物资买卖,所确立的设立、变更、终止相互权利与义务关系的协议。

建设工程施工分包合同包括专业分包合同和劳务分包合同,以是发包人与承包人签订的建设工程施工合同为前提的,承包人对发包人负责,分包人对承包人负责。

【小知识】   **建设工程勘察、设计合同示范文本**

建设部、国家工商行政管理局于 2000 年 3 月颁布了建设工程勘察、设计合同文本。《建设工程勘察合同》有两种文本格式。其中,《建设工程勘察合同》(一)(GF—2000—0203)适用于岩土工程勘察、水文地质勘察(含凿井)、工程测量、工程物探;《建设工程勘察合同》(二)(GF—2000—0204)适用于岩土工程设计、治理、监测。《建设工程设计合同》也有两种文本格式。《建设工程设计合同》(一)(GF—2000—0209)适用于民用建筑工程设计合同,《建设工程设计合同》(二)(GF—2000—0210)适用于专业建设工程设计合同。

复习思考题

5-1   什么是建设工程合同? 简述建设工程合同的特征。

5-2   简述建设工程合同的主要合同关系。

5-3   什么是建设工程委托监理合同? 建设工程委托监理合同的特征是什么?

5-4   简述建设工程委托监理合同主体双方的主要权利和义务。

5-5   什么是建设工程勘察、设计合同? 简述建设工程勘察、设计合同的履行。

5-6   简述建设工程勘察、设计合同的违约责任。

5-7   什么是承揽合同? 简述承揽合同的履行。

5-8   什么是物资采购合同? 简述材料采购合同和设备采购合同的履行。

5-9   什么是建设工程保险合同?

第六章　建设工程施工合同的目标控制

【职业能力目标】

通过本章的理论学习和实训,能够运用建设工程合同示范文本,编制较为简单的施工合同文件,并能依据合同文件进行工程质量、进度、投资方面的管理。

【学习要求】

1. 了解建设工程合同的概念及施工合同中承发包双方的一般权利和义务。

2. 熟悉建设工程施工合同示范文本中与工程质量、投资、进度等有关的条款。

3. 掌握建设工程施工合同示范文本的组成及施工合同的监督管理。

第一节　概　述

一、建设工程施工合同的概念

建设工程施工合同即建筑安装工程承包合同,是指建设单位(发包人)与施工单位(承包人)之间,为完成商定的建设工程项目的建设任务,而签订的明确双方权利和义务关系的协议。依照建设工程施工合同,承包方应完成一定的建筑、安装工程任务,发包人应提供必要的施工条件并支付工程价款。

建设工程施工合同是建设工程合同中最重要的一种,是工程建设质量控制、进度控制、投资控制的主要依据。其订立与管理的依据是《合同法》、《建筑法》以及其他有关法律、行政法规。在市场经济条件下,建设市场主体之间相互的权利义务关系主要是通过合同确立的,因此在建设领域加强对施工合同的管理具有十分重要的意义。

建设工程施工合同的当事人是发包人和承包人,双方是平等的民事主体。承发包双方签订施工合同,必须具备相应的资质条件和履行施工合同的能力。对合同范围内的工程实施建设时,发包人必须具备组织协调能力;承包人必须具备有关部门核定的资质等级并持有营业执照等证明文件。

施工单位应建立施工合同管理制度,设立专职机构或人员负责施工合同的管理工作。施工合同管理应包括施工合同的订立、履行、变更、违约、索赔、争议、终止及评价。

二、建设工程施工合同的订立

(一)订立施工合同应具备的条件

订立施工合同必须要具备以下条件:

(1)初步设计已经批准。

(2)工程项目已经列入政府批准的年度建设计划。

(3)有能够满足施工需要的设计文件和有关技术资料。

（4）建设工程的建设资金和主要建筑材料、设备来源已经落实。

（5）实行招标投标的工程，中标通知书已经下发。

（二）订立施工合同的原则

根据《合同法》的规定，订立施工合同应符合以下原则。

1.遵守国家法律、法规和国家计划原则

订立施工合同，必须遵守国家法律、法规，也应遵守国家的固定资产投资计划和其他计划（如贷款计划等），具体合同订立时，不论是合同的内容、程序还是形式都不得违法。除须遵守国家法律、法规外，考虑到建设工程施工对经济发展、社会生活有多方面的影响，国家还对建设工程施工制订了许多强制性的管理规定，施工合同当事人订立合同时也都必须遵守。

2.平等、自愿、公平的原则

签订施工合同的双方当事人，具有平等的法律地位，任何一方都不得强迫对方接受不平等的合同条件，合同内容应当是双方当事人的真实意思表示。合同的内容应当是公平的，不能单纯损害一方的利益。对于显失公平的合同，当事人一方有权申请人民法院或者仲裁机构予以变更或者撤销。

3.诚实信用原则

诚实信用原则要求合同的双方当事人订立施工合同时要诚实，不得有欺诈行为。合同当事人应当如实将自身和工程的情况介绍给对方。在履行合同时，合同当事人要守信用，严格履行合同。

4.等价有偿原则

等价有偿原则要求合同双方当事人在订立和履行合同时，应该遵循社会主义市场经济的基本规律，等价有偿地进行交易。

5.不损害社会公众利益和扰乱社会经济秩序原则

合同双方当事人在订立、履行合同时，不能扰乱社会经济秩序，不能损害社会公众利益。

（三）订立施工合同的程序

《合同法》规定，合同的订立必须经过要约和承诺两个阶段，其订立程序因发包的性质不同分为招标发包和直接发包。这两种方式实际上都包含要约和承诺的过程。所谓要约是希望与他人订立合同的意思表示，所谓承诺是受要约人接受要约的意思表示。如果没有特殊情况，建设工程的施工都应通过招标投标确定施工企业。工程招标投标过程中，投标人根据发包人提供的招标文件在约定的报送期内发出的投标文件即为要约；招标人通过评标，向投标人发出中标通知书即为承诺。

中标通知书发出后，承包方和发包方就完成了合同缔结过程，中标的施工企业应当与建设单位及时签订合同。依据《招标投标法》和《工程建设施工招标投标管理办法》的规定，中标通知书发出30日内，中标单位应与建设单位依据招标文件、投标书等签订工程承发包合同（施工合同）。投标书中已确定的合同条款在签订时不得更改，合同价应与中标价相一致。如果中标的施工企业拒绝与建设单位签订工程承包合同，则投标保函出具者应当承担相应的保证责任，建设行政主管部门或其授权机构还可以给予一定的行政处罚。

对于属直接发包的工程建设项目,其施工单位由发包人选定后,双方依据选定过程中双方的约定及最后的商定,签订施工合同。

三、《建设工程施工合同(示范文本)》(GF—1999—0201)简介

根据有关工程建设的法律、法规,结合我国工程建设施工的实际情况,并借鉴了国际上广泛使用的 FIDIC 土木工程施工合同条件,国家建设部、国家工商行政管理局于1999年12月24日发布了《建设工程施工合同(示范文本)》(GF—1999—0201)(简称《施工合同文本》)。该文本是各类公用建筑、民用建筑、工业厂房、交通设施及线路管道的施工和设备安装的合同样本。

(一)《施工合同文本》组成

《施工合同文本》由"协议书"、"通用条款"、"专用条款"三部分组成,并附有三个附件:"承包人承揽工程项目一览表"、"发包人供应材料设备一览表"、"工程质量保修书"。

1."协议书"

"协议书"是《施工合同文本》中总纲性的文件,它规定了合同当事人双方最主要的权利、义务,规定了组成合同的文件及合同当事人对履行合同义务的承诺,并且合同双方当事人要在这份文件上签字盖章,因此具有很高的法律效力。"协议书"主要包括以下10方面的内容:①工程概况。主要包括工程名称、工程地点、工程内容、工程立项批准文号、资金来源等。②工程承包范围。③合同工期。包括开工日期、竣工日期、合同工期总日历天数。④质量标准。⑤价款(分别用大、小写表示)。⑥组成合同的文件。⑦本协议书中有关词语含义与合同示范文本"通用条款"中分别赋予它们的定义相同。⑧承包人向发包人承诺按照合同约定进行施工、竣工并在质量保修期内承担工程质量保修责任。⑨发包人向承包人按照合同约定的期限和方式支付合同价款及其他应当支付的款项。⑩合同生效。包括合同订立时间(年、月、日)、合同订立地点、本合同双方约定的生效时间。

2."通用条款"

"通用条款"是根据《合同法》、《建筑法》等法律、法规对承发包双方的权利义务作出的规定,除双方协商一致对其中的某些条款作出修改、补充或取消外,其余条款双方都必须履行。它是将建设工程施工合同中有共性的一些内容抽取出来编写的一份完整的合同文件。"通用条款"具有很强的通用性,基本适用于各类建设工程。"通用条款"共有11部分47条。11部分内容是:①词语定义及合同文件;②双方一般的权利和义务;③施工组织设计和工期;④质量与检验;⑤安全施工;⑥合同价款与支付;⑦材料设备供应;⑧工程变更;⑨竣工验收与结算;⑩违约、索赔和争议;⑪其他。

3."专用条款"

"专用条款"是建设工程特殊性的体现。由于考虑到建设工程的内容各不相同,工期、造价也随之变动,承包人、发包人各自的能力及施工现场的环境也不相同,"通用条款"不能完全适用于各个具体工程,因此配之以"专用条款"对其作必要的限定、释义和补充,使"通用条款"和"专用条款"共同成为双方统一意愿的体现。"专用条款"的条款号与"通用条款"相一致,其内容主要是用空格来表示,由当事人根据工程的具体情况予以明确。

4.附件

《施工合同文本》的附件是对施工合同当事人的权利、义务的进一步明确,并且使得施工合同当事人的有关工作一目了然,便于执行和管理。

(二)施工合同文件的组成及解释顺序

《施工合同文本》规定了施工合同文件的组成及解释顺序。组成建设工程施工合同的文本包括:

(1)施工合同协议书;

(2)中标通知书;

(3)投标书及其附件;

(4)施工合同专用条款;

(5)施工合同通用条款;

(6)标准、规范及有关技术文件;

(7)图纸;

(8)工程量清单;

(9)工程报价单或预算书。

双方有关工程的洽商、变更等书面协议或文件均视为施工合同的组成部分。上述合同文件应能够互相解释、互相说明。当合同文件中出现不一致时,上面的顺序就是合同的优先解释顺序。在不违反法律、法规的前提下,当事人可以通过协商变更施工合同的内容。这些变更的协议或文件效力高于其他合同文件,且签署在后的协议或文件效力高于签署在先的协议和文件。当合同文件出现含糊不清或者当事人有不同理解时,按照合同争议的解决方式处理。

第二节 施工合同双方的一般权利和义务

一、发包人工作

发包人根据"专用条款"约定的内容和时间完成以下工作:

(1)办理土地征用、拆迁补偿、平整施工场地等工作,使施工场地具备施工条件,并在开工后继续解决以上事项的遗留问题。

(2)将施工所需水、电、通信线路从施工场地外部接至"专用条款"约定地点,并保证施工期间的需要。

(3)开通施工场地与城乡公共道路的通道,以及"专用条款"约定的施工场地内的交通干道,满足施工运输的需要,保证施工期间的畅通。

(4)向承包人提供施工场地的工程地质和地下管线资料,对资料的真实性、准确性负责。

(5)办理施工许可证及其他施工所需证件、批件和临时用地、停水、停电、中断道路交通、爆破作业以及可能损坏道路、管线、电力、通信等公共设施法律、法规规定的申请批准手续(证明承包人自身资质的证件除外)。

（6）确定水准点与坐标控制点，以书面形式交给承包人，并进行现场交验。

（7）组织承包人和设计单位进行图纸会审和设计交底。

（8）协调处理施工现场周围地下管线和邻近建筑物、构筑物（包括文物保护建筑）、古树名木的保护工作，并承担有关费用。

（9）发包人应做的其他工作，双方在"专用条款"内约定。

发包人可以将上述部分工作委托承包人办理，双方在"专用条款"内约定，其费用由发包人承担。

发包人未能按合同约定完成以上义务，导致工期延误或给承包人造成损失的，应赔偿承包人有关损失，顺延延误的工期。

二、承包人工作

承包人按"专用条款"约定的内容和时间完成以下工作：

（1）根据发包人委托，在其设计资质允许的范围内，完成施工图设计或与工程配套的设计，经工程师确认后使用，发包人承担由此发生的费用。

（2）向工程师提供年、季、月度工程进度计划及相应进度统计报表。

（3）根据工程需要，提供和维修非夜间施工使用的照明、围栏设施，并负责安全保卫。

（4）按"专用条款"约定的数量和要求，向发包人提供在施工现场办公和生活的房屋及设施，发包人承担发生的费用。

（5）遵守政府有关主管部门对施工场地交通、施工噪音以及环境保护和安全生产等的管理规定，按规定办理有关手续，并以书面形式通知发包人，发包人承担由此发生的费用，因承包人责任造成的罚款除外。

（6）已竣工工程未交付发包人之前，承包人按"专用条款"约定负责已完工程的成品保护工作，保护期间发生损坏，承包人自费予以修复；要求承包人采取特殊措施保护的工程部位和相应的追加合同价款，双方在"专用条款"内约定。

（7）按"专用条款"约定做好施工现场地下管线和邻近建筑物、构筑物（包括文物保护建筑）、古树名木的保护工作。

（8）保证施工场地清洁，符合环境卫生管理的有关规定，交工前清理现场达到"专用条款"约定的要求，承担因自身原因违反有关规定造成的损失和罚款。

（9）承包人应做的其他工作，双方在"专用条款"内约定。

承包人未能履行上述各项义务，造成发包人损失的，应对发包人的损失给予赔偿。

三、工程师及其职权

（一）工程师的产生和易人

工程师包括监理单位委派的总监理工程师或者发包人指定的履行合同的负责人两种情况。

1. 发包人委托监理

发包人可以委托监理单位，全部或者部分负责合同的履行。国家推行工程监理制度，对于国家规定实行强制监理的工程施工，发包人必须委托监理；对于国家未规定实行强制监理的工程施工,发包人也可以委托监理。工程施工监理应当依照法律、行政法规及有关的技术标准、设计文件和建设工程施工合同,对承包人在施工质量、建设工期和建设资金使用等方面,代表发包人实施监督。发包人应当将委托的监理单位名称、工程师的姓名、监理内容及监理权限以书面形式通知承包人。除合同内有明确约定或经发包人同意外,负责监理的工程师无权解除承包人的任何义务。

监理单位委派的总监理工程师在施工合同中称为工程师。总监理工程师是经监理单位法定代表人授权,派驻施工现场监理组织的总负责人,行使监理合同赋予监理单位的权利和义务,全面负责受委托工程的建设监理工作。监理单位委派的总监理工程师姓名、职务、职责应当向发包人报送,在施工合同"专用条款"中应当写明总监理工程师的姓名、职务、职责。

2. 发包人派驻代表

发包人派驻施工场地履行合同的代表在施工合同中也称工程师。发包人代表是经发包人单位法定代表人授权,派驻施工现场的负责人,其姓名、职务、职责在"专用条款"内约定,但职责不得与监理单位委派的总监理工程师职责相互交叉。双方职责发生交叉或不明确时,由发包人明确双方职责,并以书面形式通知承包人。目前,许多工程发包人同时委托监理和派驻代表,两者职责发生交叉后,给工程施工的管理带来了困难,发包人应避免这种情况的出现,一旦出现,应尽早解决。

3. 工程师易人

工程师易人,发包人应至少于易人前 7 天以书面形式通知承包人,后任继续履行合同文件约定的前任的权利和义务,不得更改前任作出的书面承诺。

(二)工程师的职责

工程师按约定履行职责。发包人对工程师行使的权力范围一般都有一定的限制,如对委托监理的工程师要求其在行使认可索赔权力时,如索赔额超过一定限度,必须先征得发包人的批准。工程师的具体职责如下。

1. 工程师委派具体管理人员

在施工过程中,不可能所有的监督和管理工作都由工程师亲自完成。工程师可委派具体管理人员,行使自己的部分权力和职责,并可在认为必要时撤回委派,委派和撤回均应提前 7 天以书面形式通知承包人,负责监理的工程师还应将委派和撤回通知发包人。委派书和撤回通知作为合同附件。

工程师代表在工程师授权范围内向承包人发出的任何书面形式的函件,与工程师发出的函件效力相同。

2. 工程师发布指令、通知

工程师的指令、通知由其本人签字后,以书面形式交给项目经理,项目经理在回执上签署姓名和收到时间后生效。确有必要时,工程师可发出口头指令,并在 48 小时内给予书面确认,承包人对工程师的指令应予执行。工程师不能及时给予书面确认时,承包人应于工程师发出口头指令后 7 天内提出书面确认要求。工程师在承包人提出确认要求后 48 小时内不予答复的,应视为承包人要求已被确认。

承包人认为工程师指令不合理,应在收到指令后 24 小时内提出书面报告,工程师在收到承包人报告后24小时内作出修改指令或继续执行原指令的决定,并以书面形式通知承包人。紧急情况下,工程师要求承包人立即执行的指令,或承包人虽有异议,但工程师决定仍继续执行的指令,承包人应予执行。因指令错误发生的追加合同价款和给承包人造成的损失由发包人承担,延误的工期相应顺延。

对于工程师代表在其权限范围内发出的指令和通知,视为工程师发出的指令和通知(上述规定同样适用于由工程师代表发出的指令)。但工程师代表发出指令失误时,工程师可以纠正。除工程师和工程师代表外,发包人驻工地的其他人员均无权向承包人发出任何指令。

3.工程师应当及时履行自己的职责

工程师应按合同约定,及时向承包人提供所需指令,批准并履行约定的其他义务,否则承包人在约定时间后24小时内将具体要求、需要的理由和延误的后果通知工程师,工程师收到通知后48小时内不予答复,发包人应承担延误造成的追加合同价款,并赔偿承包人有关损失,顺延延误的工期。

四、项目经理及其职责

(一)项目经理的产生

项目经理是由承包人单位法定代表人授权的,派驻施工场地的承包人的总负责人,他代表承包人负责工程施工的组织、实施。承包人施工质量、进度管理方面的好坏与承包方代表的水平、能力、工作热情有很大的关系,一般都应当在投标书中明确项目经理,并作为评标的一项内容。最后,项目经理的姓名、职务在"专用条款"内约定。项目经理一旦确定后,则不能随意易人。我国现行规定要求项目经理必须具有注册建造师执业资格。

项目经理易人,承包人应至少于易人前7天以书面形式通知发包人,应征得发包人同意。后任继续履行合同文件约定的前任的权利和义务,不得更改前任作出的书面承诺。

发包人可以与承包人协商,建议调换其认为不称职的项目经理。

(二)项目经理的职责

1.代表承包人向发包人提出要求和通知

项目经理有权代表承包人向发包人提出要求和通知。承包人的要求和通知,以书面形式由项目经理签字后送交工程师,工程师在回执上签署姓名和收到时间后生效。

2.组织施工

项目经理按发包人认可的施工组织设计(或施工方案)和依据合同发出的指令、要求组织施工。在情况紧急且无法与工程师联系时,应当采取保证人员生命和工程财产安全的紧急措施,并在采取措施后48小时内向工程师送交报告。如果责任在发包人和第三人,由发包人承担由此发生的追加合同价款,相应顺延工期;如果责任在承包人,由承包人承担费用,不顺延工期。

第三节 施工合同的质量控制

工程施工中的质量控制是合同履行中的重要环节。施工合同的质量控制涉及许多方面的因素,任何一个方面的缺陷和疏漏都会使工程质量无法达到预期的标准。

一、标准、规范和图纸

(一)合同适用标准、规范

按照《中华人民共和国标准化法》的规定,为保障人体健康、人身财产安全的标准属于强制性标准。建设工程施工的技术要求和方法即为强制性标准,施工合同当事人必须执行。《建筑法》也规定,建筑工程施工的质量必须符合国家有关建筑工程安全标准的要求。因此,施工中必须使用国家标准、规范;没有国家标准、规范但有行业标准、规范的,使用行业标准、规范;没有国家和行业标准、规范的,使用工程所在地的地方标准、规范。双方应当在"专用条款"中约定使用标准、规范的名称。发包人应当按照"专用条款"约定的时间向承包人提供一式两份约定的标准、规范。

国内没有相应的标准、规范时,可以由合同当事人约定工程适用的标准。首先,应由发包人按照约定的时间向承包人提出施工技术要求,承包人按照约定的时间和要求提出施工工艺,经发包人认可后执行;若发包人要求工程使用国外标准、规范时,发包人应当负责提供中文译本。

因为购买、翻译和制定标准、规范或制定施工工艺的费用,由发包人承担。

(二)图纸

建设工程施工应当按照图纸进行。在施工合同管理中的图纸是指由发包人提供或者由承包人提供经工程师批准、满足承包人施工需要的所有图纸(包括配套说明和有关资料)。按时、按质、按量提供施工所需图纸,也是保证工程施工质量的重要方面。

1. 发包人提供图纸

在我国目前的建设工程管理体制中,施工中所需图纸主要由发包人提供(发包人通过设计合同委托设计单位设计)。在对图纸的管理中,发包人应当完成以下工作:

(1)发包人应当按照"专用条款"约定的日期和套数,向承包人提供图纸。

(2)承包人如果需要增加图纸套数,发包人应当代为复制。发包人代为复制意味着发包人应当为图纸的正确性负责。

(3)如果对图纸有保密要求的,应当承担保密措施费用。

对于发包人提供的图纸,承包人应当完成以下工作:

(1)在施工现场保留一套完整图纸,供工程师及其有关人员进行工程检查时使用。

(2)如果"专用条款"对图纸提出保密要求的,承包人应当在约定的保密期限内承担保密义务。

(3)承包人如果需要增加图纸套数,复制费用由承包人承担。

使用国外或者境外图纸,不能满足施工需要时,双方在"专用条款"内约定复制、重新绘制、翻译、购买标准图纸等责任及费用承担。

工程师在对图纸进行管理时,重点是按照合同约定按时向承包人提供图纸,同时,根据图纸检查承包人的工程施工。

2. 承包人提供图纸

有些工程,施工图纸的设计或者与工程配套的设计有可能由承包人完成。如果合同中有这样的约定,则承包人应当在其设计资质允许的范围内,按工程师的要求完成这些设计,经工程师确认后使用,发生的费用由发包人承担。在这种情况下,工程师对图纸的管理重点是审查承包人的设计。

二、材料设备供应的质量控制

工程建设的材料设备供应的质量控制,是整个工程质量控制的基础。建筑材料、构配件生产及设备供应单位对其生产或者供应的产品质量负责。而材料设备的需方则应根据买卖合同的规定进行质量验收。

(一)材料设备的质量及其他要求

1.材料生产和设备供应单位应具备法定条件

建筑材料、构配件生产及设备供应单位必须具备相应的生产条件、技术装备和质量保证体系,具备必要的检测人员和设备,把好产品看样、订货、储存、运输和核验的质量关。

2.材料设备质量应符合要求

(1)符合国家或者行业现行有关技术标准规定的合格标准和设计要求。

(2)符合在建筑材料、构配件及设备或其包装上注明采用的标准,符合以建筑材料、构配件及设备说明、实物样品等方式表明的质量状况。

3.材料设备或者其包装上的标识应符合的要求

(1)有产品质量检验合格证明。

(2)有中文标明的产品名称、生产厂家、厂名和厂址。

(3)产品包装和商标样式符合国家有关规定和标准要求。

(4)设备应有产品详细的使用说明书,电气设备还应附有线路图。

(5)实施生产许可证或使用产品质量认证标志的产品,应有许可证或质量认证的编号、批准日期和有效期限。

(二)发包人供应材料设备时的质量控制

1.双方约定发包人供应材料设备的一览表

对于由发包人供应的材料设备,双方应当约定发包人供应材料设备的一览表,作为合同附件。一览表的内容应当包括材料设备种类、规格、型号、数量、单价、质量等级、提供的时间和地点。发包人按照一览表的约定提供材料设备。

2.发包人供应材料设备的验收

发包人应当向承包人提供其供应材料设备的产品合格证明,并对这些材料设备的质量负责。发包人应在其所供应的材料设备到货前24小时,以书面形式通知承包人,由承包人派人与发包人共同清点。

3.材料设备验收后的保管

发包人供应的材料设备经双方共同验收后由承包人妥善保管,发包人支付相应的保管费用。因承包人的原因发生损坏丢失,由承包人负责赔偿。发包人不按规定通知承包人验收,发生的损坏丢失由发包人负责。

4.发包人供应的材料设备与约定不符时的处理

发包人供应的材料设备与约定不符时,应当由发包人承担有关责任,具体按照下列情况进行处理：

（1）材料设备单价与合同约定不符时，由发包人承担所有差价。

（2）材料设备种类、规格、型号、数量、质量等级与合同约定不符时，承包人可以拒绝接收保管，由发包人运出施工场地并重新采购。

（3）发包人供应材料的规格、型号与合同约定不符时，承包人可以代为调剂串换，发包人承担相应的费用。

（4）到货地点与合同约定不符时，发包人负责运至合同约定的地点。

（5）供应数量少于合同约定的数量时，发包人将数量补齐；多于合同约定的数量时，发包人负责将多出部分运出施工场地。

（6）到货时间早于合同约定时间，发包人承担因此发生的保管费；到货时间迟于合同约定的供应时间，由发包人承担相应的追加合同价款。发生延误，相应顺延工期，发包人赔偿由此给承包人造成的损失。

5. 发包人供应材料设备使用前的检验或试验

发包人供应的材料设备进入施工现场后需要在使用前检验或者试验的，由承包人负责，费用由发包人负责。即使在承包人检验通过之后，如果又发现材料设备有质量问题的，发包人仍应承担重新采购及拆除重建的追加合同价款，并相应顺延由此延误的工期。

（三）承包人采购材料设备的质量控制

对于合同约定由承包人采购的材料设备，应当由承包人选择生产厂家或者供应商，发包人不得指定生产厂家或者供应商。

1. 承包人采购材料设备的验收

承包人根据"专用条款"的约定及设计和有关标准要求采购工程需要的材料设备，并提供产品合格证明。承包人在材料设备到货前24小时通知工程师验收。这是工程师的一项重要职责，工程师应当严格按照合同约定及有关标准进行验收。

2. 承包人采购的材料设备与要求不符时的处理

承包人采购的材料设备与设计或者标准要求不符时，工程师可以拒绝验收，由承包人按照工程师要求的时间运出施工场地，重新采购符合要求的产品，并承担由此发生的费用，由此延误的工期不予顺延。

工程师发现材料设备不符合设计或者标准要求时，应要求承包方负责修复、拆除或者重新采购，并承担发生的费用，由此造成工期延误不予顺延。

3. 承包人使用代用材料

承包人需要使用代用材料时，须经工程师认可后方可使用，由此增减的合同价款由双方以书面形式议定。

4. 承包人采购材料设备在使用前检验或试验

承包人采购的材料设备在使用前，承包人应按工程师的要求进行检验或试验，不合格的不得使用，检验或试验费用由承包人承担。

三、工程验收的质量控制

工程验收是一项以确认工程是否符合施工合同规定目的的行为，是质量控制的最重要的环节。

(一)工程质量标准

工程质量应当达到协议书约定的质量标准,质量标准的评定以国家或者专业的质量检验评定标准为依据。发包人对部分或者全部工程质量有特殊要求的,应支付由此增加的追加合同价款,对工期有影响的应给予相应的工期顺延。

达不到约定标准的工程部分,工程师一经发现,可要求承包人返工,承包人应当按照工程师的要求返工,直到符合约定标准。因承包人的原因达不到约定标准,由承包人承担返工费用,工期不予顺延。因发包人的原因达不到约定标准,由发包人承担返工的追加合同价款,工期相应顺延。因双方原因达不到约定标准,责任由双方分别承担。

双方对工程质量有争议,由"专用条款"约定的工程质量监督部门鉴定,所需费用及因此造成的损失,由责任方承担。双方均有责任的,由双方根据其责任大小分别承担。

(二)施工过程中的检查和返工

在工程施工过程中,工程师及其委派人员对工程的检查检验,是他们的一项日常性工作和重要职能。

承包人应认真按照标准、规范和设计要求以及工程师依据合同发出的指令施工,随时接受工程师及其委派人员的检查检验,并为检查检验提供便利条件。工程质量达不到约定标准的部分,工程师一经发现,可要求承包人拆除和重新施工,承包人应按工程师及其委派人员的要求拆除和重新施工,并承担由于自身原因导致拆除和重新施工的费用,工期不予顺延。

检查检验合格后,又发现因承包人引起的质量问题,由承包人承担责任,赔偿发包人的直接损失,工期不予顺延。

检查检验不应影响施工正常进行,如影响施工正常进行,检查检验不合格时,影响正常施工的费用由承包人承担。否则,影响正常施工的追加合同价款由发包人承担,相应顺延工期。

因工程师指令失误和其他非承包人原因发生的追加合同价款,由发包人承担。

(三)隐蔽工程和中间验收

由于隐蔽工程在施工中一旦完成隐蔽,很难再对其进行质量检查,因此必须在隐蔽前进行检查验收。对于中间验收,合同双方应在"专用条款"中约定需要进行中间验收的单项工程和部位的名称、验收的时间和要求,以及发包人应提供的便利条件。

工程具体隐蔽条件和达到"专用条款"约定的中间验收部位,承包人进行自检,并在隐蔽和中间验收前 48 小时以书面形式通知工程师验收。通知包括隐蔽和中间验收内容、验收时间和地点。承包人准备验收记录,验收合格,工程师在验收记录上签字后,承包人可进行隐蔽和继续施工。验收不合格,承包人在工程师限定的时间内修改后重新验收。

工程质量符合标准、规范和设计图纸等的要求,验收 24 小时后,工程师不在验收记录上签字,视为工程师已经批准,承包人可进行隐蔽或者继续施工。

(四)重新检验

工程师不能按时参加验收,须在开始验收前 24 小时向承包人提出书面延期要求,延期不能超过 48 小时。工程师未能按以上时间提出延期要求,不参加验收,承包人可自行组织验收,工程师应承认验收记录。

无论工程师是否参加验收,当其提出对已经隐蔽的工程重新检验的要求时,承包人应按要求进行剥露或开孔,并在检验后重新覆盖或者修复。检验合格,发包人承担由此发生的全部追加合同价款,赔偿承包人损失,并相应顺延工期。检验不合格,承包人承担发生的全部费用,工期不予顺延。

(五)试车

1.试车的组织责任

对于设备安装工程,应当组织试车。试车内容应与承包人承包的安装工作范围相一致。

(1)单机无负荷试车。设备安装工程具备单机无负荷试车条件,由承包人组织试车。只有单机试运转达到规定要求,才能进行联试。承包人应在试车前48小时书面通知工程师。通知包括试车内容、时间、地点。承包人准备试车记录,发包人根据承包人要求为试车提供必要条件。试车通过,工程师在试车记录上签字。

(2)联动无负荷试车。设备安装工程具备无负荷联动试车条件,由发包人组织试车,并在试车前48小时书面通知承包人。通知内容包括试车内容、时间、地点和对承包人的要求,承包人按要求做好准备工作和试车记录。试车通过,双方在试车记录上签字。

(3)投料试车。投料试车应当在工程竣工验收后由发包人全部负责。如果发包人要求承包方配合或在工程竣工验收前进行,应当征得承包人同意,另行签订补充协议。

2.试车的双方责任

(1)由于设计原因试车达不到验收要求,发包人应要求设计单位修改设计,承包人按修改后的设计重新安装。发包人承担修改设计、拆除及重新安装的全部费用,并追加合同价款,工期相应顺延。

(2)由于设备制造原因试车达不到验收要求,由该设备采购一方负责重新购置和修理,承包方负责拆除和重新安装。设备由承包人采购的,由承包人承担修理或重新购置、拆除及重新安装的费用,工期不予顺延;设备由发包人采购的,发包人承担上述各项追加合同价款,工期相应顺延。

(3)由于承包人施工原因试车达不到验收要求,承包人按工程师要求重新安装和试车,承担重新安装和试车的费用,工期不予顺延。

(4)试车费用除已包括在合同价款之内或者"专用条款"另有约定外,均由发包人承担。

(5)工程师未在规定时间内提出修改意见,或试车合格而不在试车记录上签字,试车结束24小时后,记录自行生效,承包人可继续施工或办理竣工手续。

3.工程师要求延期试车

工程师不能按时参加试车,须在开始试车前24小时向承包人提出书面延期要求,延期不能超过48小时,工程师未能按以上时间提出延期要求,不参加试车,承包人可自行组织试车,发包人应当承认试车记录。

(六)竣工验收

竣工验收是全面考核建设工作,检查是否符合设计要求和工程质量的重要环节。

1. 竣工工程必须符合的基本要求

竣工交付使用的工程必须符合下列基本要求:

(1)完成工程设计和合同中规定的各项工作内容,达到国家规定的竣工条件。

(2)工程质量应符合国家现行有关法律、法规、技术标准、设计文件及合同规定的要求,并经质量监督机构核定为合格。

(3)工程所用的设备和主要建筑材料、构件应具有产品质量出厂检验合格证明和技术标准规定必要的进场试验报告。

(4)具有完整的工程技术档案和竣工图,已办理工程竣工交付使用的有关手续。

(5)已签署工程保修证书。

2. 竣工验收中承发包双方的具体工作程序和责任

工程具备竣工验收条件,承包人按国家工程竣工验收有关规定,向发包人提供完整的竣工资料及竣工验收报告。双方约定由承包人提供竣工图,应当在"专用条款"内约定提供的日期和份数。

发包人收到竣工验收报告后28天内组织有关部门验收,并在验收后14天内给予认可或提出修改意见,承包人按要求修改。由于承包人原因,工程质量达不到约定的质量标准,承包人承担违约责任。

因特殊原因,发包人要求部分单位工程或者工程部位须甩项竣工时,双方另行签订甩项竣工协议,明确各方责任和工程价款的支付办法。

建设工程未经验收或验收不合格,不得交付使用。发包人强行使用的,由此发生的质量问题及其他问题,由发包人承担责任。但在这种情况下,发包人主要是对强行使用直接产生的质量问题及其他问题承担责任,不能免除承包人对工程的保修等责任。

四、质量保修

建设工程办理交工验收手续后,在规定的期限内,因勘察、设计、施工、材料等原因造成的质量缺陷,应当由施工单位负责维修。所谓质量缺陷,是指工程不符合国家或行业现行的有关技术标准、设计文件以及合同中对质量的要求。

(一)质量保修书的内容

承包人应当在工程竣工验收之前,与发包人签订质量保修书,作为合同附件。质量保修书的主要内容包括:①质量保修项目内容及范围;②质量保证期;③质量保修责任;④质量保修金的支付方法。

(二)工程质量保修范围和内容

质量保修范围包括地基基础工程、主体结构工程、屋面防水工程和双方约定的其他土建工程,以及电气管线、上下水管线的安装工程,供热、供冷系统工程项目。工程质量保修范围是国家强制性的规定,合同当事人不能约定减少国家规定的工程质量保修范围。工程质量保修的内容由当事人在合同中约定。

(三)质量保证期

质量保证期从工程竣工验收合格之日算起。分单项竣工验收的工程,按单项工程分别计算质量保证期。

合同双方可以根据国家有关规定，结合具体工程约定质量保证期，但双方的约定不得低于国家规定的最低质量保证期。《建设工程质量管理条例》和建设部颁发的《房屋建筑工程质量保修办法》对正常使用条件下，建设工程的最低保修期限分别进行了规定。

(四)质量保修责任

1. 保修工作程序

建设工程在保修范围和保修期限内发生质量问题时，发包人或房屋建筑所有人向施工承包人发出保修通知。承包人接到保修通知后，应在保修书约定的时间内及时到现场核查情况，履行保修义务。发生涉及结构安全或严重影响使用功能的紧急抢修事故时，应在接到保修通知后立即到达现场抢修。

若发生涉及结构安全的质量缺陷，发包人或房屋建筑所有人应当立即向当地建设行政主管部门报告，并采取相应的安全防范措施。原设计单位或具有相应资质等级的设计单位提出保修方案后，施工承包人实施保修，由原工程质量监督机构负责对保修的监督。

保修完成后，发包人或房屋建筑所有人组织验收。涉及结构安全的质量保修，还应当报当地建设行政主管部门备案。

2. 保修责任

(1)在工程质量保修书中应当明确建设工程的保修范围、保修期限和保修责任。如果因使用不当或者第三方造成的质量缺陷，以及不可抗力造成的质量缺陷，则不属于保修范围。保修费用由质量缺陷的责任方承担。

(2)若承包人不按工程质量保修书约定履行保修义务或拖延履行保修义务，经发包人申告后，由建设行政主管部门责令改正，并处以10万元以上20万元以下的罚款。发包人也有权另行委托其他单位保修，由承包人承担相应责任。

(3)保修期限内因工程质量缺陷造成工程所有人、使用人或第三方人身、财产损害时，受损害方可向发包人提出赔偿要求。发包人赔偿后向造成工程质量缺陷的责任方追偿。

(4)因保修不及时造成新的人身、财产损害，由造成拖延的责任方承担赔偿责任。

(5)建设工程超过合理使用年限后，承包人不再承担保修的义务和责任。若需要继续使用时，产权所有人应当委托具有相应资质等级的勘察、设计单位进行鉴定。根据鉴定结果采取相应的加固、维修等措施后，重新界定使用期限。

【例6-1】 建设工程质量纠纷典型案例评析。

基本案情:2004年，中建系统某公司与上海某公司就某商业大厦的建设签订合同，并由某境外建筑设计公司担任建筑设计与管理工作。2005年11月，在该商业大厦工程完工后验收时，虽然该工程通过了当地质量监督部门的验收，但发包人发现多项缺陷部位和需要整改的项目，因此没有直接核发工程竣工证明，而是要求承包商予以修缮和尽快完工。此后，2006年3月12日，建筑设计公司才向承包商发出"实际竣工证明书"，确认实际竣工日期是2005年11月16日，保修期为一年，至2006年11月15日止。同时指出，未完善的项目应按期进行修缮，未调试的系统自系统测试通过之日起计算保修期。

2006年5月，发包人与承包人达成最终结算书，确认工程总价款，发包人未按期履约。2006年12月20日，承包人以欠付工程款为由向法院起诉，发包人则以承包人质量缺陷造成的违约损失、租金损失、修复工作的费用以及其他费用提出反诉。本案起诉中的工程欠款,在司法鉴定后双方质证没有分歧,但对本案的反诉则存在较大的争议。争议焦点:①本案工程约定的保修期是否有效?②保修期内所发生的质量缺陷的责任如何承担?③保修期届满后对于质量缺陷责任如何承担?

简要评析:

1. 本案中工程质量保修期的约定是部分有效

《建设工程质量管理条例》第四十条规定:"在正常使用条件下,建设工程的最低保修期限为:

(1)地基基础工程和主体结构工程为设计文件规定的该工程合理使用年限;

(2)屋面防水工程、有防水要求的卫生间、房间和外墙面的防渗漏,为5年;

(3)供热与供冷系统,为2个采暖期和供冷期;

(4)电气管线和给排水管道、设备安装和装修工程,为2年。"

争议双方约定建设工程保修期时,只能高于法律规定的标准,不能低于法律规定的标准。对此,本案双方协议没有全部遵守法律规定,对法律有明确规定的保修期的部位,按法律规定的保修期,对法律没有规定保修期的部位,则按双方约定的保修期。设计文件所规定的该工程的合理使用年限一般是指建筑物的设计单位按设计建筑物的地基基础和主体结构形式、施工方式等技术条件确定的保证该建筑物正常使用的最低年限。

2. 保修期内质量缺陷的责任遵循"各负其责"的原则

《建设工程质量管理条例》第三条规定:"建设单位、勘察单位、设计单位、施工单位、工程监理单位依法对建设工程质量负责。"第四十一条规定:"建设工程在保修范围和保修期限内发生质量问题的,施工单位应当履行保修义务,并对造成的损失承担赔偿损失。"所以,对建设工程质量,建设单位、勘察单位、设计单位、施工单位、工程监理单位均有责任。如果保修期内出现工程质量问题,其修缮的义务由施工单位负责。

3. 保修期届满后因工程质量造成损害可提出侵权赔偿的要求

在保修期届满后,才出现质量缺陷是正常的,原因也是多方面的。究其原因可能是因为不可抗力所引起,如恶劣的自然气候引起的;也可能是非正常使用所引起;也可能是由于建筑物的自然损耗;当然也可能是施工方、勘察或设计方等原因引起的。

《建设工程质量管理条例》没有对保修期届满后质量缺陷的赔偿责任应如何承担作出相应规定。但是,《建筑法》第八十条规定:"在建筑物的合理使用寿命内,因建筑工程质量不合格受到损害的,有权向责任者要求赔偿。"根据该条款的规定,不是所有的在保修期后出现的质量缺陷都可以要求赔偿,只是存在"损害"的质量缺陷才可能要求赔偿。即是基本侵权责任要求责任人承担赔偿义务。

第四节　施工合同的进度控制

进度控制,是施工合同管理的重要组成部分。合同当事人应当在合同规定的工期内完成施工任务,发包人应当按时做好准备工作,承包人应当按照施工进度计划组织施工。为此,工程师应当落实进度控制部门的人员、具体的控制任务和管理职能分工;承包人也应当落实具体的进度控制人员,并且编制合理的施工进度计划并控制其执行,即在工程进展全过程中,进行计划进度与实际进度的比较,对出现的偏差及时采取措施。

施工合同的进度控制可以分为施工准备阶段、施工阶段和竣工验收阶段的进度控制。

一、施工准备阶段的进度控制

施工准备阶段的许多工作都对施工的开始和进度有直接的影响,包括双方对合同工期的约定、承包人提交进度计划、设计图纸的提供、材料设备的采购、延期开工的处理等。

(一)合同双方约定合同工期

施工合同工期,是指施工的工程从开工起到完成施工合同"专用条款"双方约定的全部内容,工程达到竣工验收标准所经历的时间。合同工期是施工合同的重要内容之一,故《施工合同文本》要求双方在协议书中作出明确约定。约定的内容包括开工日期、竣工日期和合同工期的总日历天数。合同工期是按总日历天数计算的,包括法定节假日在内的承包天数。合同当事人应当在开工日期前做好一切开工的准备工作,承包人则应按约定的开工日期开工。

(二)承包人提交进度计划

承包人应当在"专用条款"约定的日期,将施工组织设计和工程进度计划提交工程师。群体工程中采取分阶段进行施工的单项工程,承包人则应按照发包人提供图纸及相关资料的时间,按单项工程编制进度计划,分别向工程师提交。

(三)工程师对进度计划予以确认或者提出修改意见

工程师接到承包人提交的进度计划后,应当予以确认或者提出修改意见,时间限制则由双方在"专用条款"中约定。如果工程师逾期不确认也不提出书面意见,则视为已经同意。

工程师对进度计划予以确认或者提出修改意见,并不免除承包人对施工组织设计和工程进度计划本身的缺陷所应承担的责任。工程师对进度计划予以确认的主要目的,是为工程师对进度进行控制提供依据。

(四)其他准备工作

在开工前,合同双方还应当做好其他各项准备工作。如发包人应当按照"专用条款"的规定使施工现场具备施工条件,开通施工现场与公共道路,承包人应当做好施工人员和设备的调配工作。

对于工程师而言,特别需要做好水准点与坐标控制点的交验,按时提供标准、规范。为了能够按时向承包人提供设计图纸,工程师可能还需要做好设计单位的协调工作,按照"专用条款"的约定组织图纸会审和设计交底。

(五)延期开工

1. 承包人要求的延期开工

如果是承包人要求延期开工,则工程师有权批准是否同意延期开工。

承包人应当按协议书约定的开工日期开始施工。承包人不能按时开工,应在不迟于协议书约定的开工日期前7天,以书面形式向工程师提出延期开工的理由和要求。工程师在接到延期开工申请后的48小时内以书面形式答复承包人。工程师在接到延期开工申请后的 48 小时内不答复,视为同意承包人的要求,工期相应顺延。如果工程师不同意延期要求,工期不予顺延。如果承包人未在规定时间内提出延期开工要求,工期也不予顺延。

2. 发包人原因的延期开工

因发包人的原因不能按照协议书约定的开工日期开工,工程师以书面形式通知承包人后,可推迟开工日期。承包人对延期开工的通知没有否决权,但发包人应当赔偿承包人因此造成的损失,相应顺延工期。

二、施工阶段的进度控制

工程开工后,合同履行即进入施工阶段,直至工程竣工。这一阶段进度控制的任务是控制施工任务在协议书规定的合同工期内完成。

(一)监督进度计划的执行

开工后,承包人必须按照工程师确认的进度计划组织施工,接受工程师对进度的检查、监督。这是工程师进行进度控制的一项日常性工作,检查、监督的依据是已经确认的进度计划。一般情况下,工程师每月检查一次承包人的进度计划执行情况,由承包人提交一份上月进度计划实际执行情况和本月的施工计划。同时,工程师还应进行必要的现场实地检查。

工程实际进度与进度计划不符时,承包人应当按照工程师的要求提出改进措施,经工程师确认后执行。但是,对于因承包人自身的原因造成工程实际进度与经确认的进度计划不符的,所有的后果都应由承包商自行承担,工程师也不对改进措施的后果负责。如果采取改进措施后,经过一段时间工程实际进度赶上了进度计划,则仍可按原进度计划执行。如果采取改进措施一段时间后,工程实际进度仍明显与进度计划不符,则工程师可以要求承包人修改原进度计划,并经工程师确认。但是,这种确认并不是工程师对工程延期的批准,而仅仅是要求承包人在合理的状态下施工。因此,如果修改后的进度计划不能按期完工,承包人仍应承担相应的违约责任。

工程师应当随时了解施工进度计划执行过程中所存在的问题,并帮助承包人予以解决,特别是承包人无力解决的内外关系协调问题。

(二)暂停施工

在施工过程中,有些情况会导致暂停施工。暂停施工当然会影响工程进度,作为工程师应当尽量避免暂停施工。暂停施工的原因是多方面的,但归纳起来有以下三个方面。

1. 工程师要求的暂停施工

工程师在主观上是不希望暂停施工的,但有时继续施工会造成更大的损失。工程师在确有必要时,应当以书面形式要求承包人暂停施工,不论暂停施工的责任在发包人还是在承包人。工程师应当在提出暂停施工要求后 48 小时内提出书面处理意见。承包人应当按照工程师的要求停止施工,并妥善保护已完工工程。承包人实施工程师做出的处理意见后,可提出书面复工要求,工程师应当在 48 小时内给予答复。工程师未能在规定时间内提出处理意见,或收到承包人复工要求后 48 小时内未给予答复,承包人可以自行复工。

如果停工责任在发包人,由发包人承担所发生的追加合同价款,赔偿承包商由此造成的损失,相应顺延工期;如果停工责任在承包人,由承包人承担发生的费用,工期不予顺延。因为工程师不及时给予答复,导致承包人无法复工,由发包人承担违约责任。

2. 由于发包人违约,承包人主动暂停施工

当发包人出现某些违约情况时,承包人可以暂停施工。这是承包人保护自己权益的有效措施。如发包人不按合同规定及时向承包人支付工程预付款、工程进度款且双方未达成延期付款协议,在承包人发出要求付款通知后仍不付款,经过一定时间后,承包人均可暂停施工。这时,发包人应当承担相应的违约责任。出现这种情况时,工程师应当尽量督促发包人履行合同,以求减少双方的损失。

3. 意外情况导致的暂停施工

在施工过程中出现一些意外情况,如果需要暂停施工,则承包人应暂停施工。在这些情况下,工期是否给予顺延应视风险责任的承担确定。如发现有价值的文物、发生不可抗力事件等,风险责任应当由发包人承担,故应给予承包人工期顺延。

(三)设计变更

在施工过程中如果发生设计变更,将对施工进度产生很大的影响。因此,工程师在其可能的范围内应尽量减少设计变更。如果必须对设计进行变更,应当严格按照国家的规定和合同约定的程序进行。

1. 发包人对原设计进行变更

施工中发包人如果需要对原工程设计进行变更,应不迟于变更前14天以书面形式向承包人发出变更通知,变更超过原设计标准或者批准的建设规模时,须经原规划管理部门和其他有关部门审查批准,并由原设计单位提供变更的相应图纸和说明。

2. 承包人要求对原设计进行变更

承包人应当严格按照图纸施工,不得随意变更设计。施工中承包人提出合理化建议涉及到对设计图纸进行变更,须经工程师同意。工程师同意变更后,也须经原规划管理部门和其他有关部门审查批准,并由原设计单位提供变更的相应图纸和说明。承包人未经工程师同意不得擅自变更设计,否则因擅自变更设计发生的费用和由此导致发包人的直接损失,由承包人承担,延误的工期不予顺延。

3. 设计变更事项

能够构成设计变更的事项包括以下变更:

(1)更改有关部分的标高、基线、位置和尺寸;

(2)增减合同中约定的工程量;

(3)改变有关工程的施工时间和顺序;

(4)其他有关工程变更需要的附加工作。

由于发包人对原设计进行变更,以及经工程师同意的承包人要求进行的设计变更,导致合同价款的增减及造成的承包人损失,由发包人承担,延误的工期相应顺延。

(四)工期延误

承包人应当按照合同约定完成工程施工,如果由于其自身的原因造成工期延误,应当承担违约责任。但是,在有些情况下工期延误后,竣工日期可以相应顺延。

1. 工期可以顺延的工期延误

因以下原因造成的工期延误,经工程师确认,工期相应顺延:

(1)发包人不能按"专用条款"的约定提供开工条件;

(2)发包人不能按约定日期支付工程预付款、进度款,致使工程不能正常进行;

(3)工程师未按合同约定提供所需指令、批准等,致使施工不能正常进行;

(4)设计变更和工程量增加;

(5)一周内非承包人原因停水、停电、停气造成停工累计超过 8 小时;

(6)不可抗力;

(7)"专用条款"中约定或工程师同意工期顺延的其他情况。

这些情况工期可顺延的根本原因在于:这些情况属于发包人违约或者是应当由发包人承担的风险;反之,如果造成工期延误的原因是承包人的违约或者应当由承包人承担的风险,则工期不能顺延。

2. 工期顺延的确认程序

承包人在工期可以顺延的情况发生后 14 天内,应将延误的工期向工程师提出书面报告。工程师在收到报告后 14 天内予以确认答复,逾期不予答复,视为报告要求已经被确认。

当然,工程师确认的工期顺延期限应当是事件造成的合理延误,由工程师根据发生事件的具体情况和工期定额、合同等的规定确认。经工程师确认的顺延的工期应纳入合同工期,作为合同工期的一部分。如果承包人不同意工程师的确认结果,则按合同规定的争议解决方式处理。

三、竣工验收阶段的进度控制

竣工验收,是发包人对工程的全面检验,是保修期外的最后阶段。在竣工验收阶段,工程师进度控制的任务是督促承包人完成工程扫尾工作,协调竣工验收中的各方关系,参加竣工验收。

(一)竣工验收的程序

工程应当按期竣工。工程按期竣工有两种情况:承包人按照协议书约定的竣工日期或者工程师同意顺延的工期竣工。工程如果不能按期竣工,承包人应当承担违约责任。

1. 承包人提交竣工验收报告

当工程按合同要求全部完成后,工程具备了竣工验收条件,承包人按国家工程竣工验收的有关规定,向发包人提供完整的竣工资料和竣工验收报告,并按"专用条款"要求的日期和份数向发包人提交竣工图。

2. 发包人组织验收

发包人在收到竣工验收报告后 28 天内组织有关部门验收,并在验收后 14 天内给予认可或者提出修改意见。承包人应当按要求进行修改,并承担由自身原因造成修改的费用。竣工日期为承包人送交竣工验收报告日期。需修改后才能达到验收要求的,竣工日期为承包人修改后提请发包方验收日期。

中间交工工程的范围和竣工时间,由双方在"专用条款"内约定。其验收程序与上述规定相同。

3. 发包人不按时组织验收的后果

发包人在收到承包人送交的竣工验收报告后 28 天内不组织验收,或者在验收后 14 天内不提出修改意见,则视为竣工验收报告已经被认可。发包人收到承包人送交的竣工验收报告后 28 天内不组织验收,发包人从第 29 天起承担工程保管及一切意外责任。

(二)发包人要求提前竣工

在施工中,发包人如果要求提前竣工,应当与承包人进行协商,协商一致后应签订提前竣工协议。发包人应为赶工提供方便条件。提前竣工协议应包括以下几方面的内容:

(1)提前的时间;

(2)承包人采取的赶工措施;

(3)发包人为赶工提供的条件;

(4)承包人为保证工程质量采取的措施;

(5)提前竣工所需的追加合同价款。

(三)甩项工程

因特殊原因,发包人要求部分单位工程或工程部位甩项竣工的,双方应当另行签订甩项竣工协议,明确各方责任和工程价款的支付方法。

第五节　施工合同的投资控制

一、施工合同价款及其调整

(一)施工合同价款的约定

施工合同价款,是指按有关规定和协议条款约定的各种取费标准计算,用以支付承包方按照合同要求完成工程内容的价款总额。这是合同双方关心的核心问题之一,招标投标等工作主要是围绕合同价款展开的。合同价款应依据中标通知书中的中标价格或非招标工程的工程预算书确定。合同价款在协议书内约定后,任何一方不得擅自改变。合同价款可以按照固定价格合同、可调价格合同、成本加酬金合同三种方式约定。

1. 固定价格合同

固定价格合同,是指在约定的风险范围内价款不再调整的合同。这种合同的价款并不是绝对不可调整,而是约定范围内的风险由承包人承担。双方应当在"专用条款"中约定合同价款包括的风险费用和承担风险的范围。风险范围以外的合同价款调整方法,应当在"专用条款"内约定。

2. 可调价格合同

可调价格合同,是指合同价格可以调整的合同。合同双方应当在"专用条款"内约定合同价款的调整方法。

3. 成本加酬金合同

成本加酬金合同,是由发包人向承包人支付工程项目的实际成本,并按事先约定的某一种方式支付酬金的合同类型。合同价款包括成本和酬金两部分,合同双方应在"专用条款"内约定成本构成和酬金的计算方法。

(二)可调价格合同中合同价款的调整

1.可调价格合同中价格调整的范围

(1)国家法律、法规和政策变化影响合同价款；

(2)工程造价管理部门公布的价格调整；

(3)一周内非承包人原因停水、停电、停气造成停工累计超过8小时；

(4)双方约定的其他调整或增减。

2.可调价格合同中价格调整的程序

承包人应当在价款可以调整的情况发生后14天内,将调整原因、金额以书面形式通知工程师,工程师确认后作为追加合同价款,与工程款同期支付。工程师收到承包人通知之后14天内不作答复也不提出修改意见,视为该项调整已经同意。

二、工程预付款

双方应当在"专用条款"内约定发包人向承包人预付工程款的时间和数额,开工后按约定的时间和比例逐次扣回。预付时间应不迟于约定的开工日期前7天。发包人不按约定预付,承包人在约定预付时间7天后向发包人发出要求预付的通知,发包人收到通知后仍不能按要求预付,承包人可在发出通知后7天停止施工,发包人应从约定应付之日起向承包方支付应付款的贷款利息,并承担违约责任。

三、工程款支付

(一)工程量的确认

对承包人已完成工程量的核实确认,是发包人支付工程款的前提。其具体的确认程序如下。

1.承包人向工程师提交已完工程量的报告

承包人应按"专用条款"约定的时间,向工程师提交已完工程量的报告。该报告应当由完成工程量报审表和作为其附件的完成工程量统计报表组成。承包人应当写明项目名称、申报工程量及简要说明。

2.工程师的计量

工程师接到报告后7天内按设计图纸核实已完工程量(以下称计量),并在计量前24小时内通知承包人,承包人为计量提供便利条件并派人参加。如果承包人不参加计量,发包人自行进行,计量结果有效,作为工程价款支付的依据。

工程师收到承包人报告后7天内未进行计量,从第8天起,承包人报告中开列的工程量即视为已被确认,作为工程价款支付的依据。工程师不按约定时间通知承包人,使承包人不能参加计量的,计量结果无效。

工程师对承包人超出设计图纸范围和(或)因自身原因造成返工的工程量,不予计量。

(二)工程款(进度款)结算方式

1.按月结算

这种结算办法实行旬末或月中预支,月末结算,竣工后清算的办法。跨年度施工的工程,在年终进行工程盘点,办理年度结算。

2．竣工后一次结算

建设项目或单项工程全部建筑安装工程建设期较短或施工合同价较低的,可以实行工程价款每月月中预支,竣工后一次结算。

3．分段结算

这种结算方式要求当年开工、当年不能竣工的单项工程或单位工程按照工程形象进度,划分不同阶段进行结算。分段的划分标准,由各部门和省、自治区、直辖市、计划单列市规定,分段结算可以按月预支工程款。

实行竣工后一次结算和分段结算的工程,当年结算的工程应与年度完成工程量一致,年终不另清算。

4．其他结算方式

结算双方约定并经开户银行同意的其他结算方式。

（三）工程款支付的程序和责任

发包人应在双方计量确认后 14 天内,向承包人支付工程款（进度款）。同期用于工程上的发包人供应材料设备的价款,以及按约定时间发包人应按比例扣回的预付款,与工程款同期结算。合同价款调整、设计变更调整的合同价款及追加的合同价款,应与工程款同期调整支付。

发包人超过约定的支付时间不支付工程款,承包人可向发包人发出要求付款的通知,发包人在收到承包人通知后仍不能按要求支付,可与承包人协商签订延期付款协议,经承包人同意后可以延期支付。协议须明确延期支付时间和从结束确认计量后第 15 天起计算应付款的贷款利息。发包人不按合同约定支付工程款,双方又未达成延期付款协议,导致施工无法进行,承包人可停止施工,由发包人承担违约责任。

四、变更价款的确定

（一）变更价款的确定程序

设计变更发生后,承包人在工程设计变更确定后 14 天内,提出变更工程价款的报告,经工程师确认后调整合同价款。承包人在确定变更后 14 天内不向工程师提出变更工程价款报告时,视为该项设计变更不涉及合同价款的变更。

工程师应在收到变更工程价款报告之日起 14 天内,予以确认。工程师无正当理由不确认时,自变更价款报告送达之日起 14 天后变更工程价款报告自行生效。

工程师不同意承包人提出的变更价格,按照合同约定的争议解决方式处理。

（二）变更价款的确定方法

变更合同价款按照下列方法进行:

(1)合同中已有适用于变更工程的价格,按合同已有的价格计算变更合同价款;

(2)合同中只有类似于变更工程的价格,可以参照此价格确定变更价格,变更合同价款;

(3)合同中没有适用或类似于变更工程的价格,由承包人提出适当的变更价格,经工程师确认后执行。

五、施工中涉及的其他费用

(一)安全施工方面的费用

承包人按工程质量、安全及消防管理有关规定组织施工,采取严格的安全防护措施,承担由于自身的安全措施不力造成事故的责任和因此发生的费用。非承包人责任造成安全事故,由责任方承担责任和因此发生的费用。

发生重大伤亡及其他安全事故,承包人应按有关规定立即上报有关部门并通知工程师,同时按政府有关部门要求处理,发生的费用由事故责任方承担。

发包人应对其在施工场地的工作人员进行安全教育,并对他们的安全负责。

承包人在动力设备、输电线路、地下管道、密封防震车间、易燃易爆地段以及临街交通要道附近施工时,施工开始前应向工程师提出安全保护措施,经工程师认可后实施。安全保护措施费用由发包人承担。

实施爆破作业,在放射、毒害性环境中施工(含存储、运输)及使用毒害性、腐蚀性物品施工时,承包人应在施工前 14 天内以书面形式通知工程师,并提出相应的安全保护措施,经工程师认可后实施。安全保护措施费用由发包人承担。

(二)专利技术及特殊工艺涉及的费用

发包人要求使用专利技术或特殊工艺,须负责办理相应的申报手续,承担申报、试验、使用等费用。承包人按发包人要求使用,并负责试验等有关工作。承包人提出使用专利技术或特殊工艺,报工程师认可后实施。承包人负责办理申报手续并承担有关费用。

擅自使用专利技术侵犯他人专利权,责任者依法承担相应责任。

(三)文物和地下障碍物

在施工中发现古墓、古建筑遗址等文物及化石或其他有考古、地质研究等价值的物品时,承包人应立即保护好现场并于 4 小时内以书面形式通知工程师,工程师应于收到书面通知后 24 小时内报告当地文物管理部门,并按有关管理部门要求采取妥善保护措施。发包人承担由此发生的费用,延误的工期相应顺延。

施工中发现影响施工的地下障碍物时,承包人应于 8 小时内以书面形式通知工程师,同时提出处置方案,工程师收到处置方案后 8 小时内予以认可或提出修正方案。发包人承担由此发生的费用,延误的工期相应顺延。

所发现的地下障碍物有归属单位时,发包人报请有关部门协同处置。

六、竣工结算

(一)承包人递交竣工结算报告及违约责任

工程竣工验收报告经发包人认可后,承发包双方应当按协议书约定的合同价款及"专用条款"约定的合同价款调整方式,进行工程竣工结算。

工程竣工验收报告经发包人认可后 28 天内,承包人向发包人递交竣工结算报告及完整的结算资料。

工程竣工验收报告经发包人认可后 28 天内,承包人未能向发包人递交竣工结算报告及完整的结算资料,造成工程竣工结算不能正常进行或工程竣工结算价款不能及时支付,发包人要求交付工程的,承包人应当交付;发包人不要求交付工程的,承包人承担保管责任。

(二)发包人的核实和支付

发包人自收到竣工结算报告及结算资料后 28 天内进行核实,确认后支付工程竣工结算价款。承包人收到竣工结算价款后 14 天内将竣工工程交付发包人。

(三)发包人不支付结算价款的违约责任

发包人收到竣工结算报告及结算资料后 28 天内无正当理由不支付工程竣工结算价款的,从第 29 天起按承包人同期向银行贷款利率支付拖欠工程价款的利息,并承担违约责任。

发包人收到竣工结算报告及结算资料后 28 天内不支付工程竣工结算价款,承包人可以催告发包人支付结算价款。发包人在收到竣工结算报告及结算资料后 56 天内仍不支付的,承包人可以与发包人协议将该工程折价,也可以由承包人申请人民法院将该工程依法拍卖,承包人就该工程折价或者拍卖的价款优先受偿。

七、质量保修金

(一)质量保修金的支付

质量保修金由承包人向发包人支付,也可由发包人从应付承包人工程款内预留。质量保修金的比例及金额由双方约定,但不应超过施工合同价款的 3%。

(二)质量保修金的结算与返还

工程的质量保证期满后,发包人应当及时结算和返还(如有剩余)质量保修金。发包人应当在质量保证期满后 14 天内,将剩余保修金和按约定利率计算的利息返还承包人。

【例 6-2】 关于工程质量和工程款的案例。

某滨海城市为发展旅游业,经批准兴建一座三星级大酒店。该项目甲方于 1996 年 10 月 10 日分别与某建筑工程公司(乙方)和某外资装饰工程公司(丙方)签订了主体建筑工程施工合同和装饰工程施工合同。

合同约定主体建筑工程施工于 1996 年 11 月 10 日正式开工,竣工日期为 1998 年 4 月 25 日。因主体工程与装饰工程分别为两个独立的合同,由两承包人承建,为保证工期,当事人约定:主体与装饰施工采取立体交叉作业,即业主完成三层,装饰工程承包者立即进入装饰作业。为保证装饰工程达到三星级水平,业主委托监理公司实施"装饰工程监理"。

在工程施工过程中,甲方要求乙方将竣工日期提前至 1998 年 3 月 8 日,双方协商修订施工方案后达成协议。大酒店于 1998 年 3 月 10 日剪彩开业。

2000 年 8 月 1 日,乙方因甲方少付工程款上诉法院。诉称:甲方于 1998 年 3 月 8 日签发了竣工验收报告,并已开张营业,到今已达 2 年有余。但在结算工程款时,甲方本应付工程总价款 1 600 万元,但只付 1 400 万元。特请求法庭判决被告支付剩余的 200 万元及拖期利息。

2000 年 10 月 10 日庭审中,被告答称:原告主体建筑工程施工质量有问题,如大堂、电梯间门洞、大厅墙面、游泳池等主体施工质量不合格。因此,装修商进行返工,并提出索赔,经监理工程师签字报业主代表认可,共支付 20 万美元,折合人民币 125 万元。此项费用应由原告承担。另还有其他质量问题，共造成客房、机房设备、设施损失共计人民币 75 万元。共计损失 200 万元，应从总工程款中扣除，故支付乙方主体工程款总额 1 400 万元。

原告辩称：被告称工程主体不合格不属实，并向法庭呈交了业主及有关方签字的合格竣工验收报告及业主致乙方的感谢信等证据。

被告又辩称：竣工验收报告及感谢信，是在原告法定代表人宴请我方时，提出为了企业晋级的情况下，我方代表才签的字。此外，被告代理人又向法庭呈交业主被装饰工程公司提出索赔的 20 万美元（经监理工程师和业主代表签字）的清单 56 件。

原告再辩称：被告代表发言纯系戏言，怎能以签署竣工验收报告为儿戏，请求法庭以文字为证。又指出：被告委托的监理工程师监理的装饰合同，支付给装饰公司的费用凭单，并无我方（乙方）代表的签字认可，因此不承担责任。

原告最后请求法庭关注：自签发竣工验收报告后，乙方向甲方多次以书面结算方式提出结算要求。在长达 2 年多时间里，甲方从未向乙方提出过工程存在质量问题。

该案例中原、被告之间的合同是否有效？主体工程施工质量不合格时，业主应采取哪些正当措施？装饰合同执行中的索赔，是否对乙方具有约束力？怎样才具有约束力？该项工程竣工结算中，甲方从未提出质量问题。直至乙方于 2000 年 8 月 1 日，向人民法院起诉后，甲方在答辩中才提出质量问题，对此，是否依法保护。

案例分析：

合同双方当事人符合建设工程施工合同主体资格的要求，并且合同内容合法，所以原、被告之间的合同有效。根据《建设工程质量管理条例》的规定，业主应及时通知承包人进行修理，承包人在接到修理通知 2 周内到达现场。若未能按期到达的，业主应再次通知承包人，承包人自接到再次通知书 1 周内仍不能到达的，业主可委托其他单位或人员修理，所需费用由承包人承担。根据《建设工程施工合同（示范文本）》（GF—1999—0201）的规定，业主应在索赔事件发生后 28 天内向承包人发出索赔通知，否则承包人可不接受业主索赔要求。本案中装饰工程索赔对承包人不具有约束力。因建设工程质量存在缺陷造成损害的诉讼时效为 1 年，从当事人知道或应当知道权利被侵害时起算。本案业主一直未就质量问题提出异议，直至 2000 年 10 月 10 日庭审，超过了 1 年，所以不予保护，应该支付给乙方剩余的 200 万元及拖期的利息。

第六节 施工合同的其他管理条款

一、不可抗力

不可抗力事件发生后，对施工合同的履行会造成较大的影响。在合同订立时应当明确不可抗力的范围。工程师应当对不可抗力风险的承担有一个通盘的考虑：哪些不可抗力风险可以自己承担，哪些不可抗力风险应当转移出去（如投保等）。在施工合同的履行中，应当加强管理，在可能的范围内减少或者避开不可抗力事件的发生（如爆炸、火灾等有时就是因为管理不善引起的）。不可抗力事件发生后应当尽量减少损失。

（一）不可抗力的范围

不可抗力，是指合同当事人不能预见、不能避免并不能克服的客观情况。建设工程施工中的不可抗力包括因战争、动乱、空中飞行物坠落或其他非发包人责任造成的爆炸、火灾，以及"专用条款"约定的风、雨、雪、洪水、地震等自然灾害。

（二）不可抗力事件发生后双方的工作

不可抗力事件发生后，承包人应在力所能及的条件下迅速采取措施，尽量减少损失，并在不可抗力事件结束后48小时内向工程师通报受害情况和损失情况，及预计清理和修复的费用。发包人应协助承包人采取措施。不可抗力事件继续发生，承包人应每隔7天向工程师报告一次受害情况，并于不可抗力事件结束后14天内向工程师提交清理和修复费用的正式报告及有关资料。

（三）不可抗力的承担

因不可抗力事件导致的费用及延误的工期由双方按以下方法分别承担：

（1）工程本身的损害、因工程损害导致第三方人员伤亡和财产损失以及运至施工场地用于施工的材料和待安装的设备的损害，由发包人承担；

（2）承发包双方人员伤亡由其所在单位负责，并承担相应费用；

（3）承包人机械设备损坏及停工损失，由承包人承担；

（4）停工期间，承包人应工程师要求留在施工场地的必要的管理人员及保卫人员的费用由发包人承担；

（5）工程所需清理、修复费用，由发包人承担；

（6）延误的工期相应顺延。

因合同一方迟延履行合同后发生不可抗力的，不能免除迟延履行方的相应责任。

二、工程转包与分包

（一）工程转包

工程转包，是指不行使承包人的管理职能，不承担技术经济责任，将所承包的工程倒手转给他人承包的行为。承包人不得将其承包的全部工程转包给他人，也不得将其承包的全部工程肢解以后以分包的名义分别转包给他人。工程转包，不仅违反合同，也违反我国有关法律和法规的规定。

（二）工程分包

工程分包，是指经合同约定和发包单位认可，从工程承包人承担的工程中承包部分工程的行为。承包人按照有关规定对承包的工程进行分包是允许的。

1. 分包合同的签订

承包人必须自行完成建设项目（或单项、单位工程）的主要部分，其非主要部分或专业性较强的工程可分包给营业条件符合该工程技术要求的建筑安装单位。结构和技术要求相同的群体工程，承包人应自行完成半数以上的单位工程。

承包人按"专用条款"的约定分包所承包的部分工程，并与分包单位签订分包合同。非经发包人同意，承包人不得将承包工程的任何部分分包。

分包合同签订后，发包人与分包单位之间不存在直接的合同关系。分包单位应对承包人负责,承包人对发包人负责。

2.分包合同的履行

工程分包不能解除承包人的任何责任与义务。承包人应在分包场地派驻相应监督管理人员,保证本合同的履行。分包单位的任何违约行为、安全事故或疏忽导致工程损害或给发包人造成其他损失,承包人承担连带责任。

分包工程价款由承包人与分包单位结算。发包人未经承包人同意不得以任何名义向分包单位支付各种工程款项。

三、违约责任

(一)发包人违约

1.发包人的违约行为

发包人应当完成合同约定应由己方完成的义务。如果发包人不履行合同义务或不按合同约定履行义务,则应承担相应的民事责任。发包人的违约行为包括:①发包人不按时支付工程预付款;②发包人不按合同约定支付工程款;③发包人无正当理由不支付工程竣工结算价款;④发包人其他不履行合同义务或者不按合同约定履行义务的情况。

发包人的违约行为可以分成两类:一类是不履行合同义务的,如发包人应当将施工所需的水、电、通信线路从施工场地外部接至约定地点,但发包人没有履行这项义务,即构成违约;另一类是不按合同约定履行义务,如发包人应当开通施工场地与城乡公共道路的通道,并在"专用条款"中约定了开通的时间和质量要求,但实际开通的时间晚于约定或质量低于合同约定,也构成违约。

合同约定应当由工程师完成的工作,工程师没有完成或者没有按照约定完成,给承包人造成损失的,也应当由发包人承担违约责任。因为工程师是代表发包人进行工作的,其行为与合同约定不符时,视为发包人的违约。发包人承担违约责任后,可以根据监理委托合同或者单位的管理规定追究工程师的相应责任。

2.发包人承担违约责任的方式

(1)赔偿损失。赔偿损失是发包人承担违约责任的主要方式,其目的是补偿因违约给承包人造成的经济损失。承发包双方应当在"专用条款"内约定发包人赔偿承包人损失的计算方法。损失赔偿额应当相当于因违约所造成的损失,包括合同履行后可以获得的利益,但不得超过发包人在订立合同时预见或者应当预见到的因违约可能造成的损失。

(2)支付违约金。支付违约金的目的是补偿承包人的损失,双方也可在"专用条款"中约定违约金的数额或计算方法。

(3)顺延工期。对于因为发包人违约而延误的工期,应当相应顺延。

(4)继续履行。承包人要求继续履行合同的,发包人应当在承担上述违约责任后继续履行施工合同。

(二)承包人违约

1.承包人的违约行为

承包人的违约行为包括:①因承包人原因不能按照协议书约定的竣工日期或者工程师同意顺延的工期竣工;②因承包人原因工程质量达不到协议书约定的质量标准;③其他

承包商不履行合同义务或不按合同约定履行义务的情况。

2. 承包人承担违约责任的方式

(1)赔偿损失。承发包双方应当在"专用条款"内约定承包人赔偿发包人损失的计算方法。损失赔偿额应当相当于违约所造成的损失,包括合同履行后发包人可以获得的利益,但不得超过承包人在订立合同时预见或者应当预见到的因违约可能造成的损失。

(2)支付违约金。双方可以在"专用条款"内约定承包人应当支付违约金的数额或计算方法。

(3)采取补救措施。对于施工质量不符合要求的违约,发包人有权要求承包人采取返工、修理、更换等补救措施。

(4)继续履行。如果发包人要求继续履行合同的,承包人应当在承担上述违约责任后继续履行施工合同。

(三)担保方承担责任

在施工合同中,一方违约后,另一方可按双方约定的担保条款,要求提供担保的第三方承担相应责任。

四、合同争议的解决

(一)施工合同争议的解决方式

合同当事人在履行施工合同时发生争议,可以和解或者要求合同管理及其他有关主管部门调解。和解或调解不成的,双方可以在"专用条款"内约定以下任一种方式解决争议:

第一种解决方式:双方达成仲裁协议,向约定的仲裁委员会申请仲裁;

第二种解决方式:向有管辖权的人民法院起诉。

如果当事人选择仲裁的,应当在"专用条款"中明确以下内容:①请求仲裁的意思表示;②仲裁事项;③选定的仲裁委员会。在施工合同中直接约定仲裁,关键是要指明仲裁委员会,因为仲裁没有法定管辖,而是依据当事人的约定确定由哪一个仲裁委员会仲裁。而请求仲裁的意思表示和仲裁事项则可在"专用条款"中以隐含的方式实现。当事人选择仲裁的,仲裁机构作出的裁决是终局的,具有法律效力,当事人必须执行。如果一方不执行的,另一方可向有管辖权的人民法院申请强制执行。

如果当事人选择诉讼的,则施工合同的纠纷一般应由工程所在地的人民法院管辖。当事人只能向有管辖权的人民法院起诉,并作为解决争议的最终方式。

(二)争议发生后允许停止履行合同的情况

发生争议后,在一般情况下,双方都应继续履行合同,保持施工连续,保护好已完工程。只有出现下列情况时,当事人方可停止履行施工合同:①单方违约导致合同确已无法履行,双方协议停止施工;②调解要求停止施工,且为双方接受;③仲裁机关要求停止施工;④法院要求停止施工。

五、合同解除

施工合同订立后,当事人应当按照合同的约定履行。但是,在一定条件下,合同没有履行或者没有完全履行,当事人也可以解除合同。

(一)可以解除合同的情形

1.合同的协商解除

施工合同当事人协商一致,可以解除。这是在合同成立以后、履行完毕以前,双方当事人通过协商而同意终止合同关系的解除。当事人的这项权利是合同中意思自治的具体体现。

2.发生不可抗力时合同的解除

因为不可抗力或者非合同当事人的原因,造成工程停建或缓建,致使合同无法履行,合同双方可以解除合同。

3.当事人违约时合同的解除

(1)发包人不按合同约定支付工程款(进度款),双方又未达成延期付款协议,导致施工无法进行,承包人停止施工超过56天,发包人仍不支付工程款,承包人有权解除合同。

(2)承包人将其承包的全部工程转包给他人,或者肢解以后以分包的名义分别转包给他人,发包人有权解除合同。

(3)合同当事人一方的其他违约致使合同无法履行,合同双方可以解除合同。

(二)当事人一方主张解除合同的程序

一方主张解除合同的,应向对方发出解除合同的书面通知,并在发出通知前7天告知对方。通知到达对方时解除合同。对解除合同有异议的,按照解决合同争议程序处理。

(三)合同解除后的善后处理

合同解除后,当事人双方约定的结算和清理条款仍然有效。承包人应当妥善做好已完工程和已购材料、设备的保护和移交工作,按照发包人要求,将自有机械设备和人员撤出施工场地。发包人应为承包人撤出提供必要条件,支付以上所发生的费用,并按合同约定支付已完工程价款。已经订货的材料、设备由订货方负责退货或解除订货合同,不能退还货款和退货,解除订货合同发生的费用由发包人承担。但未及时退货造成的损失由责任方承担。有过错的一方应当赔偿因合同解除给对方造成的损失,赔偿的金额按照解决合同争议的方式处理。

本章小结

本章主要介绍了:建设工程合同的概念和订立;建设工程施工合同示范文本中有关建设质量、建设进度、建设投资的合同条款;合同实施过程中双方的一般权利和义务关系;合同实施过程中控制的主要内容、控制方法和措施;施工合同不可抗力、转包与分包等的管理。建设工程施工合同管理是项目管理的核心,是综合性、高层次的管理工作,也是本书的重点内容之一。

【小知识】 施工企业自身的质量管理是工程质量管理的主体

施工企业的质量管理是工程师进行质量控制的出发点和落脚点。工程师应当协助和监督施工企业建立有效的质量管理体系。工程施工企业的法人代表或项目经理,要对本企业或本工程项目的工程质量负责,并建立有效的质量保证体系。施工企业的总工程师和技术负责人要协助经理管好质量工作。

施工企业应当逐级建立质量责任制。项目经理要对本施工现场内所有单位工程的质量负责;生产班组要对分项工程质量负责。现场施工员、工长、质量检验员和关键工种工人必须经过考核取得岗位证书后,方可上岗。企业内各级职能部门必须按企业规定对各自的工作质量负责。

施工企业必须设立质量检查、测试机构,并由法人代表直接领导,企业专职质量检查员应抽调有实践经验和独立工作能力的人员担任。任何人不得设置障碍,干预质量检测人员依章行使职权。

用于工程的建筑材料,必须送实验室检验,并经实验室主任签字认可后,方可使用。

实行总分包的工程,分包单位要对分包工程的质量负责,总包单位对承包的全部工程质量负责。

国家对从事建筑活动的单位推行质量体系认证制度。施工企业根据自愿原则向国务院产品质量监督管理部门或者其授权的部门认可的认证机构申请质量体系认证。

复习思考题

6-1 施工合同的概念是什么?

6-2 试述《施工合同文本》的组成及施工合同文件的组成与解释顺序。

6-3 承包人的工作有哪些? 发包人的工作有哪些?

6-4 试述工程师的产生及职权。

6-5 试述工程顺延的理由及确认程序。

6-6 发包人供应的材料设备与约定不符时应如何处理?

6-7 如何进行隐蔽工程验收和中间验收?

6-8 试述试车的组织责任。

6-9 可调价格合同中价格调整的范围有哪些?

6-10 试述变更价款的确定程序和确定方法。

6-11 不可抗力导致的费用增加及延误的工期应如何分担?

6-12 哪些情况下施工合同可以解除?

6-13 试述施工合同争议的解决方式。

第七章　合同的策划与风险管理

【职业能力目标】

通过本章的学习能够根据工程实际和各类合同特征进行科学合理的工程合同策划；并能根据工程实际进行风险辨识和进行风险管理，了解工程保险种类和工程保险索赔的相关程序。

【学习要求】

1. 通过对合同分类及其特征描述，了解各类合同的特点，了解合同的选型和策划。

2. 通过对风险的含义和特征介绍，让学生学会风险的识别并领会工程风险的管理方式。

第一节　合同的类型及策划

建设工程合同的总体策划对整个工程项目的实施有着重大的影响。在我国，有很多建设项目在实施过程中，由于工程合同模式、类型选择不恰当，经常出现诸如资金浪费、资金不到位、投资失控、合同纠纷、拖延工期及双方产生纠纷等现象。项目前期合同类型选择不当是引发上述问题的主要原因，而业主在合同类型的选择中通常起决定性的作用，这就要求业主在工程项目建设初期，在签订合同时就要根据工程项目的具体情况，考虑各种不同因素的作用选择一个适当的合同类型模式，从而避免日后由于合同缺陷等原因造成双方纠纷和索赔的发生。

建设工程合同总体策划，应充分考虑与工程项目相关的各种因素，与工程项目的特点、业主自身的资金状况和要求、工程建设条件及承包人的技术管理水平等都有着密切的相关因素。

一、按承发包范围划分

建设工程按承发包范围可分为建设工程全过程承发包合同、阶段承发包合同和专项合同。

（一）建设工程全过程承发包合同

建设工程全过程承发包合同又称统包、一揽子、交钥匙合同。它指发包人一般只要提出使用要求、竣工期限或对重大决策性问题作出决定，承包人就可对项目建议书、可行性研究、勘察设计、材料设备采购、工程施工、竣工验收、投产使用和建设后评估等全过程实行总承包，全面负责对各项分包任务和参与部分工程建设的发包人进行统一组织、协调和管理。此合同主要用于大中型建设项目，要求工程承包公司具有雄厚的技术经济实力和丰富的组织管理经验。

(二)阶段承发包合同

阶段承发包合同是指发包人和承包人就建设过程中某一阶段或某些阶段的工作(如勘察、设计、施工、材料设备供应等)签订的合同。在施工阶段,还可依据承发包的具体内容再细分成包工包料合同、包工部分包料合同、包工不包料合同。

(三)专项合同

专项合同指的是发包人和承包人就某建设阶段中的一个或几个专门项目签订承发包合同。专项合同主要适用于可行性研究阶段的辅助研究项目;勘察设计阶段的工程地质勘察、供水水源勘察,基础或结构工程设计、工艺设计等;施工阶段的深基础施工、金属结构制作和安装、通风设备和电梯安装;建设准备阶段的设备选购和生产技术人员培训等专门项目。

二、按合同计价方式划分

建设工程项目按合同计价,主要有总价合同、单价合同、成本加酬金合同等。

(一)总价合同

总价合同是指根据合同规定的工程施工内容和有关条件,业主应付给承包商的款额是一个规定的金额,即明确的总价。总价合同也称做总价包干合同,即根据施工招标时的要求和条件,当施工内容和有关条件不发生变化时,业主付给承包商的价款总额就不发生变化。

1.固定总价合同

固定总价合同即不可调值不变总价合同。这种合同的价格计算是以招标文件中的有关规定和图纸资料、规范为基础,合同总价不能变更。承包商在报价时对一切费用的上升因素都已作了估计并已包含在合同总价之中。合同总价一经双方同意确定之后,承包商就一定要完成合同规定的全部工作,承担一切不可预见的风险责任,而不能因工程量、设备、材料价格、工资等变化而提出调整合同价格。对于业主,则必须按合同总价付给承包商款项,而不问实际工程量和成本的多少。但是,如果合同规定的条件,如设计和工程范围发生变化时,才可对总价进行调整。这种合同对于工程造价一次包死,简单省事,使发包人对工程总开支的计划更准确,在施工过程中也可以更有效地控制资金的使用。但对承包商来说,要承担较大的风险,如价格波动、气候条件恶劣、地质地基条件复杂及其他意外困难等,所以报价往往较高。一般适用于工程项目确定、规模不大、结构不甚复杂、工期较短、技术要求明确的工程项目。

2.可调总价合同

可调总价合同又称为变动总价合同,合同价格是以图纸及规定、规范为基础,按照时价进行计算,得到包括全部工程任务和内容的暂定合同价格。它是一种相对固定的价格,在合同执行过程中,由于通货膨胀等原因而使所使用的工、料成本增加时,可以按照合同约定对合同总价进行相应的调整。当然,一般由于设计变更、工程量变化和其他工程条件变化所引起的费用变化也可以进行调整。因此,通货膨胀等不可预见因素的风险由业主承担,对承包商而言,其风险相对较小,但对业主而言,不利于其进行投资控制,突破投资的风险就增大了。需注意的是,可调总价合同中,必须列有调价条款才可进行调值。

(二)单价合同

单价合同是最常见的合同种类,适用范围广,如 FIDIC 土木工程施工合同。我国的建设工程施工合同也主要是这一类合同。在这种合同中,承包商仅按合同规定承担报价的风险,即对报价(主要为单价)的正确性和适宜性承担责任;而工程量变化的风险由业主承担。由于风险分配比较合理,能够适应大多数工程,能调动承包商和业主双方的管理积极性。单价合同又分为固定单价合同和变动单价合同等形式。

单价合同的特点是单价优先,例如工程量清单计价的合同,业主给出的工程量表中的工程量是参考数字,而实际合同价款按实际完成的工程量和承包商所报的单价计算。虽然在投标报价、评标、签订合同中,人们常常注重合同总价格,但在工程款结算中单价优先,所以单价是不能错的。对于投标书中明显的数字计算的错误,业主有权先作修改再评标。

1. 固定单价合同

固定单价合同是指合同中确定的各项单价在工程实施期间不因价格变化而调整,而在每月(或每阶段)工程结算时,根据实际完成的工程量结算,在工程全部完成时以竣工图的工程量最终结算工程总价款。在招标前,发包人无需对工程范围作出完整的、详尽的规定,从而可以缩短招标准备时间,能鼓励承包商通过提高工效等手段从成本节约中提高利润,业主只按工程量清单的项目开支,可减少意外开支,只需对少量遗漏的项目在执行合同过程中再报价,结算比较简单。固定单价合同主要适用于工期短、工程量变化幅度不会太大的项目。

2. 变动单价合同

变动单价合同的单价可调,一般在工程招标文件中进行规定。在合同中签订的单价,根据合同约定的条款,如在工程实施过程中物价发生变化等,可作调整。有的工程在招标或签约时,因某些不确定因素而在合同中暂定某些分部分项工程的单价,在工程结算时,再根据实际情况和合同约定合同单价进行调整,确定实际结算单价。

(三)成本加酬金合同

成本加酬金合同也称为成本补偿合同,这是与固定总价合同正好相反的合同,工程施工的最终合同价格将按照工程的实际成本再加上一定的酬金进行计算。在合同签订时,工程实际成本往往不能确定,只能确定酬金的取值比例或者计算原则。

采用这种合同,承包商不承担任何价格变化或工程量变化的风险,这些风险主要由业主承担,对业主的投资控制很不利。而承包商则往往缺乏控制成本的积极性,常常不仅不愿意控制成本,甚至还会期望提高成本以提高自己的经济效益,因此这种合同容易被那些不道德或不称职的承包商滥用,从而损害工程的整体效益。所以,应该尽量避免采用这种合同。

1. 成本加固定费用合同

根据工程规模、估计工期、技术要求、工作性质及复杂性、所涉及的风险等,双方讨论同意确定一笔固定数目的报酬金额作为管理费及利润,对人工、材料、机械台班等直接成本则实报实销。其计算式为

$$C = C_d + F \tag{7-1}$$

式中 C——工程总造价;

C_d——实际发生的工程成本；

F——固定酬金（通常是按估算的工程成本的一定百分比确定的）。

如果设计变更或增加新项目，当直接费超过原估算成本的一定比例时，固定的报酬也要增加。在工程总成本一开始估计不准，可能变化不大的情况下，可采用此合同形式，有时可分几个阶段谈判付给固定报酬。这种方式虽然不能鼓励承包商降低成本，但为了尽快得到酬金，承包商会尽力缩短工期。有时也可在固定费用之外根据工程质量、工期和节约成本等因素，给承包商另加奖金，以鼓励承包商积极工作。

2. 成本加固定比例费用合同

工程成本中直接费加一定比例的报酬费，报酬部分的比例在签订合同时由双方确定。其计算式为

$$C = C_d(1 + P) \tag{7-2}$$

式中　P——固定的百分数；

其他符号含义同前。

这种方式的报酬费用总额随成本加大而增加，不利于缩短工期和降低成本。一般在工程初期很难描述工作范围和性质，或工期紧迫，无法按常规编制招标文件招标时采用。

3. 成本加奖罚合同

奖罚是根据报价书中的成本估算指标制定的，在合同中对这个估算指标规定一个底点和顶点，分别为工程成本估算的 $60\% \sim 75\%$ 和 $110\% \sim 135\%$。承包商在估算指标的顶点以下完成工程则可得到奖金，超过顶点则要对超出部分支付罚款。如果成本在底点之下，则可加大酬金值或酬金百分比。采用这种方式通常规定，当实际成本超过顶点对承包商罚款时，最大罚款限额不超过原先商定的最高酬金值。其计算表达式为

$$C = C_d + F \quad (C_d = C_0) \tag{7-3}$$

$$C = C_d + F + \Delta F \quad (C_d < C_0) \tag{7-4}$$

$$C = C_d + F - \Delta F \quad (C_d > C_0) \tag{7-5}$$

式中　C_0——签订合同时双方约定的预期成本；

　　　ΔF——奖罚金额（可以是百分数，也可是绝对数，而且奖与罚可以是不同计算标准）；

其他符号意义同前。

在招标时，当图纸、规范等准备不充分，不能据以确定合同价格，而仅能制定一个估算指标时可采用这种形式。

4. 最大成本加费用合同

在工程成本总价合同基础上加固定酬金费用的方式，即当设计深度达到可以报总价的深度，投标人报一个工程成本总价和一个固定的酬金（包括各项管理费、风险费和利润）。如果实际成本超过合同中规定的工程成本总价，由承包商承担所有的额外费用，若实施过程中节约了成本，节约的部分归业主，或者由业主与承包商分享，在合同中要确定节约分成比例。

此外，还有目标合同，它是固定总价合同和成本加酬金合同相结合的形式，在发达国家，广泛应用于工业项目、研究和开发项目、军事工程项目中。目标合同以全包形式承包

工程,通常合同规定承包商对工程建成后的生产能力或功能、工程总成本、工期目标承担责任。若工程投产后,在规定的时间内达不到预定生产能力,则按一定的比例扣减合同价款;若工期拖延,则承包商承担工期拖延违约金;若实际总成本低于预定总成本,则节约的部分按预定比例奖励承包商,反之,则由承包商按比例承担。

由于这类合同承包人在工程项目实施中不承担合同风险,而业主承担了全部量、价的风险,业主无法对工程项目的总造价实行有效控制,所以在使用上受到严格控制,主要适用于抗震救灾等比较紧急的项目或技术特别复杂的项目。

三、合同类型的选择方法

在实际工程中,合同计价方式有多种,不同种类的合同往往有不同的应用条件和范围,以及不同的权、责、利分配方式,不同的付款方式,不同的风险分担模式。合同类型的选择应结合具体项目情况进行(见表7-1),并考虑以下因素:

表7-1　合同类型选择方法表

<table>
<tr><td colspan="2">合同类型</td><td>总价合同</td><td>单价合同</td><td>成本加酬金合同</td></tr>
<tr><td colspan="2">概念</td><td>合同中确定项目总价,承包单位完成项目全部内容,可以分为固定总价合同和可调总价合同</td><td>按分部分项的工程量表确定各分部分项工程费用,可以分为固定单价合同和变动单价合同</td><td>业主除支付实际成本外,再按某一方式支付酬金,可以分为成本加固定费用合同、成本加固定比例费用合同、成本加奖罚合同、最大成本加费用合同</td></tr>
<tr><td colspan="2">风险承担</td><td>风险由承包人承担</td><td>风险由承、发包双方分担</td><td>风险由业主承担</td></tr>
<tr><td rowspan="6">选择标准</td><td>项目规模和工期长短</td><td>规模小,工期短</td><td>规模和工期适中</td><td>规模大,工期长</td></tr>
<tr><td>项目的竞争情况</td><td>激烈</td><td>正常</td><td>不激烈</td></tr>
<tr><td>项目的复杂程度</td><td>低</td><td>中</td><td>高</td></tr>
<tr><td>单项工程的明确程度</td><td>类别和工程量都很清楚</td><td>类别清楚,工程量有出入</td><td>分类与工程量都不甚清楚</td></tr>
<tr><td>项目准备时间的长短</td><td>长</td><td>中</td><td>短</td></tr>
<tr><td>项目的外部环境因素</td><td>良好</td><td>一般</td><td>恶劣</td></tr>
</table>

(1)设计深度与工程项目准备时间成正比关系,随着设计深度的加深,相应的合同类型选择由成本加酬金合同、单价合同到固定总价合同。

(2)工程项目规模。规模小和复杂程度低,外部环境比较简单,可选择的合同类型就较多;工程项目规模大,复杂程度高,相应的合同类型宜选用单价合同。

(3)如果合同条件不完善,承包人的项目管理水平较低、项目管理方式比较落后,则采用成本加酬金的合同方式较为合适。

(4)当对工程项目的风险和投资概算准确性有特殊要求时,则采用固定总价合同较为合适。

四、业主的合同策划

业主是工程合同的付款方,在合同的实施中占有主导地位,对其他各方的合同策划也会产生影响。从业主角度进行建筑工程合同策划,其主要内容包括下列几个方面。

(一) 承发包方式的选择

1. 分散平行承包

分散平行承包即业主将设计、设备供应、土建、电器安装、机械安装、装饰等工程施工分别委托给不同的承包商。各承包商分别与业主签订合同,各承包商之间没有合同关系。其特点是:

(1)业主有大量的管理工作,有许多次招标,需作比较精细的计划及控制,因此项目前期需要比较充裕的时间。

(2)业主负责各承包商之间的协调工作,对各承包商由于互相干扰所造成的问题承担责任。由于不确性因素的影响及协调难度大,因而这种承包方式的合同争执较多,工期长、索赔多。

(3)该承包方式要求业主管理和控制较细,业主必须具备较强的项目管理能力。

(4)对于大型工程项目,该承包方式使业主面对众多承包商,管理跨度大,协调困难,易造成混乱和失控,且业主管理费用增加,导致总投资增加和工期延长。

(5)采用这种承包方式,业主可以分阶段进行招标,可以通过协调和项目管理加强对工程的干预。同时,承包商之间存在着一定的制衡。

(6)采用这种承包方式,项目的计划和设计必须周全、准确、细致。这样各承包商的工程范围容易确定,责任界限比较清楚。

2. 全包

全包(又称统包,一揽子承包,设计—建造及交钥匙工程)合同,即由一个承包商承包建筑工程项目的全部工作,并向业主承担全部工程责任,包括设计、供应、各专业工程的施工,甚至包括项目前期筹划、方案选择、可行性研究和项目建设后的运营管理。该承包方式的特点是:

(1)减少业主面对的承包商数量和事务性管理工作。业主提出工程总体要求,进行宏观控制、验收成果,通常不干涉承包商的工作,因而合同纠纷和索赔较少。

(2)方便协调和控制,减少大量的重复性的管理工作,信息沟通方便、快捷、准确;有利于施工现场管理,减少中间环节,从而可减少费用和缩短工期。

(3)业主的责任体系完备,避免各种干扰,对业主和承包商都有利,工程整体效益高。

(4)业主必须选择资信度高、实力强,适宜全方位工作的承包商,它不仅需具备各专业工程的施工力量,而且还需很强的设计、管理、供应,乃至项目策划和融资能力。

同时,也可采用上述二者之间的中间形式,即将工程委托给几个承包商,如设计、施工、供应等承包商。

(二)招标方式的选择

国际上经常采用的招标方式有公开招标、邀请招标和议标。我国颁布实施的《招标投标法》规定,招标分为公开招标和邀请招标。关于工程招标在本书第二章、第三章已有详细的介绍,这里不再赘述。业主应根据工程项目的特点和实际情况相结合进行合理的选择,使之为后续的工程项目管理工作打好基础。

(三)合同种类的选择

合同的计价方式有很多种,不同种类的合同,有不同的应用条件、不同的权利和责任分配、不同的付款方式,同时合同双方的风险也不同,应依具体情况选择合同类型。关于合同的选型在本章前面已经有陈述。

(四)重要合同条款的确定

业主应正确地对待合同,对合同的要求应合理,但不应苛求。业主处于合同的主导地位,由其起草招标文件,并确定一些重要的合同条款。主要内容有:

(1)适用于合同关系的法律,以及合同争执仲裁的地点、程序等。

(2)付款方式。如采用进度付款、分期付款、预付款或由承包商垫资承包。这由业主的资金来源保证情况等因素决定。让承包商在工程上过多地垫资,会对承包商的风险、财务状况、报价和履约积极性有直接影响。当然如果业主超过实际进度预付工程款,在承包商没有出具保函的情况下,又会给业主带来风险。

(3)合同价格的调整条件、范围、调整方法,特别是由于物价上涨、汇率变化、法律变化、海关税变化等对合同价格调整的规定。

(4)合同双方风险的分担。即将工程风险在业主和承包商之间合理分配。基本原则是,通过风险分配激励承包商,控制风险,取得最佳经济效益。

(5)对承包商的激励措施。

(6)业主在工程施工中对工程的控制是通过合同实现的,合同中必须设计完备的控制措施,以保证对工程的控制,如变更工程的权利;对计划的审批和监督权利;对工程质量的检查权;对工程付款的控制权;当施工进度拖延时,令其加速的权利;当承包商不履行合同责任时,业主的处理权等。

五、承包商的合同策划

承包商的合同策划服从于承包商的基本目标和企业经营战略,同时考虑业主和其他参与方的众多因素,其合同策划主要内容如下。

(一)投标的选择

承包商必须就投标方向做出战略决策,其决策取决于市场情况。承包商投标方向的确定要最大限度地发挥自身的优势,符合其经营战略,但同时要量力而行,不要企图承包超过自己施工技术水平、管理能力和财务能力的工程及没有竞争力的工程。

(二)合同风险的评价

通常,若工程存在下述问题,则工程风险大:

(1)工程规模大、工期长,而业主要求采用固定总价合同形式。

(2)业主仅给出初步设计文件让承包商做标,图纸不详细、不完备,工程量不准确、范围不清楚,或合同中的工程变更赔偿条款对承包商很不利,但业主要求采用固定总价合同。

(3)业主将做标期压缩得很短,承包商没有时间详细分析招标文件,而且招标文件为外文,采用承包商不熟悉的合同条件。

(4)工程环境不确定性因素多,且业主要求采用固定价格合同。

(三)承包方式的选择

任何一个承包商都不可能独立完成全部工程,不仅是能力所限,还由于这样做也不经济。在总承包商投标前,它就必须考虑与其他承包商的合作方式,以便充分发挥各自在技术、管理和财力上的优势,并共担风险。其与其他承包商的合作可采用分包和联营承包的方式。

(四)合同执行战略

合同执行战略是承包商按企业和工程具体情况确定的执行合同的基本方针,主要考虑以下因素:

(1)企业必须考虑该工程在企业同期许多工程中的地位、重要性,确定优先等级。对重要的有重大影响的工程,如对企业信誉有重大影响的创品牌工程,大型、特大型工程,对企业准备发展业务的地区的工程,必须全力保证,在人力、物力、财力上优先考虑。

(2)承包商必须以积极合作的态度热情圆满地履行合同。在工程中,特别在遇到重大问题时积极与业主合作,以赢得业主的信赖,赢得信誉。例如,在中东,有些合同在签订后,或在执行中遇到不可抗力(如战争、动乱),按规定可以撕毁合同,但有些承包商理解业主的困难,暂停施工,同时采取措施,保护现场,降低业主损失。待干扰事件结束后,继续履行合同。这样不仅保住了合同,取得了利润,而且赢得了信誉。

(3)对明显导致亏损的工程,特别是企业难以承受的亏损,或业主资信不好,难以继续合作,有时不惜以撕毁合同来解决问题。有时承包商主动地中止合同,比继续执行一份合同的损失要小,特别当承包商已跌入"陷阱"中,合同不利,而且风险已经发生时。

(4)在工程施工中,由于非承包商责任引起承包商费用增加和工期拖延,承包商提出合理的索赔要求,但业主不予解决。承包商在合同执行中可以通过控制进度,直接或间接地表达履约热情和积极性,向业主施加压力和影响以求得合理的解决。

【例7-1】 单价合同案例。

工程概况:20世纪90年代末期,一世界银行贷款项目,工程位于南亚某国西南部,气候炎热潮湿,雨量充沛。该项目是60 km旧公路改造工程,业主为RHD公司,开工日期为1998年5月12日,工期365日,预付款为20%合同额,保留金为合同额的5%。本合同特点是不按物价调整的单价合同。承包人是中国某专业公司,为继续经营该国的公路承包市场,利用已进入该国的施工设备,投标时确定了"以低标价竞标,从合同管理中取得利润"的方针。

标前,该公司的现场投标人员了解到,"双层表处"是不适用于炎热潮湿而又多雨气候的地方,招标文件要求是"双层表处"。承包人将"双层表处"的单价设定为成本价,将基层、底基层的单价抬高,并将单价分析中的相应设备利润率作适当调整,以利设计变更时调价处于优势。

处理方法:在项目执行中,承包人用实际调查的大量资料,终于使业主同意取消"双层表处"，改为沥青混凝土路面结构。业主为了不突破投资，想以减少基层、底基层的数量来解决这个问题。但是，在合同条款中规定：变更的幅度如果超过总价的1%，且超过单项价格的25%，则承包人可以要求调整价格。由于投标人事先作了充分准备，在变更设计单价谈判中，始终处于主动地位、有利地位，最终承包人赢得了满意的合同单价。

案例分析：

该案例中，公路改造项目在招标文件推荐"双层表处"的面层结构，该项目地处雨水多、潮湿、炎热的南亚某国西南部，承包人在投标前已掌握了"双层表处"路面不适宜于该地区的资料，并且有说服业主改变路面结构设计。基于这种考虑，承包人在编标做价时将"双层表处"的单价降低，与此同时，将基层和底层的单价提高，结果承包人以低价中标。在执行合同中，承包人以详细而有说服力的实际调查资料去做业主的工作，业主最终采纳了承包人的建议，变更路面结构设计，承包人获得较好的收益。

该案例是承包人掌握了可靠、有说服力的技术资料，敢于冒一定风险，存在"变更设计"的可能性，但不等于就会变更。同时，在编制单价时又采取了不平衡报价，几种手段并用则取得理想的效果。

第二节　建设工程合同风险管理

一、风险概述

风险一般是指从事某项特定活动中因不确定性而产生的经济或者财务损失、自然环境破坏或者损伤的可能性。工程项目的风险是指在工程项目整个寿命周期内发生的、对工程建设项目目标(工期、成本和质量)的实现和生产运营可能产生干扰的不确定性影响，或可能导致项目受到损失或损害的事件。

大中型建设项目一般投资大、周期长，在工程建设和生产过程中充满风险，风险具有普遍性和不确定性。为此，加强风险管理工作对于提高工程项目的风险意识，掌握风险识别技术，开展风险评估与分析，及时防范和化解工程风险，对于提高建设管理水平和投资效益，都具有特别重要的意义。

对建设项目而言，风险具有随机性、复杂性和变动性。按照风险产生的原因可分为：

(1)政治风险。诸如政治不稳定，战乱，国家对外关系政策频频变动。

(2)经济风险。如国家经济政策的变化、国家经济发展状况、产业结构调整、银根紧缩、物价上涨、关税提高、外汇汇率波动、通货膨胀、金融风暴等。

(3)法律风险。如国内的法律修改，有些方面法律不完善。在国际工程中，东道国法律的健全程度、执法情况，以及双方对法律的理解不当和明显带有狭隘的地方保护主义色彩的法令规章制度都会给项目的实施带来风险。

(4)自然风险。如台风、地震、洪涝、干旱、恶劣反常的雨雪天气，以及难以探测的复杂的地质地貌。

(5)合同风险。合同条款的不完备性，合同履行过程中双方可能出现的一些纠纷等。

(6)社会风险。诸如宗教信仰的影响和冲击、社会治安的稳定性、社会的禁忌、劳动者的文化素质、社会风气等。此外,还有合作者的风险以及一些主观风险,如工作人员的不良企图或重大过失。

二、风险管理

工程项目施工的风险管理程序主要包括风险识别、风险估计、风险评价、风险决策及风险监测五个环节,这几个环节不断循环往复构成了一个有机的风险管理系统。下面就这几个环节分别陈述。

(一)风险识别

风险识别是对潜在的和客观存在的各种风险进行系统地、连续地识别和归类,并分析产生风险事故的原因的过程。其目的是帮助决策者发现风险和识别风险,为决策减少风险损失,提高决策的科学性、安全性和稳定性。风险识别包括收集资料、估计项目风险形势和根据直接或间接的症状识别潜在的风险。风险识别的主要方法有检查表法、头脑风暴法、流程图法、德尔菲法、SWOT分析法、幕景分析法、事件树法、事故树法等。

(二)风险估计

风险估计是对识别的风险源进行估计潜在损失的规模和损失发生的可能性,为确定风险管理对策的最佳组合提供依据。风险估计包括定性估计和定量估计。定性分析方法是运用风险估计者的知识、经验,理智地对工程项目风险作出主观判断的方法。常用的定性分析方法有集合意见法、德尔菲法、层次分析法和事故树分析法等。风险估计的定量分析法是根据过去实际的风险数据,运用统计方法和数学模型进行计算,对工程项目的风险做出定量估算。定量估计的方法有风险指数法、概率法、模糊论法等。两类方法结合在一起运用可以提高对工程项目管理风险事件预见的准确率。

(三)风险评价

风险评价是把风险发生的可能性、损失严重程度,结合其他因素综合起来考虑,得出项目发生风险的危害程度,再与风险的评价标准比较,确定项目的风险等级。然后根据项目的风险等级,决定是否需要采取控制措施,以及控制措施采取到什么程度。评价的主要步骤包括:确定风险评价标准,确定评价时的工程项目风险水平,将工程项目的风险水平与风险评价标准进行比较,确定其风险等级是否在可接受的范围之内。风险评价方法有定性和定量两大类。常用的风险评价方法包括:层次分析法、模糊数学法、敏感性分析法、道氏指数法、影响图法。

(四)风险决策

风险决策是指根据风险管理的目标和宗旨,合理选择风险管理工具,制定出处置风险的总体方案的活动,对项目风险提出处置意见和方法,尽可能把风险造成的损失降低到最低限度。风险决策的程序包括:确定风险管理目标,拟定风险处理方案,确定最佳风险处理方案进行风险回应。风险决策中风险回应的措施包括:风险回避、风险转移、风险降低、风险自留以及这些策略的组合。

1.风险回避

风险回避是指考虑到风险存在和发生的可能性,主动放弃或拒绝实施可能导致风险损失的方案。风险回避具有简单易行、全面彻底的优点,能将风险的概率降低到零,但回避风险的同时也放弃了获得收益的机会。

风险回避在签订合同前的谈判以及国际工程中的议标经常被用到。特别是对一些工程项目,利润率在激烈的竞争下可能很低,而且所涉及的政治地缘、经济或者自然环境复杂,项目所采用的施工技术又非本企业所长,这样的项目失败的概率极大,承包商可以选择风险回避而不参与投标。此外,在施工过程中,土石方工程施工避开梅雨季节,围堰工程施工避开洪水时期,都是风险回避的常见方式。

2. 风险转移

风险转移是通过合同或非合同的方式将风险转嫁给另一个人或单位的一种风险处理方式。风险转移并不能减少风险的危害程度,它只是使风险造成损失的承担发生转移。一般说来,风险转移的方式可以分为非保险转移和保险转移。

非保险转移是指通过订立经济合同,将风险以及与风险有关的财务结果转移给别人。在工程建设领域中,合同条款中风险责任界定就是明显的例证。

保险转移是指通过订立保险合同,将风险转移给保险公司(保险人)。个体在面临风险的时候,可以向保险人交纳一定的保险费,将风险转移。一旦预期风险发生并且造成了损失,则保险人必须在合同规定的责任范围之内进行经济赔偿。工程保险就是通过保险的方式转移风险,使得工程建设参与方在遇到重大意外损失时,可以通过获得保险公司的赔偿而使所受到的损失减免。虽然保险存在着许多优点,通过保险来转移风险是最常见的风险管理方式,但是需要指出的是,并不是所有的风险都能够通过保险来转移,可保风险必须符合一定的条件。

3. 风险降低

风险降低也称风险缓和,就是采取有效措施减轻损失发生时或者发生后的损失程度。降低风险的一种常用方法是风险分担。风险降低可采取的控制措施主要有:①事前对全体雇员(上至公司领导阶层,下至一线工人)进行培训教育并制定风险发生时候的应急措施;②事中进行紧急控制使损失最小化;③风险事件发生后做好善后处理及索赔工作并进行经验总结,力求制定更完善的风险管理系统。在工程实践中,特别是在地质构造复杂或者自然环境恶劣的情况下,对出现的紧急情况,我们必须努力使风险降到最小化。

4. 风险自留

风险自留也称为风险承担或者风险接受,是指企业自己非理性或理性地主动承担风险,即指一个企业以其内部的资源来弥补损失。主要针对那些发生后造成损失较小、重复性较高的风险。风险自留目前在发达国家的大型企业中较为盛行。

风险自留把项目风险保留在风险管理主体内部,通过采取内部控制措施等来化解风险或者对这些保留下来的项目风险不采取任何措施。风险自留与其他风险对策的根本区别在于:它不改变项目风险的客观性质,即既不改变项目风险的发生概率,也不改变项目风险潜在损失的严重性。

(五) 风险监测

风险监测是指通过对项目风险发展变化的观察和掌握,评估风险危险程度和风险处理策略和措施的效果,并针对出现的问题及时采取措施的过程。风险监测的主要内容有:工程项目风险处理措施是否按计划正在实施,是否像预期的那样有效,是否需要制定新的风险处理措施;工程项目风险的发展变化是否与预期的一致;已识别的风险哪些已经发生,哪些正在发生,哪些可能在后面发生;是否出现了新的风险因素和新的风险事件以及它们的发展变化趋势。工程项目风险监测方法主要有:审核检查法、横道图、S曲线法、控制图法、费用偏差分析和风险图表等。

第三节 工程担保与管理

一、工程担保概述

(一)工程担保的概念

工程建设领域存在很多风险,建设工程合同当事人一方为避免因对方违约或其他违背诚实信用原则的行为而遭受损失,往往要求另一方当事人提供可靠的担保,以维护建设工程合同双方当事人的利益。这种担保即为建设工程担保(以下简称工程担保),因此而签订的担保合同,即为工程担保合同。所谓建设工程担保合同,就是指义务人(发包人或承包人)或第三人与权利人(承包人或发包人)签订的,为保证建设工程合同全面、正确履行而明确双方权利义务关系的协议。

工程担保在国外已有100多年的历史,目前在国际上得到广泛的应用,成为控制建设工程风险的国际惯例,被称为"绿色担保"。作为建设工程管理体制改革的一项重要配套措施,早在1999年,建设部就将建立工程担保和工程保险作为工程风险管理制度列为深化改革的十项内容之一。2004年8月6日,建设部下发了《关于在房地产开发项目中推行建设工程合同保证担保的若干规定(试行)》(137号文)的通知,第一次对建设工程保证担保作了较为全面系统的规定,规定工程担保分为投标担保、业主工程款支付担保、承包商履约担保和承包商付款担保,工程的担保人应是银行金融机构、专业担保公司,工程建设合同担保的担保费可计入工程总价。

(二)工程担保的作用

工程担保的作用,集中体现在规范建设市场行为、提高从业者素质上。具体体现在以下几方面:①减少业主对工程款的拖欠。一旦业主拖欠或不给工程款,承包商可以直接从担保机构拿到工程款。②确保业主根本利益。在要求承包商提供履约担保的同时提供付款担保,使承包商按照合同支付供应商材料款、分包商工程款以及农民工工资等,从而减少工程纠纷。③遏止恶性竞争。推行工程担保,使那些实力强、信誉好的建设开发企业容易取得担保机构的担保,从而将一些依靠低于成本标价竞标的承包商过滤掉。④预防腐败。工程担保如果发挥了以上作用,最终会在建设市场起到预防腐败的作用。

工程建设管理的最终目标是保证工程质量和施工安全,保证工程建设的顺利完成。由于工程担保引入了第三方保证,因此可为上述目标的实现提供更加有力的保障,进而提高整个建设行业的水平。

二、工程投标担保

建设工程投标担保是指投标人在投标前或投标同时向招标人提供的保证担保,一般按招标文件要求规定进行。根据《工程建设项目施工招标投标办法》的规定,施工投标保证金的数额一般不得超过投标总价的2%,最高不得超过人民币80万元。投标保证金有效期应当超出投标有效期30天。投标人不按招标文件要求提交投标保证金的,该投标文件将被拒绝,做废标处理。

根据《工程建设项目勘察设计招标投标办法》的规定,招标文件要求投标人提交投标保证金的,保证金额一般不超过勘察设计投标报价的2%,最多不超过人民币10万元。国际上常见的投标担保的保证金为2%~5%。

(一)投标担保的形式

投标担保可以采用保证担保、抵押担保等方式,其具体的形式有很多种,通常有现金、保兑支票、银行汇票、现金支票、不可撤销信用证、银行保函、由保险公司或者担保公司出具投标保证书等几种。

(二)投标担保的作用

投标担保的主要目的是保护招标人不因中标人不签约而蒙受经济损失。投标担保要确保投标人在投标有效期内不要撤回投标书,以及投标人在中标后保证与业主签订合同并提供业主所要求的履约保函、预付款担保等。

投标担保的另一个作用是,在一定程度上可以起到筛选投标人的作用。

(三)担保的期限

投标担保的保函、保证书、保证金有效期应当超出投标有效期30天。不同的项目可以有不同的规定,具体应在招标文件中明确。

三、履约担保

(一)履约担保的概念

所谓履约担保,是指招标人在招标文件中规定的要求中标的投标人提交的保证履行合同义务和责任的担保。

履约担保的有效期始于工程开工之日,终止日期则可以约定为工程竣工交付之日或者保修期满之日。由于合同履行期限应该包括保修期,履约担保的时间范围也应该覆盖保修期,如果确定履约担保的终止日期为工程竣工交付之日,则需要另外提供工程保修担保。

(二)履约担保的形式

履约担保一般有三种形式:银行保函、履约担保书和保留金。保留金主要适用于保修期内的工程保修担保。

1. 银行保函

银行保函是由商业银行开具的担保证明,通常为合同金额的10%左右。银行保函分为有条件的银行保函和无条件的银行保函。

有条件的银行保函是在承包人没有实施合同或者未履行合同义务时,由发包人或监理工程师出具证明说明情况,并由担保人对已执行合同部分和未执行合同部分加以鉴定,确认后才能收兑银行保函,由招标人得到保函中的款项。建筑行业通常倾向于采用这种形式的保函。

无条件的保函是指在承包人没有实施合同或者未履行合同义务时,发包人不需要出具任何证明和理由。只要看到承包人违约,就可对银行保函进行收兑。

2. 履约担保书

履约担保书的担保方式是:当承包人在履行合同中违约时,开出担保书的担保公司或者保险公司用该项担保金去完成施工任务或者向发包人支付该项保证金。工程采用项目保证金提供担保形式的,其金额一般为合同价的 30% ～ 50%。承包人违约时,由工程担保人代为完成工程建设的担保方式,有利于工程建设的顺利进行,因此是我国工程担保制度探索和实践的重点内容。

3. 保留金

保留金是指发包人根据合同的约定,每次支付工程进度款时扣除一定数目的款项,作为承包人完成其修补缺陷义务的保证。保留金一般为每次工程进度款的 10%,但总额一般应限制在合同总价款的 5%(通常最高不得超过 10%)。一般在工程移交时,发包人将保留金的一半支付给承包人;质量保修期满一年(一般最高不超过两年)后 14 天内,将剩下的一半支付给承包人。

(三)履约担保的作用

履约担保在很大程度上促使承包商履行合同约定,完成工程建设任务,从而有利于保护业主的合法权益。一旦承包人违约,担保人要代为履约或者赔偿经济损失。

履约担保金额的大小取决于招标项目的类型与规模,但必须保证承包人违约时,发包人不受损失。在投标人须知中,发包人要规定使用哪一种形式的履约担保。承包人应当按照招标文件中的规定提交履约担保。没有按照上述要求提交履约担保的发包人将把合同授予次低标者,并没收投标保证金。

四、预付款担保

(一)预付款担保的含义

建设工程合同签订以后,发包人往往会支付给承包人一定比例的预付款,一般为合同金额的 10%,如果发包人有要求,承包人应该向发包人提供预付款担保。预付款担保是指承包人与发包人签订合同后领取预付款之前,为保证正确、合理使用发包人支付的预付款而提供的担保。

(二)预付款担保的形式

1. 银行保函

预付款担保的主要形式是银行保函。预付款担保的担保金额通常与发包人的预付款是等值的。预付款一般逐月从工程预付款中扣除,预付款担保的担保金额也相应逐月减少。承包人在施工期间,应当定期从发包人处取得同意此保函减值的文件,并送交银行确认。承包人还清全部预付款后,发包人应退还预付款担保,承包人将其退回银行注销,解除担保责任。

2. 发包人与承包人约定的其他形式

预付款担保也可由保证担保公司担保,或采取抵押等担保形式。

3. 预付款担保的作用

预付款担保的主要作用在于保证承包人能够按合同规定进行施工,偿还发包人已支付的全部预付金额。如果承包人中途毁约,中止工程,使发包人不能在规定期限内从应付工程款中扣除全部预付款,则发包人作为保函的受益人有权凭预付款担保向银行索赔该保函的担保金额作为补偿。

五、支付担保

(一)支付担保的概念

支付担保是指应承包人的要求,发包人提交的保证履行合同中约定的工程款支付义务的担保。

(二)支付担保的形式

支付担保通常采用银行保函、履约保证金、担保公司担保、抵押或者质押等形式。

发包人支付担保应是金额担保。实行履约金分段滚动担保。担保额度为工程总额的20%~25%。本段清算后进入下段。已完成担保额度、发包人未能按时支付的,承包人可依据担保合同暂停施工,并要求担保人承担支付责任和相应的经济损失。

(三)支付担保的作用

支付担保的主要作用是:通过对发包人资信状况进行严格审查并落实各项反担保措施,确保工程费用及时支付到位;一旦发包人违约,付款担保人将代为履约。

上述对工程款支付担保的规定,对解决我国建设市场上工程款拖欠现象具有特别重要的意义。

第四节　工程保险与管理

一、工程保险的概念和种类

工程保险是指通过工程参与各方购买相应的保险,将风险因素转移给保险公司,以求在意外事件发生时,其蒙受的损失能得到保险公司的经济补偿。在发达国家和地区,工程保险是工程风险管理采用较多的方法之一。

工程保险起源于 20 世纪 30 年代的英国。1929 年,英国对泰晤士河上兴建的拉姆贝斯大桥提供了建筑工程一切险保险,开创了工程保险的先例。英国也是最早制定保险法律的国家。第二次世界大战后,欧洲进行了大规模的恢复生产、重建家园的活动,使工程保险业务得到了迅速发展。一些国家组织在援助发展中国家兴建水利、公路、桥梁以及工业与民用建筑的过程中,也要求通过工程保险来提供风险保障。特别是在国际咨询工程师联合会(FIDIC)将其列入施工合同条款后,工程保险制度在许多国家都迅速发展起来。

保险通常分为三大类:人身保险(包括人寿保险、健康保险及伤害保险等)、财产保险(又分为财产损失险和责任保险)、信用保险与保证保险。作为工程保险,同这三类保险均有关。

工程保险又分为强制性保险和自愿性保险。所谓强制性保险,就是按照法律的规定,工程项目当事人必须投保的险种,但投保人可以自主选择保险公司。自愿性保险,则是根据自己的需要自愿参加的保险,其赔偿或给付的范围以及保险条件等,均由投保人与保险公司根据签订的保险合同确定。下面就国内外工程保险常见的种类进行简要介绍。

(一)建筑工程一切险

建筑工程一切险是对工程项目提供全面保险的险种。它既对施工期间的工程本身、施工机械、建筑设备所遭受的损失予以保险，也对因施工给第三者造成的人身、财产伤害承担赔偿责任(第三者责任险是建筑工程一切险的附加险)。被保险人包括业主、承包商、分包商、咨询工程师及贷款的银行等。如果被保险人不止一家，则各家接受赔偿的权利以不超过对保险标的可保利益为限。建筑工程一切险的保险率视工程风险程度而定，一般为合同总价的 0.2% ~0.6%。

建筑工程保险的保险责任期限一般采用工期保险单，即以工期的长短来作为确定保险责任期限的依据，由保险人承保从开工之日起到竣工验收合格的全过程。但对大型、综合性建筑工程，如有各个子工程分期施工的情况，则应分项列明保险责任的起讫期。根据建筑工程的种类和进程，可以将合同工程划分为以下几个时期：一是工程建造期，即从开工之日起至通过检验考核之日止；二是工程保证期，即从检验考核通过之日起至建筑合同规定的保险期满日止。保险人在承保时，可以只保一个责任期，也可以连同建筑工程保证期一并承保。

(二)安装工程一切险

安装工程一切险适用于以安装工程为主体的工程项目(土建部分不足总价 20% 的，按安装工程一切险投保；超过 50% 的，按建筑工程一切险投保；在 20% ~50% 之间的，按附带安装工程险的建筑工程一切险投保)，亦附第三者责任险。安装工程一切险的费率也要根据工程性质、地区条件、风险大小等因素而确定，一般为合同总价的 0.3% ~0.6%。

(三)雇主责任险和人身意外伤害险

雇主责任险，是雇主为其雇员办理的保险，以保障雇员在受雇期间因工作而遭受意外、导致伤亡或患有职业病后，将获得医疗费用、伤亡赔偿、工伤假期工资、康复费用以及必要的诉讼费用等。

人身意外伤害险与雇主责任险的保险标的相同，但两者之间又有区别：雇主责任险由雇主为雇员投保，保费由雇主承担；人身意外伤害险的投保人可以是雇主，也可以是雇员本人。雇主责任险和人身意外伤害险构成的伤害保险，在国际上通常为强制性保险。

(四)十年责任险和两年责任险

十年责任险和两年责任险属于工程质量保险，主要针对工程建成后使用周期长、承包商流动性大的特点而设立的，为合理使用年限内工程本身及其他有关人身财产提供保障。如法国的《建筑职责与保险》中规定，工程项目竣工后，承包商应对工程主体部分在十年内承担缺陷保证责任，对设备在两年内承担功能保证责任。保险公司为了不承担或少承担维修费用，将在施工阶段积极协助或监督承包商进行全面质量控制，以保证工程质量不出问题。承包商则为了声誉和少付保险费，也会加强质量管理，努力提高工程质量。

(五)职(执)业责任险

在国外，建筑师、结构工程师、咨询工程师等专业人士均要购买职(执)业责任险(亦称专业责任保险、职业赔偿保险或业务过失责任保险)，对因他们的失误或疏忽而给业主或承包商造成的损失,将由保险公司负责赔偿。如美国,凡需要承担职(执)业责任的有关人员,如不参加保险,就不允许执业。

二、工程保险的投保

(一)投保方式

常见投保方式包括建设项目业主统一安排投保和由承包商单独投保等。

建设项目业主统一安排投保的优点在于:通过统一安排保险,能够对整个建设项目的风险管理和风险转移有充分的控制权;建设项目业主自己办理,对保险费的支出和赔款的处置拥有充分的主动权;统一办理可防止保险多头办理造成的保障重复或保障脱节;如同"批发与零售"的关系,建设项目业主统一投保可以节约保险费支出;发生理赔案后,索赔简单,减少争议,可以充分保障建设项目业主的利益。其缺点在于:建设项目业主为安排保险需做大量事务性工作,消耗大量的精力。

由承包商单独投保的优点在于:建设项目业主指定由承包商出面投保,并在承包价中包括保险费预算,免除了建设项目业主的大量事务性工作,承包商自主性较强。其缺点在于:建设项目业主可能对工程保险的具体安排失去控制,如保险保障是否全面、不了解承包商与保险人所确定的具体条件等;承包商也可能会通过选择资信较差的保险公司、降低保险金额、减少保险责任的方法以节约开支,致使工程项目得不到切实和充分的保险保障。

(二)保险公司的选择

对于较大的工程项目,所涉及的保险金额大,往往成为许多保险公司营业的目标,面对众多的保险公司进行选择时,应该考虑以下因素:①保险公司的资信能力。一般来讲,工程保险所承保建设项目具有规模宏大、技术复杂、造价昂贵和风险期限较长等诸多特点,对保险公司在承保及理赔方面的技术要求均较高。为保障被保险人的利益,国家对保险公司的承保能力和范围都作了明确的规定,应当根据工程的规模选择与其承包能力相适应的保险公司。②保险公司的信誉。应调查了解保险公司的信誉,看其是否有违约事件,或者保险业务中止的可能。③业主所在国家对工程投保的规定。有些工程,业主所在国家没有限制性规定的,应争取在国内投保;对方限制十分严格的,可争取该国保险公司与中国人民保险公司联合承保,或由中国人民保险公司进行分保;还有一种是以所在国家的一家保险公司名义承保,而实际全部由中国人民保险公司承保,当地保险公司充当中国人民保险公司的前方代理,仅收取一定的佣金。特别是由中国人民保险公司与当地保险公司联合承保时,中国人民保险公司更可以承担赔偿责任,避免外国保险公司推卸责任。

(三)保险合同的办理

在保险合同的办理中,应做好以下几个方面的工作:

(1)如实准确地填报保险公司的调查报表。

(2)在办理保险手续填报工程情况时应严肃认真,绝不能为了争取降低保险费率而隐瞒情况;否则,一旦发生事故,保险公司将全部或部分推卸责任。

(3)分析研究保险合同条款,对保险条款,涉及保险范围、除外责任、保险期、保险金额、免赔额、保险费、被保险人义务、索赔、赔款、争议和仲裁等内容在签约前双方进行详细探讨,并逐条修改或补充,取得共同一致意见。

(四)事故预防与工程保险的索赔

工程建设过程中,要重视对被保险人的教育,要积极预防事故并防止其扩大。对于一些大型的项目所涉及的保险金额高,保险公司应会同投保人不定期地进行现场实地查看,提出防止灾害事故的措施,并与投保人共同研究探讨事故预防和控制的方法和手段,在条件允许的条件下投保人应该将这些合理化的建议和措施付诸实施。

一旦发生工程事故,投保人应立即通知保险公司,采取积极有效的措施组织抢救,并向有关部门报案(行政主管部门、业主、监理单位、消防部门、公安部门),对现场及有关损失数据进行保护,以便保险公司及时准确了解损失情况。这些措施只要是合理而有效的,往往也可以得到保险公司的赔偿,这也为后续的顺利进行工程保险索赔做好准备。

【例7-2】 风险管理——利用保险减少风险损失案例。

工程项目概况:上海轨道交通四号线又称明珠线二期工程,南起铁路上海站,北至外环线,全长22.3 km。上海轨道交通4号线项目由平安保险公司、中国人民保险公司、太平洋保险公司及大众保险公司4家保险公司共同承保建筑安装工程一切险及第三者责任险,其中平安保险为首席承保公司,第三者责任险部分每次事故总赔偿额为5 000万元。保险期限与建筑期相同,即从2000年12月16日至2004年年底工程项目竣工验收之日止,同时保单还扩展部分附加条款。4家保险公司在承保后,均按照规定采取了分保等手段,且大部分分保给了国际知名的再保险公司,总投保额为56.46亿元。

事故发生情况:2003年7月1日凌晨,上海轨道交通4号线——浦东南路至南浦大桥区间隧道,在用一种叫"冻结法"的工艺进行上、下行隧道的联络通道施工时,突然出现渗水,导致施工中的两条隧道区间进水变形,施工区域内万余米地面沉降,地面两幢高层建筑倾斜并倒塌,临近黄浦江30 m防汛墙坍塌。

理赔情况:事故发生后,4家保险公司由平安保险牵头及时组成理赔日常工作小组和领导小组,与上海市抢险指挥部保持密切联系,了解情况,搜集资料,依法快速稳妥地处理理赔工作,包括对受损标的的情况进行排摸以及分析保险责任、核定损失。2005年10月12日,最终的理算报告得到保险人和再保人的认可后,保险双方正式签署最终赔付协议,赔付赔款超过5亿元,事故给上海轨道交通4号线的损失,以及造成的地面建筑的损害都得到了一定的赔偿,也标志着备受瞩目的国内最大的工程保险理赔案顺利结案。

本章小结

本章介绍了几个类型的建设工程合同计价方式,并阐述了各自的特点和适用情况,在此基础上讲述了业主和承包商的合同的策划;在涉及合同风险管理上,我们对风险管理的相关理念进行了介绍,陈述了风险管理的各个环节,详细介绍了工程担保制度和工程保险的管理。

工程合同按计价方式不同可分为总价合同、单价合同、成本加酬金合同。不同的合同计价方式,业主与承包商所承担的风险不同,其适用的范围也不同。合同类型的选择与设计深度、工程项目的规模和复杂程度、工期进度要求、工程施工现场、场地周围环境、技术水平、项目管理等许多因素有关。

工程在实施过程中存在着很多不确定性因素，这些不确定因素可能导致项目效益降低或项目失败，这些不确定性因素称之为工程项目风险。减少风险所带来的损失，必须进行风险管理。风险管理的主要内容有：风险识别、风险估计与风险评价、风险决策、风险监测。

工程担保与工程保险都是为防止或减少工程项目风险所带来的损失的措施。工程担保主要有工程投标担保、履约担保、预付款担保、支付担保。工程保险又分为强制性保险和自愿性保险。国内外工程保险常见的种类有：建筑工程一切险、安装工程一切险、雇主责任险和人身意外伤害险、十年责任险和两年责任险、职（执）业责任险。

【小知识】　　　　　　　　国外工程担保人的主要模式

在国际上，担保人大体上有如下几种模式：①由银行充当担保人，出具银行保函（Bank Guarantee）。银行保函是银行向权利人签发的信用证明。若被担保人因故违约，银行将付给权利人一定数额的赔偿金。银行保函是欧洲传统的担保模式，现已被大多数国家所采用。②由保证保险公司或专门的担保公司充当担保人，开具担保书（Surety Bond）。美国是这种"美式担保"的主要国家。在美国，法律规定银行不能提供担保，90%以上的工程担保由保证保险公司（保险公司有3 000多家，大多设有担保部）承担；保证保险公司和专门的担保公司都由财政部批准。专门的担保公司一般规模都不大，按资金实力实行分等级担保。③由一家具有同等或更高资信水平的承包商作为担保人，或者由母公司为其子公司提供担保。如日本的《建设业法》规定：发包人在建设工程承包合同中，如果工程价款全部或部分以预付款形式支付，可要求建设业者在预付款支付之前提供保证人担保。保证人必须具备下列条件之一：一、建设业者不履行义务时承担支付延误利息、违约金及其他经济损失的保证人；二、保证代替建设业者由自己完成该工程的其他建设业者。④"信托基金"模式，即业主将一笔信托基金交受托人保存，并签订信托合同。若业主因故不能支付工程款，则承包商可从受托人那里得到相应的损失赔偿。

复习思考题

7-1　合同计价方式有哪些？分别有哪些特点和适用于哪些情况？

7-2　业主的合同策划应注意什么？试举例说明。

7-3　承包商的合同策划应注意什么？试举例说明。

7-4　试述工程担保的形式种类及其各自的特点。

7-5　履约担保有哪些形式？履约担保的作用有哪些？

7-6　什么是建筑工程一切险？试举例说明其特点。

7-7　什么是安装工程一切险？试举例说明其特点。

7-8　试述工程保险投保程序，并说明应注意哪些问题。

7-9　某施工单位根据领取的某2 000 m² 两层厂房工程项目招标文件和全套施工图纸，采用低报价策略编制了投标文件，并获得中标。该施工单位于某年某月与建设单位签订该工程项目的固定总价合同，工期为8个月。试问该合同形式是否合适？

第八章　国际工程合同条件

【职业能力目标】

通过本章的学习,了解国际工程的概念,熟悉国际工程合同的类型及基本内容,掌握FIDIC土木工程合同管理的基本内容和管理方法,使学生初步具备国际工程合同管理的能力。

【学习要求】

了解国际通用合同条件,熟悉FIDIC土木工程施工合同条件的文本结构,风险责任,工程师颁发证书的程序及FIDIC土木工程施工合同条件下质量控制、投资控制、进度控制的有关规定。

第一节　常用的国际工程合同条件简介

中国加入世界贸易组织(简称"WTO")后,建设市场将会逐步向国际承建商开放,而中国的建筑企业亦会越来越多地参与海外建设市场的项目。因此,国际工程通用的合同条件将会更加广泛地被中国建筑企业采用。国际咨询工程师联合会菲迪克(FIDIC)红皮书、黄皮书、橙皮书和银皮书,美国建筑师学会制订发布的"AIA系列合同条件",英国土木工程师学会编制的"ICE合同条件"通常用于世界各国的国际工程承包领域。

一、FIDIC合同条件

(一)FIDIC合同条件概述

1. FIDIC简介

"FIDIC"是国际咨询工程师联合会(Federation International DesInginieurs Conseils)的法文名称缩写。该联合会是被世界银行和其他国际金融组织认可的国际咨询服务机构,总部设在瑞士洛桑。它下设四个地区成员协会:亚洲及太平洋地区成员协会(ASPAC)、欧洲共同体成员(CEDIC)、亚非洲成员协会集团(CAMA)和北欧成员协会集团(RINORD)。

FIDIC是欧洲三个国家的咨询工程师协会于1913年成立的,目前已发展到世界各地60多个国家和地区,成为全世界最有权威的工程师组织。它的成员每个国家只有一个,中国于1996年正式加入。FIDIC下设许多专业委员会,各专业委员会编制了用于国际工程承包合同的许多规范性文件,被FIDIC成员国广泛采用,并被FIDIC成员国的雇主、工程师和承包商所熟悉,现已发展成为国际公认的标准范本,在国际上被广泛采用。

2. FIDIC合同条件

FIDIC合同条件(FIDIC土木工程施工合同条件)就是国际上公认的标准合同范本之一。由于FIDIC合同条件的科学性和公正性而被许多国家的雇主和承包商接受,又被一些国家政府和国际性金融组织认可,被称做国际通用合同条件。FIDIC 合同条件是由国际工程师联合会(FIDIC)和欧洲建筑工程委员会在英国土木工程师学会编制的合同条件(即 ICE 合同条件)的基础上制定的。

FIDIC 合同条件有如下几类:一是雇主与承包商之间的缔约,即《FIDIC 土木工程施工合同条件》,因其封皮呈红色而取名"红皮书",有 1957 年、1969 年、1977 年、1987 年、1999 年五个版本,1999 年新版"红皮书"与前几个版本在结构、内容方面有较大的不同;二是雇主与咨询工程师之间的缔约,即《FIDIC/咨询工程师服务协议书标准条款》,因其封面呈银白色而被称为"白皮书",最近版本是 1990 年版;三是雇主与电气/机械承包商之间的缔约,即《FIDIC 电气与机械工程合同条件》,因其封面呈黄色而得名"黄皮书",1963 年出了第一版"黄皮书",1977 年、1987 年出两个新版本,最新的"黄皮书"版本是 1999 年版;四是其他合同,如为总承包商与分包商之间缔约提供的范本,《FIDIC 土木工程施工分包合同条件》,为投资额较小的项目雇主与承包商提供的《简明合同格式》,为"交钥匙"项目而提供的《EPC 合同条件》。上述合同条件中,"红皮书"的影响尤甚,素有"土木工程合同的圣经"之誉。

(二)FIDIC 合同的运用

1. 国际金融组织贷款和一些国际项目直接采用

在世界各地,凡是世界银行、亚洲开发银行贷款的工程项目以及一些国家的工程项目招标文件中,都全部采用 FIDIC 合同条件。在我国,凡是亚洲开发银行贷款施工类型的项目,全文采用 FIDIC 合同条件,一些世界银行贷款项目也采用 FIDIC 合同条件,如我国的小浪底水利枢纽工程。

2. 对比分析采用

许多国家都有自己编制的合同条件,但这些合同条件的条目、内容和 FIDIC 合同条件大同小异,只是处理问题的程序以及风险分担方面有所不同。FIDIC 合同条件在处理业主和承包商的风险分担和权利义务时是比较公正的,各项程序是比较严谨完善的。

3. 合同谈判时采用

因为 FIDIC 合同条件是国际权威性的文件,在招标过程中,如承包商感到招标文件有规定明显不合理或不完善的,可以用 FIDIC 合同条件作为"国际惯例",在合同谈判时要求对方修改或补充某些条款。

4. 局部选择采用

当咨询工程师协助业主编制招标文件时,或是总承包商编制分包项目招标文件时,可以局部选择 FIDIC 合同条件中的某些部分、条款、思路、程序或某些规定;也可以在项目实施过程中借助于某些思路或程序去处理遇到的实际问题。

二、美国 AIA 系列合同条件

AIA 是美国建筑师学会(The American Institute of Architects)的简称。该学会作为建筑师的专业社团已经有近 140 年的历史,成员总数达 56 000 名,遍布美国及全世界。AIA 出版的系列合同文件在美国建筑业界及国际工程承包界,特别在美洲地区具有较高的权威性,应用广泛。

AIA 系列合同文件分为 A、B、C、D、G 等系列,其中 A 系列是用于业主与承包商的标准合同文件,不仅包括合同条件,还包括承包商资格申报表、保证标准格式;B 系列主要用于业主与建筑师之间的标准合同文件,其中包括专门用于建筑设计、室内装修工程等特定情况的标准合同文件;C 系列主要用于建筑师与专业咨询机构之间的标准合同文件;D 系列是建筑师行业内部使用的文件;G 系列是建筑师企业及项目管理中使用的文件。

AIA 系列合同文件的核心是"一般条件"(A201)。采用不同的工程项目管理模式及不同的计价方式时,只需选用不同的"协议书格式"与"一般条件"即可。如 AIA 文件 A101 与 A201 一同使用,构成完整的法律性文件,适用于大部分以固定总价方式支付的工程项目;再如 AIA 文件 A111 和 A201 一同使用,构成完整的法律性文件,适用于大部分以成本补偿方式支付的工程项目。

AIA 文件 A201 作为施工合同的实质内容,规定了业主与承包商之间的权利、义务及建筑师的职责和权限,该文件通常与其他 AIA 文件共同使用,因此被称为"基本文件"。

1987 年版的 AIA 文件 A201《施工合同通用条件》共计 14 条 68 款,主要内容包括:业主、承包商的权利与义务,建筑师与建筑师的合同管理,索赔与争议的解决,工程变更,工期,工程款的支付,保险与保函,工程检查与更正的其他条款。

三、英国 ICE 合同条件

ICE 是英国土木工程师学会(The Institution of Civil Engineers)的简称。该学会是设于英国的国际性组织,拥有会员 8 万多名,其中 1/5 在英国以外的 140 多个国家和地区。该学会已有 180 年的历史,已成为世界公认的学术中心、资质评定组织及专业代表机构。ICE 在土木工程建设合同方面具有高度的权威性,它编制的土木工程合同条件在土木工程建设中具有广泛的应用。

1991 年 1 月第六版的《ICE 合同条件(土木工程施工)》共计 71 条 109 款,主要内容包括:工程师及工程师代表,转让与分包,合同文件,承包商的一般义务,保险,工艺与材料质量的检查,开工、延期与暂停,变更、增加与删除,材料及承包商设备的所有权,计量,证书与支付,争端的解决,特殊用途条款,投标书格式。此外,ICE 合同条件的最后也附有投标书格式、投标书格式附件、协议书格式、履约保证等文件。

四、亚洲地区使用的合同

(一)香港地区使用的合同

在香港,政府投资工程主要有两个标准合同文本,即香港政府土木工程标准合同和香港政府建筑工程标准合同。这两种标准合同的主要内容有:承包商的责任和义务,材料和工艺要求,合同期限和延期规定,维护期和工程缺陷,工程变化量和价值的计量,期中付款,违约责任,争议的解决。这两种合同都规定,承包商在某些情况下(如天气恶劣,工程量大幅度增加等),可申请延长工期,在获批准后有权要求政府给予费用上的补偿。而私人投资工程则采用英国皇家特许测量师学会(香港分会)的标准合同。该合同除有明确的通用条款外,还有些根据法院诉讼经验而订立的默示条款(如甲方需与承包商合作,在不影响按期完工的前提下,为承建商准备好主要合同工程的场地,以便其安装设备;甲方不得阻止或干涉承建商按合同规定进行的施工等）。这些条款暗中给予承包商一种权利，使之在甲方违约的情况下可以索赔。

（二）日本的建设工程承包合同

日本的建设工程承包合同的内容规定在《日本建设业法》中。该法的第三章"建设工程承包合同"规定，建设工程承包合同包括以下内容：工程内容，承包价款数额及支付，工程及工期变更的经济损失的计算方法，工程交工日期及工程完工后承包价款的支付日期和方法，当事人之间合同纠纷的解决方法等。

（三）韩国的建设工程合同

韩国的建设工程承包合同的内容也规定在国家颁布的法律即《韩国建设业法》中。该法第三章"承包合同"规定，承包合同有以下内容：建设工程承包的限制；承包额的核定；承包资格限制的禁止；概算限制；建设工程承包合同的原则；承包人的质量保障责任；分包的限制；分包人的地位，分包的价款的支付，分包人的变更的要求，工程的检查和交接等。

第二节　FIDIC 施工合同条件

一、施工合同条件的文本结构

1999 年版 FIDIC 新红皮书《施工合同条件》是 1987 年版红皮书《土木施工合同条件》的最新修订版，适用于单价与子项包干混合式建设工程或土木工程合同。其第一部分"通用条件"（General Conditions）包括 20 章、163 款，论述了 20 个方面的问题，其中包括：一般规定，雇主，工程师，承包商，指定分包商，员工，生产设备、材料和工艺，开工、误期和暂停，竣工检验，雇主接收，缺陷责任，测量和估价，变更和调整，合同价格和付款，由雇主终止，由承包商提出暂停和终止，风险责任保险，不可抗力，索赔、争端和仲裁。

在"通用条件"后面是"专用条件编写指南"（Guidabce for Preparation of Particular Conditions），仍旧以上述 20 个方面为顺序，FIDIC 就最有可能进行修改的措辞以范例形式给出推荐的表达方式。附件包括 7 个保函格式范本：母公司保函范例格式、投标保函范例格式、履约担保保函格式、担保保证范例格式、预付款保函范例格式、保留金保函范例格式和雇主支付保函范例格式。最后是投标函、合同协议书和争端裁决书格式。

（1）合同协议书。雇主发出中标函 28 日内，接到承包商提交的有效履约保证后，双方签署的法律性标准化格式文件。

（2）中标函。雇主签署对投标书的正式接收函，可能包含作为备忘录记载的合同签订前谈判时可能达成一致并共同签署的补遗文件。

（3）投标函。承包商填写并签字的法律性投标函和投标函附录，包括报价和对招标文件及合同条款的确认文件。

（4）合同专用条件。结合工程所在国、工程所在地和工程本身情况，对通用条款的说明、修正、增补和删减，即专用条款。所以，通用条款和专用条款组成一个适合某一特定国家和特定工程的完整合同条件。专用条款和通用条款的条号是一致的，但条号是间断的，并用专用条款解释通用条款。

（5）合同通用条件。

（6）规范。规范是合同的一个重要组成部分，它的功能是对雇主招标的项目从技术方面进行详细描述，提出执行过程中的技术标准、程序等。

（7）图纸。一般情况下所附图纸达到工程初步设计深度即可满足招标工作的要求。

（8）资料表以及其他构成合同的文件。资料表包括由承包商填写并随投标函一起提交的文件，包括工程量表、数据、费率/单价表等。

组成合同的各个文件之间是可以相互解释的，在解释合同时即按照上面的顺序确定合同文件的优先次序。同时，若文件之间出现模糊不清或发现不一致的情况，工程师应给予必要的澄清和指示。

二、合同中部分重要词语含义

（一）合同履行中涉及的几个阶段的概念

1. 基准日期

基准日期指递交投标书截止日期前 28 日的日期。这是 FIDIC 文件中出现的一个新定义，规定这个定义的意义主要在于以下两点：

（1）据此确定投标报价所使用的货币与结算使用货币之间的汇率。

（2）确定因工程所在国法律法规变化带来风险的分担界限。基准日期之后工程所在国法律发生变化给承包商带来的损失，承包商可主张索赔。

2. 合同工期

合同工期是指所签合同内注明的完成全部工程或分步移交工程的时间，加上合同履行过程中因非承包商应负责原因导致变更和索赔事件发生后，经工程师批准顺延工期之和。合同内约定的工期指承包商在投标书附录中承诺的竣工时间。合同工期的日历天数作为衡量承包商是否按合同约定期限履行施工义务的标准。

3. 施工期

工程师按合同约定发布的"开工令"中指明的应开工之日起，至工程移交证书注明的竣工日止的日历天数为承包商的施工期。用施工期与合同工期比较，判定承包商的施工是提前竣工、还是延误竣工。

4. 缺陷责任期

缺陷责任期即是国内施工文本所指的工程保修期，自工程移交证书中写明的竣工日开始，至工程师颁发解除缺陷责任证书为止的日历天数。尽管工程移交前进行了竣工检验，但只证明承包商的施工工艺达到了合同规定的标准。设置缺陷责任期的目的是考验工程在动态运行条件下是否达到了合同中技术规范的要求。因此，从开工之日起至颁发解除缺陷责任证书日止，承包商要对工程的施工质量负责，合同缺陷责任期应在专用条件内具体约定。次要部位工程通常为半年，主要工程及设备大多为一年。

5. 合同有效期

合同有效期是指自合同签字日起至承包商提交业主的"结清单"生效日止，施工合同对业主和承包商均具有法律效力。颁发解释缺陷责任证书只表示承包商的施工义务终止,合同约定的权利义务并未完全结束,还剩有管理和结算等手续。结清单生效指业主已按工程师签发的最终支付证书中的金额付款,并退还承包商的履约保函。结清单一经生效,承包商在合同内享有的索赔权利也自行终止。

(二)合同双方的人员

1. 雇主

国内称为业主,指投标附录中指定为雇主的当事人或此当事人的合法继承人。FIDIC合同明确规定属于雇主方的人员包括:工程师;工程师助理人员;工程师和雇主的雇员,包括职员和工人;工程师和雇主通知承包商的为雇主方工作的那些人员。

从此定义可看出,FIDIC首次明确将工程师列为雇主人员,从而改变了工程师这一角色的"独立性"和淡化了"公正无偏"的性质。

2. 承包商和承包商代表

承包商是指雇主收到投标函中指明为承包商的当事人(一个或多个)及其合法继承人。承包商的人员包括承包商代表以及为承包商在现场工作的一切人员。

承包商应在开工日期前任命承包商代表,授予他必需的一切权利,由他全权代表承包商履行合同并授受工程师的指示。

3. 工程师

工程师指雇主为合同之目的指定作为工程师工作并在投标函附录中指明的人员,或由雇主按合同规定随时指定并通知承包商的其他人员。

FIDIC编制的1999年第1版《施工合同条件》中,不再强调工程师处于独立的第三方,而指明工程师是雇主人员,但其前提是由合同当事人共同推荐组成争端裁决委员会(DAB)。当工程师的决定有一方不同意时,提交DAB处理。

(三)指定分包商

所谓指定分包商是由雇主(或工程师)指定、选定完成某项特定工作内容并与承包商签订分包合同的特殊分包商。合同条款规定,雇主有权将部分工程项目的施工任务或涉及提供材料、设备、服务等工作内容发包给指定分包商实施。指定分包商的支付由暂定金额中开支,但通过承包商支付。

指定分包商对承包商承担分包的有关项目的全部义务和责任。指定分包商还应保护承包商免受由于他的代理人、雇员、工人的行为,违约或疏忽造成的损失和索赔责任。

指定分包商在得到支付方面比较有保证,即如承包商无正当理由扣留或拒绝按分包合同的规定向指定分包商进行支付时,业主有权根据工程师的证明直接向该"指定分包商"进行支付,并从业主向承包商的支付中扣回。

三、风险责任的划分

(一)业主应承担的责任

合同履行过程中可能发生的某些风险是有经验的承包商在准备投标时无法合理预见的,就业主而言,不要求承包商在其报价时计入这些不可合理预见的损害补偿费,以取得有竞争性的合理报价。合同履行过程中发生此类风险事件后,按承包商的实际影响予以补偿。

1. 合同条件规定的业主风险

通用条件中规定的属于业主的风险包括：①战争、敌对行为、入侵、外敌行动；②叛乱、革命、暴动或军事政变、篡夺政权或内战；③核爆炸、核废料、有毒气体的污染等；④超音速或亚超音速飞行物产生的压力波；⑤暴乱、骚乱或混乱，但不包括承包商、分包商的雇员因执行合同而引起的行为；⑥因业主在合同规定以外，使用或占用永久工程的某一区段或某一部分而造成的损失或损害；⑦业主提供的设计不当造成的损失；⑧一个有经验承包商无法预测和防范的任何自然力作用。

前五种风险是业主和承包商都无法预测、防范和控制的事件，损害的后果又很严重，因此合同条件又进一步将它们定义为特殊风险。因特殊风险事件发生导致合同履行被迫终止时，业主应对承包商受到的实际损失（不包括利润损失）给予补偿。

2. 其他不能合理预见的风险

（1）如遇到现场气候条件以外的外界条件或障碍影响了承包商按预定计划施工，经工程师确认该事件是有经验的承包商无法合理预见的情况，则承包商实际施工成本的增加和工期的损失应得到补偿。

（2）汇率变化对支付外币的影响。

（3）法令、政策变化对工程成本的影响。

（二）承包商应承担的风险

施工合同的当事人是业主和承包商，因此合同履行过程中发生的应由业主承担的风险以外的各种风险事件，均由承包商承担。

四、工程师颁发证书的程序

（一）颁发工程移交证书

工程移交证书在合同管理中有重要作用：一是证书中指明的竣工日期，将用于判定承包商应承担拖期违约赔偿责任，还是可获得提前竣工的奖励；二是颁发证书日，即为对已竣工工程照管责任的转移日期。

1. 颁发工程移交证书的程序

工程施工达到了合同规定的"基本竣工"要求后，承包商以书面形式向工程师申请颁发移交证书，同时附上一份在缺陷责任期内及时完成任何未尽事宜的书面保证。工程师接到承包商的申请后 21 天内，如果认为已满足竣工条件，即可颁发移交证书；若不满足，则应书面通知承包商，指出还需要完成哪些工作后才达到基本竣工条件。承包商按指示完成相应工作并被工程师认可后，不需再次申请颁发证书，工程师应在指示工作最后一项完成后 21 天内主动签发证书。

工程移交证书应说明以下主要内容：①确认工程已基本竣工；②注明达到基本竣工的具体日期；③详细列出按照合同规定承包商在缺陷责任期内还需完成工作项目一览表。

如果合同约定工程不同区段有不同竣工日期时，每完成一个区段均应按上述程序颁发部分工程的移交证书。

2. 特殊情况下证书的颁发程序

（1）业主提前占用工程。工程师应及时颁发工程移交证书，并确认业主占用日为竣工日。提前占用或使用,表明该部分工程已达到竣工要求,对工程的照管责任也相应转移给业主。但承包商对该部分的质量缺陷仍负有责任,在缺陷责任期内出现施工质量问题还属于承包商的责任。

(2)因非承包商原因导致不能进行规定的竣工检验。有时也会出现施工已达到竣工条件,但由于不应由承包商负责的主观原因或客观原因不能进行竣工检验。如果等条件具备进行竣工检验后再颁发移交证书,既会因推迟竣工时间而影响到对承包商是否按期竣工的合理判定,也会产生在这段时间内对该部分工程使用和照管责任不明。针对此种情况,工程师应以本该进行检验日签发工程移交证书,将这部分工程移交给业主照管和使用。

(二)颁发解除缺陷责任书

设置缺陷责任期的目的是检验已竣工的工程在运行条件下施工质量是否达到合同规定的要求。缺陷责任期内,承包商的义务主要表现在两个方面:一是按工程师颁发移交证书时开列的后续工作一览表,完成承包范围内的全部工作;二是对工程运行过程中发现的任何缺陷,按工程师的指示进行修复工作,以便缺陷责任期满时将符合合同约定条件的工程进行最终移交。

缺陷责任期内工程圆满地通过运行考验,工程师应在期满后 28 天内,向业主签发解除承包商承担缺陷责任的证书,并将副本送交承包商。解除缺陷责任证书是承包商已按合同规定完成全部施工义务的证明,因此该证书颁发后工程师就无权指示承包商进行任何施工工作,承包商即可办理最终结算手续。业主在证书颁发后 14 天内,退还承包商的履约保证书。

缺陷责任期满时,如果工程师认为还存在影响工程运行或使用的较大缺陷时,可以延长缺陷责任期,推迟颁发证书;若剩余的工作无足轻重,则可以书面指示承包商必须在期满后 14 天内完成,而后颁发证书。

五、对工程质量的控制

工程项目质量是工程项目所在地国家现行的有关法律、法规、技术标准、设计文件及工程合同中对工程的安全、使用、经济、美观等特性的综合要求。工程项目一般都是按照合同条件承包建设的,因此工程项目质量是在"合同环境"下形成的。合同条件中对工程项目的功能、使用价值及设计、施工质量等的明确规定都是业主的"需要",因而都是质量的内容。

在 FIDIC 合同条件下,工程项目质量控制可以按其实施者不同,主要包括以下两方面。

(一)业主方面的质量控制

主要通过工程师进行的质量控制,其特点是外部的、横向的控制。

(1)帮助承包商正确理解设计意图,负责有关工程图纸的解释、变更和说明,发出图纸变更命令,提供新的补充图纸,在现场解决施工期间出现的设计问题。根据合同要求,承包商进行部分永久工程的设计或要求承包商提交施工详图,对这些图纸,工程师均应审核批准,处理因设计图纸供应不及时或修改引起的拖延工期及索赔等问题。

(2)负责提供原始基准点、基准线和参考标高,审核检查并批准承包商的测量放样结果。

（3）监督承包商认真贯彻执行合同中的技术规范、施工要求和图纸上的规定，以确保工程质量能满足合同要求。制定各类对承包商进行施工质量检查的补充规定，或审查、修改和批准由承包商提交的质量检查要求和规定。及时检查工程质量，特别是基础工程和隐蔽工程。指定试验单位或批准承包商申报的试验单位，检查批准承包商的各项实验室及现场试验成果。及时签发现场或其他有关试验的验收合格证书。

（4）严格检查材料、设备质量，批准和检查承包商的定货（包括厂家，货物样品、规格等），指定或批准材料检验单位，检查或抽查进场材料和设备（包括配件，半成品的数量和质量）。

（二）承包商方面的质量控制

其特点是内部的、自身的控制。

检验工程质量的标准是合同中的规范和图纸中的规定。承包商应制定各种有效措施保证工程质量，并且在需要时，根据工程师的指示，提出有关质量检查方法的建议，经工程师批准后执行。承包商应负责接受工程进度及工艺要求进行各项有关现场及实验室的试验，所有试验成果均须报工程师审核批准，但承包商应对试验成果的正确性负责。承包商应负责施工放样及测量。所有测量原始数据、图纸均须经工程师检查并签字批准，但承包商应对测量数据和图纸的正确性负责。

在订购材料之前，如工程师认为需要时，应将材料样品送工程师审核，或将材料送至工程师指定的实验室进行检验，检验成果报请工程师审核批准。对进场材料承包商应随时抽样检验质量。

承包商应按合同要求，负责设备的采购检验、运输、验收、安装调试以及试运行。

如果工程师认为材料或工程设备有缺陷或不符合合同规定时，可拒收并要求承包商采取措施纠正；工程师也有权要求将不合格的材料或设备运走并用合格产品替换，或要求将之拆除并适当地重新施工。如果承包商拒不执行这些要求将构成违约。

承包商应根据合同规定或工程师的要求，进行全部或部分永久工程的设计或绘制施工详图，报工程师批准后实施，但承包商应对所设计的永久工程负责。

如果工程按批准的设计图纸施工后暴露出设计中的问题，在工程师要求时，承包商应拆除并重新施工，否则会构成违约。

【例8-1】 关于质量控制——放样中承包商责任案例。

某工程公司承包了一房屋建设工程，合同文本采用FIDIC1999年第一版《施工合同条件》。合同中规定工程师应根据设计图纸的要求，向承包商准确地交桩。工程师在现场进行交桩时，双方均未作书面记录，但该公司在遵照工程师口头指定的基桩进行施工时，却发生了较大偏差。尽管交桩是在工程师在现场的情况下进行的，并且也批复了该公司的复测资料，但造成缺陷的原因是由于该公司在现场复测的失误，同时，也没证据可能肯定是工程师提供的资料不准确导致的修改。因此，只有根据施工合同通用条件4.7条款"放线"的规定解决，即工程师对任何放样、基准或标高的检查不能在任何方面解除承包商对工程精度应负的责任。

六、支付结算的管理

(一)工程结算的范围

FIDIC 合同条件所规定的工程结算的范围主要包括两部分,如图 8-1 所示。

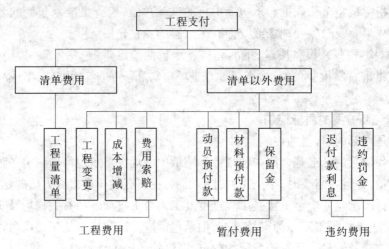

图 8-1　工程结算的范围

由图 8-1 可以看出,工程结算中一部分费用是工程量清单中的费用,这部分费用是承包商在投标时,根据合同条件的有关规定提出的报价,并经业主认可的费用。另一部分费用是工程量清单以外的费用,这部分费用虽然在工程量清单中没有规定,但是在合同条件中却有明确的规定。因此,它也是工程结算的一部分。

(二)工程支付的项目与要求

1. 工程量清单项目与要求

工程量清单项目分为一般项目、暂定金额和计日工三种。

(1)一般项目。一般项目是指工程量清单中除暂定金额和计日工外的全部项目。这类项目的支付是以经过工程师计量的工程数量为依据,乘以工程量清单中的单价,其单价一般是不变的。这类项目的支付占了工程费用的绝大部分,工程师应给予足够的重视。但这类支付,程序比较简单,一般通过签发期中支付证书支付进度款。

(2)暂定金额。暂定金额是指包括在合同中,供工程任何部分的施工,或提供货物、材料、设备或服务,或提供不可预料事件的费用的一项金额。这项金额按照工程师的指示可能全部或部分使用,或根本不予动用。没有工程师的指示,承包商不能进行暂定金额项目的任何工作。

(3)计日工。计日工费用的计算一般采用下述方法:①按合同中包括的计日工作表中所定项目和承包商在其投标书中所确定的费率和价格计算;②对于清单中没有定价的项目,应按实际发生的费用加上合同中规定的费率计算有关的费用。所以,承包商应向工程师提供可能需要的证实所付款额的收据或其他凭证,并且在订购材料之前,向工程师提交订货报价单供他批准。

2.工程量清单以外项目与要求

(1)动员预付款。动员预付款是业主借给承包商进驻场地和工程施工准备用款。预付款额度的大小,是承包商在投标时,根据业主规定的额度范围(一般为合同价的5%~10%)和承包商本身资金的情况,提出预付款的额度,并在标书附录中予以明确。

动员预付款的付款条件是:①业主和承包商签订合同协议书;②提供了履约保证金或履约保函;③提供动员预付款保函。

动员预付款相当于业主给承包商的无息贷款。按照合同规定,当承包商的工程进度款累计金额超过合同价格的10%~20%时开始扣回,至合同规定的竣工日期前三个月全部扣清。用这种方法扣回预付款,一般采用按月等额均摊的办法。如果某一个月支付证书的数额少于应扣数,其差额可转入下一次扣回。扣回预付款的货币应与业主付款的货币相同。

(2)材料、设备预付款。指运至工地尚未用于工程的材料、设备预付款。对承包商买进并运至工地的材料、设备,业主应支付无息预付款,预付款按材料、设备的某一比例(通常为材料发票价的70%~80%,设备发票价的50%~60%)支付。在支付材料、设备预付款时,承包商需提交材料、设备供应合同或订货合同的影印件,要注明所供应材料的性质和金额等主要情况且材料已运到工地并经工程师认可其质量和储存方式。

材料、设备预付款按合同中规定的条款从承包商应得的工程款中分批扣除。扣除次数和各次扣除金额随工程性质不同而不同,一般要求在合同规定的完工日期前至少三个月扣清,最好是材料设备一用完,该材料设备的预付款即扣还完毕。

(3)保留金。保留金是为了确保在施工阶段,或在缺陷责任期间,由于承包商未能履行合同义务,由业主(或工程师)指定他人完成应由承包商承担的工作所发生的费用。FIDIC合同条件规定,保留金的款额为合同总价的5%,从第一次付款证书开始,按期中支付工程款的10%扣留,直到累计扣留达到合同总额的5%止。

保留金的退还一般分两次进行:当颁发整个工程的移交证书时,将一半保留金退还给承包商;当工程的缺陷责任期满时,另一半保留金将由工程师开具证书付给承包商。如果签发的移交证书,仅是永久工程的某一区域或部分的移交证书时,则退还的保留金仅是移交部分的保留金,并且也只是一半。如果工程的缺陷责任期满时,承包商仍有未完工作,则工程师有权在剩余工程完成之前扣发他认为与需要完成的工程费用相应的保留金余款。

(4)工程变更的费用。工程变更也是工程支付中的一个重要项目。工程变更费用的支付依据是工程变更令和工程师对变更项目所确定的变更费用,支付时间和支付方式也是列入期中支付证书予以支付。

(5)索赔费用。索赔费用的支付依据是工程师批准的索赔审批书及其计算而得的款额;支付时间则随工程月进度款一并支付。

(6)价格调整费用。价格调整费用是按照FIDIC合同条件第70条规定的计算方法计算调整的款额。包括施工过程中出现的劳务和材料费用的变更,后继的法规及其他政策的变化导致的费用变更等。

(7)迟付款利息。按照合同规定,业主未能在合同规定的时间内向承包商付款,则承包商有权收取迟付款利息。合同规定业主应付款的时间是在收到工程师颁发的临时付款证书的28天内或收到最终证书的56天内支付。如果业主未能在规定的时间支付,则业主应在迟付款终止后的第一个月的付款证书中予以支付。

(8)违约罚金。对承包商的违约罚金主要包括拖延工期的误期赔偿和未履行合同义务的罚金。这类费用可从承包商的保留金中扣除,也可从支付给承包商的款项中扣除。

(三)竣工结算

1.竣工结算程序

颁发工程移交证书后84天内,承包商应按工程师规定的格式报送竣工报表。报表内容包括:①到工程移交证书中指明的竣工日止,根据合同完成全部工作的最终任何时候价值;②承包商认为根据合同或其他规定应支付给他的任何其他款项;③承包商认为根据合同将支付给他的其他款项的估算数额。

接到竣工报表后28天内,工程师应对照竣工图进行工程量详细核算,对其他支付要求进行审查,然后再依据检查结果签署竣工结算支付证书。

2.对竣工结算款总额的调整

一般情况下,承包商在整个施工期内完成的工程量乘以工程量清单中的相应单价后,再加上其他有权获得费用总和,即为工程竣工结算总额。但当颁发工程移交证书后发现,由于施工期内累计变更影响和实际完成工程量与清单内估计工程量的差异,导致承包商按合同约定方式计算的实际结算款总额比原定合同价格增加或减少过多时,均应对结算价款予以相应调整。

通用条件规定,进行竣工结算时,将承包商实际施工完成的工程量按合同约定费率计算的结算款,扣除暂定金额内的付款、计日工付款和物价浮动调价款后,与中标通知书注明的合同价格扣除工程量清单内所列暂定金额、计日工费两项后的"有效合同价"进行比较。不论增加还是减少超过有效合同价15%以上时,均要对承包商的竣工结算总额加以调整。增加款额部分超过15%以上时,应将承包商按合同约定方式计算的竣工结算款总额适应减少;反之,减少的款额部分超过有效合同价的15%以上时,则承包商应得结算款基础上,增加一定的补偿费。进行此项调整的原因,是基于单价合同的特点。

3.最终支付和结清单

在颁发履约证书后56天内,承包商应向工程师提交最终报表草案,以及工程师要求提交的有关资料。最终报表草案要详细说明根据合同完成的全部工程价值和承包商依据合同认为还应支付给他的任何进一步款项,如还剩余的保留金及缺陷责任期内发生的索赔费用等。

如承包商和工程师之间达成了一致,则承包商可向工程师提交正式的最终报表。提交最终报表时,承包商应提交一份书面结清单,以进一步证实最终报表的总额是根据合同应支付给他的全部款额和最终的结算额,并说明只有当承包商收到履约担保合同款余额时,结清单才生效。在收到最终报表和书面结清单之后28天内,工程师向业主签发最终支付证书,以说明业主最终支付给承包商的款额是业主和承包商之间所有应支付和应得到的款额的差额(如有)。

【例 8-2】 费用控制——变更超过 25% 时的工程结算。

某分项工程量为 400 m³ 混凝土,合同单价为 200 元/m³。合同规定,单项工程量变化超过 25% 即调整单价。在工程量增加 25% 范围以内按原价计算,如果工程量增加,单价调整为 190 元/m³;如果工程量减少,单价调整为 210 元/m³。实际施工工程量为 600 m³,则该工程结算价如下:

在工程量增加 25% 范围以内按原价计算:$200 \times 400 \times 1.25 = 100\ 000$(元)。

超过 25% 的部分采用调整后的单价,结算款:$190 \times (600 - 400 \times 1.25) = 19\ 000$(元)。

该工程结算款合计:$19\ 000 + 100\ 000 = 119\ 000$(元)。

七、施工进度的管理

(一)工程开工

工程开工是合同履行过程中的里程碑事件。工程的开工日期由工程师签发开工通知,一般在承包商收到中标函后 42 天内,具体日期工程师应至少提前 7 天通知。

(二)竣工时间、延误和赶工

(1)竣工时间。竣工时间指雇主在合同中要求整个工程或某个区段工程的完工时间。竣工时间从开工日期算起。承包商应在此期间内通过竣工检验并完成合同中规定的所有工作。

(2)误期损害赔偿费。

如果承包商未能在竣工时间内(包括经批准的延长)完成合同规定的义务,则工程师可要求承包商在规定时间内完工,雇主可向承包商收取误期损害赔偿费,且有权终止合同。误期损害赔偿费为

$$误期损害赔偿费 = S \times D \qquad (8-1)$$

式中 S——投标函附录中注明的每天的误期损害赔偿费金额;

　　D——合同中原定竣工时间到接收证书中注明的实际竣工日期之间的天数,误期损害赔偿费最多不得超过规定的限额。

应该注意的是,误期损害赔偿费是除雇主根据合同提出终止履行外,承包商对其拖延完工所应支付的唯一款项,因此与一般意义上的"罚款"是完全不同的。雇主的预期损失是不能被计算到误期损害赔偿费用当中的。

(三)暂停施工

1.暂停施工的责任

工程师有权视工程进展的实际情况,针对整个工程或部分的施工发布暂停施工指示。施工的中止必然会影响承包商按计划组织施工工作,但并非工程师发布暂停施工令后承包商就可以此作为索赔的合理依据,而要根据发布令的原因划分合同责任。合同条件规定,除以下四种情况外,暂停施工令发布后均应给承包商以补偿。这四种情况是:①在合同中有规定;②因承包商的违约行为或应由他承担风险的事件影响的必要停工;③由于现场不利气候条件而导致的必要停工;④为了工程合理施工及整体工程或部分工程安全必要的停工。

2.超过84天的暂停施工

出现非承包商负责原因的暂停施工已持续84天,工程师仍未发布复工指示,承包商可以通知工程师要求在28天内允许继续施工。如仍未得到批准,承包商有权通知工程师确认被停工的工程属于按合同规定删减的工程,不再承担继续施工义务。若是整个合同工程被暂停,此项停工可视为业主违约终止合同,宣布解除合同关系。如果承包商还愿意继续实施这部分工程,也可以不发这一通知而等待复工指示。

(四)追赶施工进度

工程师认为整个工程或部分工程的施工进度滞后于合同内要求的竣工时间时,可以下达赶工指示。承包商立即采取经工程师同意的必要措施加快施工进度。发生这种情况时,也要根据赶工指令的发布原因,决定承包商的赶工措施是否应该给予补偿。在承包商没有合理理由延长工期的情况下,他不仅无权要求补偿赶工费用,而且在他的赶工措施中若包括有夜间或当地公认的休息日加班工作时,还承担工程师因增加附加工作所需补偿的监理费用。虽然这笔费用按责任划分应由承包商负担,但不能由他直接支付给工程师,而由业主支付后从承包商应得款内扣回。

【例8-3】 进度控制——关于误期损害赔偿案例。

某公路项目严格按照FIDIC条款执行。合同完工日期为2009年10月10日,而由于特殊原因业主与承包商在2008年12月份补签了一个协议,规定在2009年6月20日之前完成前50 km并移交。由于各种原因,承包商未能成功移交,业主于2009年6月20日后开始按合同的约定每拖期一天1 000元计算误期损害赔偿。承包商则认为2009年6月20日只是一个里程碑,业主并不能要求误期损害赔偿。

补充协议构成合同条款的一部分。按照合同解释顺序,后形成的条款优先被解释。根据FIDIC条款第47款,如果在合同中规定分段移交,如果在规定日期没有完工,那么工程师有权对承包商进行处罚。如果条款本身没有歧义,业主要求承包商支付误期损害赔偿是理所当然的。

本章小结

国际咨询工程师联合会菲迪克(FIDIC)红皮书、黄皮书、橙皮书和银皮书,美国建筑师学会制订发布的"AIA系列合同条件",英国土木工程师学会编制的"ICE合同条件"通常用于世界各国的国际工程承包领域。其中,FIDIC土木工程施工合同条件是国际工程承发包中业主和承包商在订立工程承包合同时最常用的合同条件,它是实行工程量清单计价的国家广泛使用的工程合同条件。

FIDIC合同条件包括通用合同条件和专用合同条件。FIDIC通用合同条件是固定不变的,适用于各类工程建设项目,采用单价合同形式。

FIDIC合同条件下,业主和承包商在工程项目实施过程中都承担着相应的风险。在FIDIC合同条件下,对工程师颁发移交证书、解除缺陷责任证书等证书有严格的规定,必须按其规定程序进行。

在工程管理中主要是合同的管理,对合同的管理主要是对质量管理、投资管理、进度管理。

【小知识】

1. FIDIC 主要机构和职能

(1)会员大会。参加 FIDIC 的每个国家的"全国性协会"可派两名代表参加会员大会。会员大会选举执行委员会,决定接纳新的会员,讨论年度报告和财务审查报告,修改章程,向执行委员会提出今后的工作要求等事项。

(3)执行委员会。包括会长、副会长和其他属于会员协会的成员,他们都必须是咨询工程师,由大会选举产生,负责实施大会的决议,向会员大会提出年度报告,负责大会的一切活动,任命一些常设和工作委员会帮助工作。

(3)审计处。由会员大会选举 1 名至 2 名审计人员检查账务,向大会提出年度预算报告。

(4)秘书处。由执委会指定 1 名或 1 名以上的执行主任执行执委会的指示,并经授权代表 FIDIC 在规定的范围内履行职责。

2. 加入 FIDIC 的条件

FIDIC 规定,要想成为它的正式会员,须由该国的一家"全国性的咨询工程师协会"(以下简称"全国性协会")提出申请,"全国性协会"应当达到以下要求:应为业主和社会公共利益而努力促进工程咨询行业的发展,应保护和促进咨询工程师和私人业务方面的利益和提高本行业的声誉,应促使会员之间在职业、经营方面的经验和信息交流。FIDIC 还对"全国性协会"的主要任务提出建议:要使社会公众和业主了解本行业的重要性和它的服务内容,以及作为一个独立咨询工程师团体和个人的职能;要制订出严格的规则和措施,促使会员保证遵守职业道德标准,维护本行业的声誉;致力于开展国际交流,并为会员开展业务,获取先进技能,提供国际接触通道;了解和发挥本国工程咨询的某些优势和特点;广泛地建立会员与其他工程组织机构和教学单位的联系,充实咨询内容和明确新的方向;促进使用标准程序、制度和合约(如以上所说的有白皮书、红皮书、黄皮书等);向政府报告本行业的共同性问题并提出需要政府解决的问题;传递 FIDIC 提供的各种信息和其他国家同行业协会的经验;研究会员收取咨询服务合理报酬的办法;提倡按能力择优选取咨询专家,避免单纯价格竞争,导致降低工程咨询标准和服务质量。

复习思考题

8-1　简述 FIDIC 施工合同文件的组成? 其解释的次序是什么?

8-2　基准日期在合同管理中的作用?

8-3　FIDIC 施工合同条件中暂定金额是如何使用的?

8-4　分别简述在 FIDIC 合同条件下,业主和承包商都承担哪些风险?

8-5　在 FIDIC 合同条件下,工程师要颁发哪些证书? 如何颁发这些证书?

8-6　FIDIC 土木工程施工合同条件对质量控制作了哪些规定?

8-7　试比较我国现行的施工合同范本与 FIDIC 土木工程施工合同条件有哪些不同?

第九章　建设工程施工索赔

【职业能力目标】

通过本章的学习,熟悉引起施工索赔的原因及索赔值的计算,能够处理一般的索赔事务。

【学习要求】

1. 熟悉索赔的相关知识:建设工程索赔的概念、意义、分类及特点。
2. 掌握建设工程索赔的起因、依据和程序,以及建设工程索赔的技巧。
3. 掌握施工索赔值的计算。

第一节　建设工程施工索赔概述

一、施工索赔的概念及特征

(一)施工索赔的概念

我国的工程索赔是在 20 世纪 80 年代云南鲁布革水电工程中出现的,该工程首次采用国际工程管理模式,工程索赔的概念也从此进入我国。经历了 20 多年的发展,工程索赔管理工作已取得了飞速的发展,获得了较为显著的成效,索赔无论在数量上还是金额上都呈不断递增的趋势。但是工程索赔及其管理,还是我国工程建设中一个相对薄弱环节,有待提高。

索赔是当事人在合同实施过程中,根据法律、合同规定及惯例,对不应由自己承担责任的情况造成的损失,向合同的另一方当事人提出给予赔偿或补偿要求的行为。在工程建设的各个阶段,都有可能发生索赔,但在施工阶段索赔发生较多。对施工合同的双方来说,都有通过索赔维护自己合法利益的权利,依据双方约定的合同责任,构成正确履行合同义务的制约关系。

(二)索赔的特征

从索赔的基本含义,可以看出索赔具有以下基本特征。

1. 索赔的提出是双向的

在实际工作中,当有一方当事人未能全面履行自己的义务或未履行义务,而导致另一方当事人的权利受到损失时,应向对方提出赔偿,这种赔偿既可由业主提出,还可以由承包商提出,故索赔的提出是双向性的。

由于实践中发包人向承包人索赔发生的频率相对较低,而且在索赔处理中,发包人始终处于主动和有利地位,对承包人的违约行为发包人可以直接从应付工程款中扣抵、扣留保留金或通过履约保函,向银行索赔来实现自己的索赔要求。因此,在工程实践中大量发生的、处理比较困难的是承包人向发包人的索赔,也是工程师进行合同管理的重点内容之一。承包人的索赔范围非常广泛,一般只要因非承包人自身责任造成其工期延长或成本增加,都有可能向发包人提出索赔。有时发包人违反合同,例如未及时交付施工图纸、合格施工现场、决策错误等造成工程修改、停工、返工、窝工,或未按合同规定支付工程款等,承包人可向发包人提出赔偿要求;也可能由于发包人应承担风险的原因,如恶劣气候条件影响、国家法规修改等造成承包人损失或损害时,承包人也会向发包人提出补偿要求。

2. 只有实际发生了经济损失或权利损害,一方才能向对方索赔

经济损失是指因对方因素造成合同外的额外支出,如人工费、材料费、机械费、管理费等额外开支;权利损害是指虽然没有经济上的损失,但造成了一方权利上的损害,如由于恶劣气候条件对工程进度的不利影响,承包人有权要求工期延长等。因此,发生了实际的经济损失或权利损害,应是一方提出索赔的一个基本前提条件。有时上述两者同时存在,如发包人未及时交付合格的施工现场,既造成承包人的经济损失,又侵犯了承包人的工期权利,因此承包人既要求经济赔偿,又要求工期延长;有时两者则可单独存在,如恶劣气候条件影响、不可抗力事件等,承包人根据合同规定或惯例则只能要求工期延长,不应要求经济补偿。

3. 索赔是一种未经对方确认的单方行为

索赔事件的提出是由于一方当事人未履行或未完全履行自己的义务而导致对方当事人的损失,致使另一方为弥补自己损失而所作的补偿请求,但此种行为对对方尚未形成法律约束力,这种赔偿要求能否得到最终实现,必须要通过确认后才能实现。索赔本身就是市场经济中合法的一部分,只要是符合有关规定的、合法的或者符合有关惯例的,就应该理直气壮地、主动地向对方索赔。大部分索赔都可以通过协商谈判和调解等方式获得解决,只有在双方坚持己见而无法达成一致时,才会提交仲裁或诉诸法院求得解决,即使诉诸法律程序,也应当被看成是遵法守约的正当行为。

二、施工索赔的原因

引起工程索赔的原因很多,也很复杂,主要有以下几个方面。

(一)工程项目的特殊性

现代工程规模大、技术性强、投资额大、工期长、材料设备价格变化快。工程项目的差异性大、综合性强、风险大,使得工程项目在实施过程中存在许多不确定的变化因素,而合同则必须在工程开始前签订,它不可能对工程项目所有的问题都能作出合理的预见和规定,而且发包人在实施过程中还会有许多新的决策,这一切使得合同变更极为频繁,而合同变更必然会导致项目工期和成本的变化。

(二)工程项目内外部环境的复杂性和多变性

工程项目的技术环境、经济环境、社会环境、法律环境的变化,诸如地质条件变化、材料价格上涨、货币贬值、国家政策、法规的变化等,在工程实施过程中经常发生,使得工程的计划实施过程与实际情况不一致,这些因素同样会导致工程工期和费用的变化。

(三)参与工程建设主体的多元性

由于工程参与单位多,一个工程项目往往会有发包人、总包人、工程师、分包人、指定分包人、材料设备供应商等众多参加单位。各方面的技术、经济关系错综复杂,相互联系又相互影响,只要一方失误,不仅会造成自己的损失,而且会影响其他合作者,造成他人损

失,从而导致索赔。

(四)工程合同的复杂性及易出错性

建设工程合同文件多且复杂,经常会出现措词不当、缺陷、图纸错误,以及合同文件前后自相矛盾或者可作不同解释等问题,容易造成合同双方对合同文件理解不一致,从而出现索赔。

以上这些问题会随着工程的逐步开展而不断暴露出来,必然使工程项目受到影响导致工程项目成本和工期的变化,这就是索赔形成的根源。因此,索赔的发生,不仅是一个索赔意识或合同观念的问题,从本质上讲,索赔也是一种客观存在。

三、索赔的分类

(一)按索赔的合同依据分类

1. 合同中明示的索赔

合同中明示的索赔是指承包人所提出的索赔要求,在该工程项目的合同文件中有文字依据,承包人可以据此提出索赔要求,并取得经济补偿。这些在合同文件中有文字规定的合同条款,称为明示条款。

2. 合同中默示的索赔(惯例)

合同中默示的索赔,即承包人的该项索赔要求,虽然在工程项目的合同条款中没有专门的文字叙述,但可以根据该合同的某些条款的含义,推论出承包人有索赔权。这种索赔要求,同样有法律效力,有权得到相应的经济补偿。这种有经济补偿含义的条款,在合同管理工作中被称为默示条款或称为隐含条款。

默示条款是一个广泛的合同概念,它包含合同明示条款中没有写入、但符合双方签订合同时设想的愿望和当时环境条件的一切条款。这些默示条款,或者从明示条款所表述的设想愿望中引申出来,或者从合同双方在法律上的合同关系中引申出来,经合同双方协商一致,或被法律和法规所指明,都成为合同文件的有效条款,要求合同双方遵照执行。

(二)按索赔目的分类

1. 工期索赔

由于非承包人责任的原因而导致施工进程延误,要求批准顺延合同工期的索赔,称之为工期索赔。工期索赔形式上是对权利的要求,以避免在原定合同竣工日不能完工时,被发包人追究拖期违约责任。一旦获得批准合同工期顺延后,承包人不仅免除了承担拖期违约赔偿费的严重风险,而且可能提前工期得到奖励,最终仍反映在经济收益上。

2. 费用索赔

费用索赔的目的是要求经济补偿。当施工的客观条件改变导致承包人增加开支,要求对超出计划成本的附加开支给予补偿,以挽回不应由他承担的经济损失。

(三)按索赔事件的性质分类

1. 工程延误索赔

因发包人未按合同要求提供施工条件,如未及时交付设计图纸、施工现场等,或因发包人指令工程暂停或不可抗力事件等原因造成工期拖延的,承包人对此索赔。这是工程中常见的一类索赔。

2.工程变更索赔

由于发包人或监理工程师指令增加或减少工程量或增加附加工程、修改设计、工程顺序等,造成工期延长和费用增加的,承包人对此提出索赔。

3.合同被迫终止的索赔

由于发包人或承包人违约以及不可抗力事件等原因造成合同非正常终止,无责任受害方因其蒙受经济损失而向对方提出索赔。

4.工程加速索赔

由于发包人或工程师指令承包人加快施工速度,缩短工期,引起承包人额外开支而提出的索赔。例如,某工程地下室施工中,发现有残余的古建筑基础。因此,有关部门对此进行了考古研究,决定对其开挖,然后由承包人继续施工,其间共延误工期50天。该事件后,业主要求承包人加速施工,赶回延误工期。因此,承包人向业主提出工程加速索赔累计达人民币131万元。

5.意外风险和不可预见因素索赔

在工程实施过程中,因人力不可抗拒的自然灾害、特殊风险以及一个有经验的承包商通常不能合理预见的不利施工条件或外界障碍,如地下水、地质断层、溶洞、地下障碍物等引起的索赔。

6.其他索赔

如因货币贬值、汇率变化、物价、工资上涨、政策法令变化等原因引起的索赔。

(四)按索赔的处理方式分类

1.单项索赔

单项索赔是针对某一干扰事件提出的。索赔的处理是在合同实施过程中,干扰事件发生时或发生后立即进行的。它由合同管理人员处理,并在合同规定的索赔有效期内向业主提交索赔意向书和索赔报告。

2.总索赔

又称一揽子索赔或综合索赔,是在国际工程中经常采用的索赔处理和解决方法。一般在工程竣工前,承包商将工程过程中未解决的单项索赔集中起来,提出总索赔报告。合同双方在工程交付前或交付后进行最终谈判,以一揽子方案解决索赔问题。

四、工程索赔的主要证据

《建设工程施工合同》中规定:当一方向另一方提出索赔时,要有正当索赔理由,而且要有索赔事件发生时的有效证据。任何索赔事件的确立,其前提条件是必须有正当的索赔理由,对正当索赔理由的说明必须具有证据。索赔主要是靠证据说话,没有证据或证据不充分,索赔很难成功。

(一)索赔证据应满足的要求

(1)真实性。索赔证据必须是在合同实施过程中确实存在和发生的,必须完全反映实际情况,能经得住推敲。

(2)全面性。所提供的证据应能说明事件的全过程。索赔报告中涉及的索赔理由、事件过程、影响、索赔值等都应有相应证据,不能零乱和支离破碎。

（3）关联性。索赔的证据应当能互相说明，相互具有关联性，不能互相矛盾。

（4）及时性。索赔证据的取得和提出应当及时。

（5）具有法律证据效力。一般要求证据必须是书面文件，有关记录、协议、纪要必须是双方签署的；工程重大事件、特殊情况的记录和统计必须由工程师签证认可。

（二）证据的分类

索赔证据通常分为如下几类：

（1）干扰事件存在和事件经过的证据。主要为来往信件、会议纪要、业主或监理工程师的指令等。

（2）证明干扰事件责任和影响的证据。

（3）证明索赔理由的证据。如合同文件、备忘录、会议纪要等。

（4）证明索赔值的计算基础和计算过程的证据。如各种账单、记工单、进料单等。

（三）工程索赔证据的种类

（1）招标文件、工程合同文件及附件、业主认可的工程实施计划、施工组织设计、工程图纸、技术规范等。

（2）工程各项有关设计交底记录、变更图纸、变更施工指令，工程各项会议纪要等。

（3）工程各项经业主或工程师签认的签证，工程各项往来信件、指令、信函、通知、答复等。

（4）施工计划及现场实施情况记录，包括施工日志及工长工作日志、备忘录，工程送电、送水、道路开通、封闭的日期及数量记录，工程停电、停水和干扰事件影响的日期及恢复施工的日期。

（5）工程预付款、进度款拨付的数额及日期记录。

（6）图纸变更、交底记录的送达份数及日期记录。

（7）工程有关施工部位的照片及录像等。

（8）工程现场气候记录，如有关天气的温度、风力、雨雪等。

（9）工程验收报告及各项技术鉴定报告等。

（10）工程材料采购、订货、运输、进场、验收、使用等方面的凭据，工程会计核算资料。

（11）国家、省、市有关影响工程造价和工期的文件、规定等。

第二节　施工索赔的处理过程

一、施工索赔的程序

（一）承包人的索赔

承包人的索赔程序通常可分为以下几个步骤（见图9-1）。

1. 承包人提出索赔要求

1）发出索赔意向通知

索赔事件发生后，承包人应在索赔事件发生后的28天内向工程师递交索赔意向通知，声明将对此事件提出索赔。该意向通知是承包人就具体的索赔事件向工程师和发包

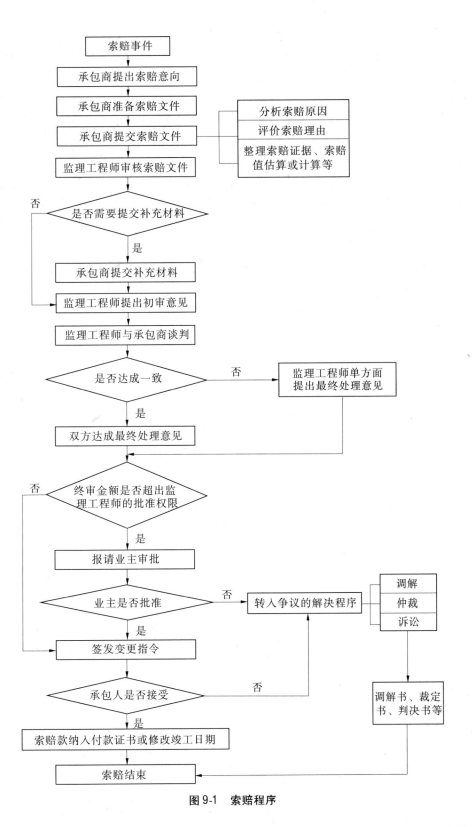

图 9-1　索赔程序

人表示的索赔愿望和要求。如果超过这个期限，工程师和发包人有权拒绝承包人的索赔要求。索赔事件发生后，承包人有义务做好现场施工的同期记录，工程师有权随时检查和调阅，以判断索赔事件造成的实际损害。

2）递交索赔报告

索赔意向通知提交后的 28 天内，或工程师可能同意的其他合理时间内，承包人应递送正式的索赔报告。索赔报告的内容应包括：事件发生的原因，对其权益影响的证据资料，索赔的依据，此项索赔要求补偿的款项和工期展延天数的详细计算等有关材料。

如果索赔事件的影响持续存在，28 天内还不能算出索赔额和工期展延天数时，承包人应按工程师合理要求的时间间隔（一般为 28 天），定期陆续报出每一个时间段内的索赔证据资料和索赔要求。在该项索赔事件的影响结束后 28 天内，报出最终详细报告，提出索赔论证资料和累计索赔额。

承包人发出索赔意向通知后，可以在工程师指示的其他合理时间内再报送正式索赔报告，也就是说，工程师在索赔事件发生后有权不马上处理该项索赔。如果事件发生时，现场施工非常紧张，工程师不希望立即处理索赔而分散各方抓施工管理的精力，可通知承包人将索赔的处理留待施工不太紧张时再去解决。但承包人的索赔意向通知必须在事件发生后的 28 天内提出，包括因对变更估价双方不能取得一致意见，而先按工程师单方面决定的单价或价格执行时，承包人提出的保留索赔权利的意向通知。如果承包人未能按规定时间提出索赔意向和索赔报告，则他就失去了就该项事件请求补偿的索赔权力。此时，他所受到损害的补偿，将不超过工程师认为应主动给予的补偿额。

索赔通知书的文本格式：

尊敬的＿＿＿先生（或女士）：根据合同第＿条第＿款规定：（具体条款规定的内容），我方特此向你通知，我方对于在＿年＿月＿日实施的工程所发生的额外费用及展延工期，保留取得补偿的权利。具体额外费用与展延工期的数量，我们将按照合同第＿条的规定，按时向你方报送。

报 送 人：

报送日期：

2. 工程师审核索赔报告

工程师在接到正式索赔报告以后，应认真研究承包人报送的索赔资料。首先，确认索赔能否成立；其次，通过对事件的分析，工程师再依据合同条款划清责任界限；最后，再审查承包人提出的索赔补偿要求，剔除其中的不合理部分，拟定自己计算的合理索赔款额和工期顺延天数。

1）工程师审核承包人的索赔申请

接到承包人的索赔意向通知后，工程师应建立自己的索赔档案，密切关注事件的影响，检查承包人的同期记录，随时就记录内容提出他的不同意见或他希望应予以增加的记录项目。

2）判定索赔成立的原则

工程师判定承包人索赔成立的条件为：

（1）与合同相对照，事件已造成了承包人施工成本的额外支出，或总工期延误。

（2）造成费用增加或工期延误的原因，按合同约定不属于承包人应承担的责任，包括行为责任或风险责任。

（3）承包人按合同规定的程序提交了索赔意向通知和索赔报告。

上述三个条件没有先后主次之分，应当同时具备。只有工程师认定索赔成立后，才处理应给予承包人的补偿额。

3）对索赔报告的审查

（1）事态调查。通过对合同实施的跟踪、分析了解事件经过、前因后果，掌握事件详细情况。

（2）损害事件原因分析。即分析索赔事件是由何种原因引起的，责任应由谁来承担。在实际工作中，损害事件的责任有时是多方面原因造成的，故必须进行责任分解，划分责任范围，按责任大小，承担损失。

（3）分析索赔理由。主要依据合同文件判明索赔事件是否属于未履行合同规定义务或未正确履行合同义务导致，是否在合同规定的赔偿范围之内。只有符合合同规定的索赔要求才有合法性、才能成立。例如，某合同规定，在工程总价 5% 范围内的工程变更属于承包人承担的风险。则发包人指令增加工程量在这个范围内，承包人不能提出索赔。

（4）实际损失分析。即分析索赔事件的影响，主要表现为工期的延长和费用的增加。如果索赔事件不造成损失，则无索赔可言。损失调查的重点是分析、对比实际和计划的施工进度，工程成本和费用方面的资料，在此基础核算索赔值。

（5）证据资料分析。主要分析证据资料的有效性、合理性、正确性，这也是索赔要求有效的前提条件。如果在索赔报告中提不出证明其索赔理由、索赔事件的影响、索赔值的计算等方面的详细资料，索赔要求是不能成立的。如果工程师认为承包人提出的证据不足以说明其要求的合理性时，可以要求承包人进一步提交索赔的证据资料。

3. 确定合理的补偿额

1）工程师与承包人协商补偿

工程师核查后初步确定应予以补偿的额度往往与承包人的索赔报告中要求的额度不一致，甚至差额较大。主要原因大多为对承担事件损害责任的界限划分不一致，索赔证据不充分，索赔计算的依据和方法分歧较大等，因此双方应就索赔的处理进行协商。

对于持续影响时间超过 28 天的工期延误事件，当工期索赔条件成立时，对承包人每 28 天报送的阶段索赔临时报告审查后，每次均应作出批准临时延长工期的决定，并于事件影响结束后 28 天内承包人提出最终的索赔报告后，批准顺延工期总天数。应当注意的是，最终批准的总顺延天数，不应少于以前各阶段已同意顺延天数之和。

2）工程师索赔处理决定

工程师收到承包人送交的索赔报告和有关资料后，于 28 天内给予答复或要求承包人进一步补充索赔理由和证据。《建设工程施工合同（示范文本）》（GF—1999—0201）规定，工程师收到承包人递交的索赔报告和有关资料后，如果在 28 天内既未予答复，也未对承包人作进一步要求的话，则视为承包人提出的该项索赔要求已经被认可。

工程师在"工程延期审批表"和"费用索赔审批表"中应该简明地叙述索赔事项理由和建议给予补偿的金额及延长的工期，论述承包人索赔的合理方面及不合理方面。通过协商达不成共识时,承包人仅有权得到所提供的证据满足工程师认为索赔成立那部分的付款和工期顺延。不论工程师与承包人协商达到一致,还是他单方面作出的处理决定,批准给与补偿的款额和顺延工期的天数如果在授权范围之内,则可将此结果通知承包人,并抄送发包人。补偿款将计入下月支付工程进度款的支付证书内,顺延的工期加到原合同工期中去。如果批准的额度超过工程师权限,则应报请发包人批准。

通常,工程师的处理决定不是终局性的,对发包人和承包人都不具有强制性的约束力。承包人对工程师的决定不满意,可以按合同中的争议条款提交约定的仲裁机构仲裁或诉讼。

4. 发包人审查索赔处理

当工程师确定的索赔额超过其权限范围时,必须报请发包人批准。

发包人首先根据事件发生的原因、责任范围、合同条款审核承包人的索赔申请和工程师的处理报告,再依据工程建设的目的、投资控制、竣工投产日期要求以及针对承包人在施工中的缺陷或违反合同规定等的有关情况,决定是否同意工程师的处理意见。例如,承包人某项索赔理由成立,工程师根据相应条款规定,既同意给予一定的费用补偿,也批准顺延相应的工期。但发包人权衡了施工的实际情况和外部条件的要求后,可能不同意顺延工期,而宁可给承包人增加费用补偿额,要求他采取赶工措施,按期或提前完工。这样的决定只有发包人才有权作出。

索赔报告经发包人同意后,工程师即可签发有关证书。

5. 承包人是否接受最终索赔处理

承包人接受最终的索赔处理决定,索赔事件的处理即告结束。如果承包人不同意,就会导致合同争议。通过协商双方达到互谅互让的解决方案,是处理争议的最理想方式。如达不成谅解,承包人有权提交仲裁或诉讼解决。

(二)发包人的索赔

《建设工程施工合同(示范文本)》(GF—1999—0201)规定,承包人未能按合同约定履行自己的各项义务或发生错误而给发包人造成损失时,发包人也应按合同约定向承包人提出索赔,也称"反索赔"。FIDIC《施工合同条件》中,业主的索赔主要限于施工质量缺陷和拖延工期等违约行为导致的业主损失。合同内规定业主可以索赔的条款见表9-1。

二、施工索赔争端的解决

(一)争议的解决方式

发包人和承包人在履行合同中发生争议的,可以友好协商解决或者提请争议评审组评审。

在工程实际中,索赔争端是难免的。如果遇到争端不能理智、友好地面对,将使一些本来较易解决的问题变得难以解决。承包商必须明确,进行索赔的开支是不能得到补偿的,而且采用仲裁或诉讼的方法解决索赔争端耗时长不说,索赔工作成本也大大增加。何况承包商的索赔要求可能得不到支持或者部分得不到支持,最后扣除掉索赔工作成本,得到的索赔款额相对于作些让步而友好解决来说可能还要少。因此,承包商一定要头脑冷静,防止对立情绪,力争友好解决索赔争端。只有当索赔款额大,通过友好解决努力后仍不能解决争端时,才采取合同约定的仲裁或向法院提出诉讼,以维护自己的索赔权益。友好解决争端对业主和承包商都是有益的。因此,在许多合同条件中,如 FIDIC"新红皮书"和我国《建设工程施工合同(示范文本)》(GF—1999—0201)中均有友好解决争端的条款。因此,承包商应按照合同条件中关于友好解决的条款友好索赔,如果合同当事人友好协商解决不成、不愿提请争议评审组或者不接受争议评审组意见的,可在专用合同条款中约定下列一种方式解决:

(1)向约定的仲裁委员会申请仲裁。

(2)向有管辖权的人民法院提起诉讼。

表9-1 涉及索赔的条款内容表

序号	条款	事由	缺陷通知期	费用	付款
1	4.2 履约保函	雇主根据此条提出履约保函下的索赔			√
2	7.5 拒收不合格的材料和工程	工程师要求对有缺陷的设备、材料等进行重复检验使雇主额外支出费用		√	
3	7.6 补救工作	承包人未能按照工程师的指示完成缺陷补救工作		√	
4	8.6 进度	由于承包人的原因修改进度计划导致业主有额外投人		√	
5	8.7 拖期违约赔偿	如承包商拖延检验且未在合同工期内竣工		√	
6	9.2 拖期的检验	如承包商拖延且未执行合同规定,由此而发生的费用和风险由承包商承担		√	
7	9.4 未能通过竣工检验	工程未能通过竣工检验而雇主同意移交的情况,合同价格将作相应的扣减			√
8	11.3 缺陷通知期的延长	工程或设备因承包商的原因无法使用或损坏,雇方有权要求延长缺陷通知期	√		
9	11.4 未能补救缺陷	如承包商未能在合理期限内修补缺陷或损坏,雇方可以用承包商的费用自行修补或用合同价格作出扣减			√
10	11.11 现场清除	如果承包商未按合同规定清理现场,雇主可自行完成,费用由承包商支付		√	
11	15.4 终止后的支付	如承包商严重违约、破产或行贿,雇主可向承包商索赔所发生的费用		√	√
12	18.1 对保险的一般要求	如果承包商作为保险方面保险失败,雇主可向承包商索赔由此造成的损失		√	

例如,在非洲某水电工程中,工程施工期不到 3 年,原合同价 2 500 万美元。由于种种原因,在合同实施中承包商提出许多索赔,总值达 2 000 万美元。监理工程师作出处理决定,认为总计补偿 1 200 万美元比较合理。业主愿意接受监理工程师的决定。但承包商不肯接受,要求补偿 1 800 万美元。由于双方达不成协议,承包商向国际商会提出仲裁要求。双方各聘请一名仲裁员,由他们指定首席仲裁员。本案仲裁前后经历近 3 年时间,相当于整个建设期,光仲裁费花去近 500 万美元。最终裁决为:业主给予承包商 1 200 万美元的补偿,即维持工程师的决定。经过国际仲裁,双方都受到很大损失。如果双方各作让步,通过协商,友好解决争执,则不仅花费少,而且麻烦少,信誉好。

(二) DAB 方式

争端裁决委员会(Dispute Adjudication Board,简称 DAB)在 FIDIC 国际工程合同中首次提出,目的是避免耗时费钱的国际仲裁和诉讼,公正合理地解决争议,已在国内外大型工程建设中广泛应用,取得了巨大成功。

在施工合同中,DAB 是常设的,合同双方应在开工之日起 28 天内共同指定 DAB,任命 DAB 成员的规则规定:禁止合同一方单独征询 DAB 意见。

DAB 决定的性质:它是通过独立的第三方采用非正式的程序解决合同争议的一种方式,DAB 的决定具有"准仲裁"的性质,其效力与监理工程师的决定相同,合同双方应立即遵照执行。DAB 的决定对合同双方均具有约束力,除非争议双方另外签订了和解协议或仲裁裁决改变了 DAB 的决定。

DAB 应用,能增进业主与承包商之间的交流、信任与合作,消除由于工程师片面及不公正所带来的风险,减少建筑行业中通过仲裁或诉讼的案件数量,进而减少解决争议的成本。因此,从长期来看,有利于降低工程成本。

第三节　索赔值的计算

一、工期索赔值的计算

在工程施工中,常常会发生一些未能预见的干扰事件,使得施工不能顺利进行。工期延长意味着工程成本的增加,对合同双方都会造成损失。业主会因工程不能及时投入使用、投入生产而不能实现预计的投资目的,减少盈利的机会,同时会增加各种管理费的开支;承包商则会因为工期延长而增加支付工人工资、施工机械使用费、工地管理费以及其他一些费用。如果超出合同工期,最终可能还要支付合同规定的拖期违约金。

(一) 审查工期顺延要求

对索赔报告中要求顺延的工期,在审核中应注意以下几点:

(1) 划清施工进度拖延的责任。因承包人的原因造成施工进度滞后,属于不可原谅的延期;只有承包人不应承担任何责任的延误,才是可原谅的延期。

(2) 索赔事件造成总工期的延误。

(3) 工程师有审核、批准承包人顺延工期的权力,但无权要求承包人缩短合同工期。也就是说,工程师有权指示承包人删减掉某些合同内规定的工作内容,但不能要求他相应缩短合同工期。如果要求提前竣工的话,这项工作属于合同的变更。

(二)工期索赔值的计算方法

工期索赔的计算主要有网络分析法和比例计算法两种。

1.网络分析法

网络分析法是利用进度计划的网络图,分析其关键线路。

(1)如果延误的工作为关键工作,则总延误的时间为批准顺延的工期。

(2)如果延误的工作为非关键工作,当该工作由于延误超过时差限制而成为关键工作时,可以批准延误时间与时差的差值。

(3)若该工作延误后仍为非关键工作,则不存在工期索赔问题。

【例9-1】 某业主(甲方)与某承包商(乙方)订立了某工程项目施工合同,同时与某降水公司(丙方)订立了工程降水合同。施工开始以前承包商提交了网络计划图(见图9-2),并得到工程师批准。合同双方约定8月15日开工。施工过程中发生如下事件:

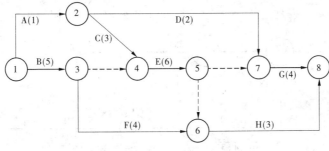

图9-2 初始网络图

(1)降水方案错误致使工作D推迟2天。

(2)因设计变更,工作E工程量由招标文件中的300 m³增到350 m³。

(3)在工作D、E完成后,甲方指令增加一项临时工作K,经核准,完成该工作需要1天时间。

试根据工程师批准的网络计划及施工过程中发生的相关事件,分析承包商应得到的工期补偿天数。

解 针对上述事件进行分析,可以知道,事件(1)是由于丙方的错误导致乙方工作D推迟,在甲方和乙方的合同中是属于甲方的责任。事件(2)和事件(3)是甲方的变更,所以三个事件乙方都有索赔权。那么乙方到底能得到多少天的工期索赔呢?可通过网络图来分析。

首先,通过网络计划图对原方案的工期计算,如图9-3所示。

由图9-3可知原计划工期15天,关键线路为1—3—4—5—7—8。

图9-4为调整以后的网络计划计算图。

经过网络分析,我们可以知道,调整后的工期为17天,关键线路是1—3—4—5—7—8—9。工期延长索赔值为17 – 15 = 2(天)。工作D在非关键线路上,虽然工期延长2天,但是对总工期无影响,因为它本身有足够多的总时差可以利用。工作E和工作K都在关

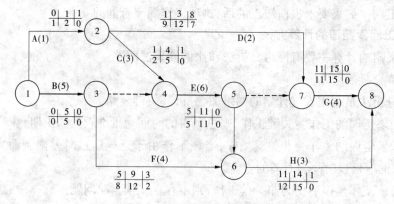

图9-3　初始网络图工期计算

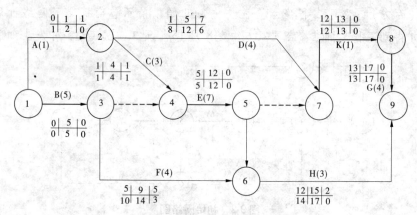

图9-4　调整后的网络图工期计算

键线路上,工期的增加直接影响总工期。

2. 比例计算法

比例计算法简单方便,但有时不尽符合实际情况,比例计算法不适用于变更施工顺序、加速施工、删减工程量等事件的索赔。对于复杂的工程项目,人工计算是很困难的,对它分析时可采用更为简单的比例计算法,比例计算法有两种。

(1)已知部分工程延期时间,工期索赔值计算式为

工期索赔值=(受干扰部分工程的合同价/原合同价)×该受干扰部分工期拖延时间

$$(9\text{-}1)$$

【例9-2】　某工程施工中,业主推迟办公楼工程基础设计图纸的批准,使该单项工程延期10周。该单项工程合同价为480万元,而整个工程合同价为2 400万元,承包商提出的工期索赔为:480÷2 400×10=2(周)。

(2)已知额外增加工程量的价格,工期索赔值计算式为

工期索赔值=(额外增加的工程量价格/原合同总价)×原合同总工期　　　(9-2)

工期索赔值=原工期×新增工程量/原工程量　　　(9-3)

【例9-3】　某工程合同价总价为800万元,合同总工期为28个月,现发现发包方增加额外工程价值为40万元,则承包商提出工期索赔计算为:(40÷800)×28=1.4(月)。

二、经济索赔值的计算

经济索赔是承包商向业主要求补偿不应该由承包商自己承担的经济损失或额外开支,以取得合理的经济补偿。也就是说,在实际施工过程中所发生的施工费用超过了投标报价书中该项工作所确定的费用,而这项费用的超支责任不是承包商方面的原因,也不属于承包商的风险范围。一般来讲,施工费用超支的原因主要有两种情况:一种是承包商的施工受到了干扰,致使工作效率降低,另一种是由于业主方指令工程变更或者增加了额外工程,导致工程成本的增加。这两种情况导致新增费用或者额外费用,承包商有权提出索赔要求。

(一)索赔费用的组成

从原则上说,承包商有索赔权利的工程成本增加,都可以索赔费用。这些费用都是承包商为了完成额外的施工任务而增加的开支。但是,对于不同原因引起的索赔,承包商可索赔的具体费用内容不完全一致。哪些内容可索赔,要按照各项费用的特点、条件进行分析论证。一般承包商可索赔的具体费用内容如图9-5所示。

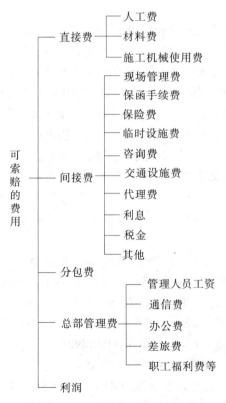

图9-5　可索赔费用的组成部分

1.人工费

人工费包括施工人员的基本工资、工资性津贴、加班费、奖金以及法定安全福利等费用。对于索赔费用而言,人工费是指完成合同之外的额外工作所花的人工费用,由于非承包商责任的工效降低增加的人工费用,超过法定工作时间加班劳动,法定人工费增长以及非承包商责任工期延误导致的人员窝工费和工资上涨费等。

2. 材料费

材料费索赔包括：

（1）由于索赔事件材料实际用量超过计划用量而增加的材料费。

（2）由于客观原因材料价格大幅度上涨。

（3）由于非承包商责任造成工程延误导致的材料价格上涨和超期储存费用。

材料费中应包括运输费、仓储费，以及合同的损耗费用。如果由于承包商管理不善，造成材料损失失效，则不能列入索赔计价。

3. 施工机械使用费

施工机械使用费索赔包括：

（1）由于完成额外工作增加的机械使用费。

（2）非承包商责任造成工效降低的机械使用费。如果实际施工中因为受到非承包商的原因导致的施工效率降低，承包商将不能按照原定计划完成施工任务。工程拖期后，会增加相应的施工机械费用。确定机械降低效率导致的机械费的增加，可以按以下公式计算增加的机械台班数量

$$实际台班数量 = 计划台班数量 \times [1 + (原定效率 - 实际效率)/原定效率] \quad (9\text{-}4)$$

$$增加的机械台班数量 = 实际台班数量 - 计划台班数量 \quad (9\text{-}5)$$

$$机械降效增加的机械费 = 机械台班单价 \times 增加的机械台班数量 \quad (9\text{-}6)$$

（3）由于业主或监理工程师原因导致机械停工的窝工费。窝工费计算，如系租赁设备，一般按实际租金和调进、调出费的分摊计算；如系承包商自有设备，一般按台班折旧费计算，而不能按台班费计算，因台班费中包括了设备使用费。

【例9-4】 某分包商承包了某工程土方工程，合同工期为28天，每日用工为8人，日工资为25元/人，合计用工224工日。分包商报价单中报每台挖掘机每天挖土550 m^3，台班单价为850元/台班。在施工过程中，由于总包商施工干扰，使分包商的施工效率大为降低，每天只能开挖380 m^3，而每天出勤的设备和工人并未减少。因此，土方施工分包商向总包商提出索赔要求。

$$实际台班数量 = 224/8 \times [1 + (550 - 380)/550] = 36.7（台班）$$

$$增加的机械台班数量 = 36.7 - 28 = 8.7（台班），取9台班$$

$$增加的机械费 = 9 \times 850 = 7\ 650（元）$$

$$增加的人工费 = 8 \times 9 \times 25 = 1\ 800（元）$$

$$管理费（9.5\%）= 9\ 450 \times 0.095 = 898（元）$$

$$利润（5\%）= (9\ 450 + 898) \times 0.05 = 517（元）$$

$$施工效率降低索赔款合计：9\ 450 + 898 + 517 = 10\ 865（元）$$

4. 分包费用

分包费用索赔是指分包商的索赔费，一般也包括人工、材料、机械使用费的索赔。分包商的索赔应列入总承包商的索赔款总额以内。

5. 工地管理费

索赔款中的工地管理费是指承包商完成额外工程、索赔事项工作以及工期延长期间

的工地管理费,包括管理人员工资、办公费、交通费等。但如果部分工人窝工损失索赔时,因其他工程仍然进行,一般不予计算工地管理费索赔。

6.利息

在索赔的计算中,经常包括利息。利息的索赔通常发生于下列情况:①拖期付款的利息;②由于工程变更和工程延期增加投资的利息;③索赔款的利息;④错误扣款的利息。

7.总部管理费

索赔款中的总部管理费主要指的是工程延误期间所增加的管理费。这项索赔款的计算,目前没有统一的方法。

8.利润

一般来说,由于工程范围的变更、文件有缺陷或技术错误、业主未能提供现场等引起的索赔,承包商可以列入利润。但对于工程暂停的索赔,由于利润通常是包括在每项实施的工程内容的价格之内的,而延误工期未能影响削减某些项目的实施,而导致利润减少,一般工程师很难同意在工程暂停的费用索赔中加入利润损失。

(二)索赔费用的计算方法

1.总费用法

总费用法即总成本法,就是当发生多次索赔事件以后,重新计算该工程的实际总费用,实际费用减去投标报价时的估算总费用,即为索赔金额,即

$$索赔金额 = 实际总费用 - 投标报价估算总费用 \qquad (9-7)$$

因为实际发生的总费用中可能包括了承包商的原因,如施工组织不善而增加的费用,同时投标报价估算的总费用却因为想中标而过低。所以,这种方法只有在难以采用实际费用法时才应用。

2.修正总费用法

修正总费用法是对总费用法的改进,即在总费用计算的原则上,去掉一些不合理的因素,使其更合理。修正的内容如下:

(1)将计算索赔款的时段局限于受到外界影响的时间,而不是整个施工期。

(2)只计算受影响时段内的某项工作所受到外界影响的损失,而不是计算该时段内所有施工工作所受的损失。

(3)与该项工作无关的费用不列入总费用中。

(4)对投标报价费用重新进行核算:按受影响时段内该项工作的实际单价进行核算,乘以实际完成的该项工作的工程量,得出调整后的报价费用。

按修正后的总费用法计算索赔金额的公式如下

$$索赔金额 = 某项工作调整后的实际总费用 - 该项工作调整后的报价费用 \qquad (9-8)$$

【例9-5】 某地一学校教学楼工程原投标报价如下:

①现场成本(工程直接费 + 现场管理费)　　　　　　3 200 000 元

②管理费(① ×8%)　　　　　　256 000 元

| ③利润、税金[(①+②)×9%] | 311 040 元 |
| 投标报价合计(P) | 3 767 040 元 |

在实际施工过程中,发生了多次索赔事件,造成承包人增加工程额外成本 180 000 元,试用总费用法计算索赔费用。

解 ①额外成本	180 000 元
②管理费(①×8%)	14 400 元
③利润、税金[(①+②)×9%]	17 496 元
额外费用合计	211 896 元

即该教学楼工程索赔费用共计 211 896 元。

3. 实际费用法

实际费用法又称分项法,是工程索赔计算时常用的一种方法。这种方法的计算原则是,以承包商为某项索赔工作所支付的实际开支为根据,向业主要求费用补偿。

用实际费用法计算时,在直接费的额外费用部分的基础上,再加上应得的间接费和利润,即是承包商应得的索赔金额。由于实施费用法依据的是实际发生的成本记录或单据,所以,在施工过程中,系统而准确地积累资料是非常重要的。

【**例 9-6**】 某高速公路项目业主高架桥修改设计,监理工程师下令承包商工程暂停一个月。试分析在这种情况下,承包商可索赔哪些费用?

解 可索赔费用如下。

(1)人工费:对于不可辞退的工人,索赔人工窝工费,应按人工工日成本计算;对于可以辞退的工人,可索赔人工上涨费。

(2)材料费:可索赔超期储存费用或材料价格上涨费。

(3)施工机械使用费:可索赔机械窝工费或机械台班上涨费。自有机械窝工费一般按台班折旧费计算;租赁机械一般按实际租金和调进调出的分摊费计算。

(4)分包费:指由于工程暂停分包商向总包商索赔的费用。总包商向业主索赔包括分包商向总包商索赔的费用。

(5)现场管理费:由于全面停工,可索赔增加的工地管理费。可按日计算,也可按直接成本的百分比计算。

(6)保险费:可索赔延期一个月的保险费,按保险公司保险费率计算。

(7)保函手续费:可索赔延期一个月的保函手续费,按银行规定的保函手续费率计算。

(8)利息:可索赔延期一个月增加的利息支出,按合同约定的利率计算。

(9)总部管理费:由于全面停工,可索赔延期增加的总部管理费,可按总部规定的百分比计算。如果工程只是部分停工,监理工程师可能不同意总部管理费的索赔。

第四节 施工索赔的管理

一、工程师的索赔管理

(一)工程师对工程索赔的影响

在发包人与承包人之间索赔事件的处理和解决过程中,工程师是个核心。在整个合同的形成和实施过程中,工程师对工程索赔有如下影响。

1. 工程师受发包人委托进行工程项目管理

如果工程师在工作中出现问题、失误或行使施工合同赋予的权力造成承包人的损失,发包人必须承担合同规定的相应赔偿责任。承包人索赔有相当一部分原因是由工程师引起的。

2. 工程师有处理索赔问题的权力

(1)在承包人提出索赔意向通知后,工程师有权检查承包人的现场同期记录。

(2)对承包人的索赔报告进行审查分析,反驳承包人不合理的索赔要求,或索赔要求中不合理的部分。可指令承包人作出进一步解释,或进一步补充资料,提出审查意见。

(3)在工程师与承包人共同协商确定给承包人的工期和费用的补偿量达不成一致时,工程师有权单方面作出处理决定。

(4)对合理的索赔要求,工程师有权将它纳入工程进度付款中,签发付款证书,发包人应在合同规定的期限内支付。

3. 作为索赔争执的调解人

如果业主和承包商就索赔解决达不成一致,有一方或双方都不满意工程师的决定,而且双方都不让步,则产生了索赔争执。合同双方都可以将争执再次递交工程师,请求作出调解。工程师应在合同规定的期限内作出调解决定。

4. 在争议的仲裁和诉讼过程中作为见证人

如果合同一方或双方对工程师的处理不满意,都可以按合同规定提交仲裁,也可以按法律程序提出诉讼。在仲裁或诉讼过程中,工程师作为工程全过程的参与者和管理者,可以作为见证人提供证据。

在一个工程中,发生索赔的频率、索赔要求和索赔的解决结果等,与工程师的工作能力、经验、工作的完备性、作出决定的公平合理性等有直接的关系。所以,在工程项目施工过程中,工程师也必须有"风险意识",必须重视索赔问题。

(二)工程师的索赔管理任务

索赔管理是工程师工程项目管理的主要任务之一,由于工程师是业主的代理人,又作为承包合同的中间人,所以他有独特的索赔管理任务。他的基本目标是从工程整体效益的角度出发,尽量减少索赔事件的发生,降低损失,公平合理地解决索赔问题。具体地说,他的索赔管理任务包括以下几点。

1. 预测和分析导致索赔的原因和可能性

在施工合同的形成和实施过程中,工程师为发包人承担了大量具体的技术、组织和管理工作。如果在这些工作中出现疏漏，对承包人施工造成干扰，则产生索赔。承包人的合同管理人员常常在寻找着这些疏漏，寻找索赔机会，所以，工程师在工作中应能预测到自己行为的后果，堵塞漏洞；起草文件、下达指令、作出决定、答复请示时都应注意到完备性和严密性；分发图纸、作出计划和实施方案时都应考虑其正确性和周密性。

2. 通过有效的合同管理减少索赔事件发生

工程师应以积极的态度和主动的精神管理好工程，为发包人和承包人提供良好的服务。在施工中，工程师作为双方的纽带，应做好协调、缓冲工作，为双方建立一个良好的合作气氛。通常，合同实施越顺利，双方合作得越好，索赔事件越少，越易于解决。工程师应对合同实施进行有力的控制，这是他的主要工作。通过对合同的监督和跟踪，不仅可以及早发现干扰事件，也可以及早采取措施降低干扰事件的影响，减少双方损失，还可以及早了解情况，为合理地解决索赔提供条件。

3. 公平合理地处理和解决索赔

索赔的合理解决，是指承包人得到按合同规定的合理补偿，而又不使发包人投资失控，合同双方都心悦诚服，对解决结果满意，继续保持友好的合作关系。合理解决发包人和承包人之间的索赔纠纷，不仅符合工程师的工作目标，使承包人按合同得到支付，而且符合工程总目标。

（三）工程师索赔管理的原则

要使索赔得到公平合理的解决，工程师在工作中必须注意以下原则。

1. 公平合理地处理索赔

工程师作为施工合同的管理核心，必须公平地行事。以没有偏见的方式解释和履行合同，独立地作出判断，行使自己的权力。由于施工合同双方的利益和立场存在不一致，常常会出现矛盾，甚至冲突，这时工程师起着缓冲、协调作用。他的处理索赔原则有如下几个方面：

（1）从工程整体效益、工程总目标的角度出发，作出判断或采取行动。使合同风险分配，干扰事件责任分担，索赔的处理和解决不损害工程整体效益和不违背工程总目标。在这个基本点上，双方常常是一致的，例如使工程顺利进行，尽早使工程竣工，投入生产，保证工程质量，按合同施工等。

（2）按照合同约定行事。合同是施工过程中的最高行为准则。作为工程师更应该按合同办事，准确理解、正确执行合同，在索赔的解决和处理过程中应贯穿合同精神。

（3）从事实出发，实事求是。按照合同的实际实施过程、干扰事件的实情、承包人的实际损失和所提供的证据作出判断。

2. 及时作出决定和处理索赔

在工程施工中，工程师必须及时地（有的合同规定具体的时间，或"在合理的时间内"）行使权力，作出决定，下达通知、指令、表示认可等。工程师及时作出决定和处理索赔可以减少承包人的索赔几率、防止干扰事件影响的扩大，及时掌握干扰事件发生和发展的过程，掌握第一手资料，为分析、评价承包人的索赔作准备。不及时处理索赔会加大索赔解决的难度。

3. 尽可能通过协商达成一致

工程师在处理和解决索赔问题时,应及时与发包人和承包人沟通,保持经常性的联系。在作出决定,特别是作出调整价格、决定工期和费用补偿决定前,应充分地与合同双方协商,最好达成一致,取得共识。这是避免索赔争议的最有效的办法。工程师应充分认识到,如果他的协调不成功使索赔争议升级,对合同双方都是损失,将会严重影响工程项目的整体效益。

4. 诚实信用

工程师有很大的工程管理权力,对工程的整体效益有关键性的作用。发包人出于信任,将工程管理的任务交给他,承包人则希望工程师公平行事。

（四）工程师对索赔的审查

1. 审查索赔证据

工程师对索赔报告审查时,首先判断承包人的索赔要求是否有理、有据。所谓有理,是指索赔要求与合同条款或有关法规是否一致,受到的损失应属于非承包人责任原因所造成;有据,是指提供的证据证明索赔要求成立。

2. 审查工期顺延

首先,工程师应根据实际情况和合同约定划清施工进度拖延的责任,明确不应由承包商承担的责任范围;其次,根据责任范围确定实际被延误的工期。

3. 审查费用索赔

费用索赔的原因,可能是与工期索赔相同的内容,即属于可原谅并应予以费用补偿的索赔,也可能是与工期索赔无关的理由。工程师在审核索赔的过程中,除划清合同责任外,还应注意索赔计算的取费合理性和计算的正确性。

（1）审核承包人索赔取费的合理性。工程师应公正地审核索赔报告,根据事件影响实际情况,正确判断索赔取费及费率的合理性,查出不合理的取费项目。

（2）审核索赔值计算的正确性。要点如下:

①所采用的费率是否合理、适度。工程量表中的单价是综合单价,不仅含有直接费,还包括间接费、风险费、辅助施工机械费、公司管理费和利润等项目的摊销成本。在索赔计算中不应有重复取费。停工损失中,不应以计日工费计算,不应计算闲置人员在此期间的奖金、福利等报酬,通常采取人工单价乘以折算系数计算;停驶的机械费补偿,应按机械折旧费或设备租赁费计算,不应包括运转操作费用。

②正确区分停工损失与因工程师临时改变工作内容或作业方法的功效降低损失的区别。凡可改做其他工作的,不应按停工损失计算,但可以适当补偿降效损失。

（五）工程师对索赔的反驳

首先要说明的是,这里所讲的反驳索赔仅仅指的是反驳承包人不合理索赔或者索赔中的不合理部分,而绝对不是把承包人当做对立面,偏袒发包人,设法不给与或尽量少给与承包人补偿。

工程师通常可以对承包人的索赔提出质疑的情况有:

（1）索赔事项不属于发包人或工程师的责任,而是与承包人有关的其他第三方的责任。

（2）发包人和承包人共同负有责任，承包人必须划分和证明双方责任大小。

（3）事实依据不足。

（4）合同依据不足。

（5）承包人未遵守意向通知要求。

（6）承包人以前已经放弃（明示或暗示）了索赔要求。

（7）承包人没有采取适当措施避免或减少损失。

（8）承包人必须提供进一步的证据。

（9）损失计算夸大等。

（六）工程师对索赔的预防和减少

索赔虽然不可能完全避免，但通过努力可以减少发生。

1. 正确理解合同规定

正确理解合同规定，是双方协调一致地合理、完全履行合同的前提条件。由于施工合同通常比较复杂，因而"理解合同规定"就有一定的困难。双方站在各自立场上对合同规定的理解往往不可能完全一致，总会或多或少地存在某些分歧。这种分歧经常是产生索赔的重要原因之一，所以发包人、工程师和承包人都应该认真研究合同文件，以便尽可能在诚信的基础上正确、一致地理解合同的规定，减少索赔的发生。

2. 做好日常监理工作，随时与承包人保持协调

做好日常监理工作是减少索赔的重要手段。工程师应善于预见、发现和解决问题，能够在某些问题对工程产生额外成本或其他不良影响以前，就把它们纠正过来，就可以避免发生与此有关的索赔。

3. 尽量为承包人提供力所能及的帮助

承包人在施工过程中肯定会遇到各种各样的困难。虽然从合同上讲，工程师没有义务向其提供帮助，但从共同努力建设好工程这一点来讲，还是应该尽可能地提供一些帮助。这样，不仅可以免遭或少遭损失，从而避免或减少索赔，而且承包人对某些似是而非、模棱两可的索赔机会，还可能基于友好考虑而主动放弃。

4. 建立和维护工程师处理合同事务的威信

工程师自身必须有公正的立场、良好的合作精神和处理问题的能力，这是建立和维护其威信的基础。发包人、工程师和承包人应该从一开始就努力建立和维持相互关系的良性循环，这对合同顺利实施是非常重要的。

二、承包商的索赔管理

（一）承包商索赔失败的原因

1. 投标前对合同文件研究不够

一个有经验的承包商，尤其是其索赔人员，应该从准备投标开始就研究探讨该合同项目的索赔问题。首先，要把合同文件中涉及施工索赔的条款和规定，深入透彻地进行研究。因为每个工程项目的合同文件，都是由工程的设计咨询单位在业主的直接指导下专门编制的。即使采用了某一标准合同文本，如 FIDIC、ICE、AIA 合同条件或我国的《建设工程施工合同（示范文本）》（GF—1999—0201），但在其工程项目的专用条款中，必然要引进一些专门的、有特殊性的规定,这些专门规定对工程结算和索赔具有决定性的作用。因此,在投标报价前必须研究合同文件,尤其注意合同中是否有以下问题出现:

(1)在合同文件中没有列入有关索赔的条款。

(2)在施工现场条件方面列入开脱性条款。

(3)在合同条款中列入无延误补偿条款。

2.编标时对报价计算考虑不够或计算错误

(1)在报价书中未列入工作效率数据。例如,在报价单中只列入生产率数值,如每天完成多少立方米混凝土浇筑,但没有列入投入的资源数量(机械台班和人工的数量),使得工效降低索赔时没有依据。

(2)在报价时没有核算主要工程量的数值。通常招标文件中的工程量表中的工程量并不是准确数值,只供承包商报价时用。在实际工程结算时,是按照实际工程量与所报单价之积计算的。如核查中不仔细,可能会造成某项工程量在工程量表中数值很小,而承包商投标时报价过低,而实际工程量大造成的实际损失。

(3)投标报价时数据计算错误,引起所报单价过低。

3.施工时对合同管理不善

(1)没有在规定的索赔时限内发出索赔通知书。

(2)索赔报告对事实论证不足。

(3)对工程师的口头指令未及时取得确认。

(4)没有及时提出变更价款的要求。

(5)没有及时申请并获准延长工期。

(6)没有及时明确可索赔的变更指令或加速施工指令。

(7)没有利用合同权利。

(8)在业主违约严重的情况下,继续施工并建成工程。

4.进行索赔时做法不当

(1)计价方法不当,索赔款额过高。

(2)采用算总账的索赔方法。

(3)未坚持采用清理账目法。

(4)同业主和工程师关系存在严重的僵局。

(二)承包商的索赔策略分析

索赔策略是承包商经营策略的一部分,在整个施工过程中,必须进行索赔策略研究,作为制定索赔方案、索赔谈判和解决争议的依据,以指导索赔小组工作。索赔策略必须体现承包商的整个经营战略,体现承包商长远利益和目前利益、全局利益和局部利益的统一。

1.确定索赔目标

承包商的索赔目标是承包商对索赔的最终期望值,它由承包商根据合同实施状况、承包商所受的损失和其总经营战略确定。

此外,对于严重拖欠工程款、拒不承认承包商合理要求等不讲信誉的业主,则承包商就要注意按合同给予的权利放慢工程进度。因为一般合同中均规定在索赔处理期间承包商应继续施工。同时承包商要分析目标实现的风险,包括承包商在履行合同时的失误,如未在合同规定的索赔有效期内提出索赔,没完成合同规定的工程量,没有执行工程师的指令,工程施工中未达到合同的质量标准等,还包括工地上和其他方面的风险,如业主的反索赔、对承包商的不利证据等。

2.对业主和工程师的分析

在国际工程承包中,尤其应当注意分析业主和工程师。通常对业主或工程师的价值观念、社会心理、传统文化、生活习惯和本人的兴趣、爱好的了解和尊重,对索赔的处理和解决有极大的影响。

3.承包商的经营战略分析

承包商的经营直接制约着索赔策略和计划。在分析业主的目标、业主的情况和工程所在地(国)的情况后,承包商应考虑如下问题:

(1)有无可能与业主继续进行新的合作。

(2)承包商是否打算在当地继续扩展业务或其前景如何。

(3)承包商与业主之间的关系对在当地扩展业务有何影响。

4.承包商主要对外关系分析

在工程合同实施过程中,承包商与多方具有合作关系。承包商应对这些方面详细分析,利用这些关系,争取各方面的合作与支持,尤其是与工程师的关系。此外,在国际承包工程中,承包商的代理人的作用也非常重要。

5.对业主进行反索赔的估计

在工程实施过程中,往往双方均有责任,所以当承包商提出索赔时,业主就提出反索赔,用以平衡承包商的索赔。因此,要对业主可能提出的索赔项目进行分析,考虑如何给予反驳。

6.承包商可能获得的索赔值估计

承包商应对自己可能获得的索赔值的最大值和最小值进行分析,分析自己要求的合理性和业主反驳的可能性。

7.合同双方索赔要求对比分析

分析自己索赔要求与业主可能提出的反索赔要求之间的数额差,两者至少要平衡。对可能的谈判过程分析和结果分析,对采取何种谈判策略、可能的谈判过程及最终的谈判结果进行分析。

(三)承包商的索赔技巧

承包商的索赔较之业主的索赔困难得多。承包商要使索赔成功,就需要在认真按照合同要求实施工程的前提下,采取一定的索赔技巧来进行。应该说,索赔应根据项目的不同、业主的不同、工程师的不同和客观条件的不同而应采取灵活的索赔策略和技巧来进行。承包商的索赔技巧应注意的事项主要有以下几点:

(1)索赔管理贯穿于项目管理全过程。

(2)签好补充协议。在工程的实施中经常采用一些标准的合同文本,但一定要注意专用条件的修改与补充。

(3)充分论证索赔权。

索赔权是进行索赔的前提,如果不具备索赔权,承包商不论遭受多大的损失,均无权得到经济补偿。因此,为了索赔成功,承包商必须善于从合同专用条件(款)和通用条件(款)、施工技术规范、工程量表、项目所在国法律或类似情况成功的索赔案例等中找出索赔的法律依据,从而充分论证自己具有索赔权,这样索赔才能被业主(工程师)所接受。

在索赔意向通知书和索赔报告中,承包商应明确地指出所依据的合同条款号,最好全文引用具体依据的合同条款,通过这样有理有据的论证,使业主和工程师对承包商的索赔合理性予以确认。

(4)对工程师的口头指示及时确认。

按照我国《施工合同条件(示范文本)》1999年修订版第6.2款规定,确有必要时,工程师可发出口头指令,并在48小时内给予书面确认,承包人对工程师的指令应予执行。工程师不能及时给予书面确认的,承包人应于工程师发出口头指令后7天内提出书面确认要求。工程师在承包人提出确认要求后48小时内不予答复的,视为口头指令已被确认。由于合同规定有确认的时间限制,所以承包商一定要在合同时限内向工程师提出书面确认。

(5)遵守索赔程序,及时发出索赔通知。

我国《建设工程施工合同(示范文本)》(GF—1999—0201)中规定,承包商在索赔事件发生后28天内必须以书面形式向工程师发出索赔意向通知。同时,合同中还对索赔报告、索赔证据的提供等提出具体的时间要求,承包商为了不失去全部或部分索赔权,必须严格遵守合同中的索赔程序,及时发出索赔通知。

(6)认真准备索赔报告。

索赔报告是承包商的主要索赔文件,索赔报告编写的成功与否,对索赔的成功与否具有很重要的影响。在编制索赔报告时,一定要以客观事实为依据,合理引用合同条款、相关文件和法规,使得论述有理有据。并且一定要建立索赔事实与损失的因果关系,从而使工程师认可承包商的索赔要求合理合法。

(7)力争单项索赔,避免一揽子索赔。

单项索赔,通常容易解决,承包商可及时得到索赔款。而一揽子索赔,会使得问题复杂,金额大,不易解决,往往到工程结束后还得不到付款。

(8)坚持采用"清理账目法"保留索赔权。

承包商在索赔管理中,应按照"清理账目"的方法,在每月的结算申报表中均列出累计的索赔款额,要求业主在本月进度款支付时一并予以支付。即使业主仍未支付,承包商保留了自己的索赔权。

(9)争取友好解决索赔。

(10)注意同工程师搞好关系。

索赔处理是工程师的一项重要工作。从项目开始实施,特别是项目的初始阶段,项目经理就要主动会见工程师,经常沟通,建立起双方友好合作的良好气氛,争取工程师的公正解决,从而避免仲裁或诉讼。在整个工程建设过程中工程师是处理索赔问题的关键人物。在合同条件中均授予工程师主持索赔的权利。因此,承包商如果要想提高索赔的成功率,应注意同工程师搞好关系。

本章小结

索赔是当事人在合同实施过程中,根据法律、合同规定及惯例,对不应由自己承担责任的情况造成的损失,向合同的另一方当事人提出给予赔偿或补偿要求的行为。在工程建设的各个阶段,都有可能发生索赔,但在施工阶段索赔发生较多。对施工合同的双方来说,都有通过索赔维护自己合法利益的权利,依据双方约定的合同责任,构成正确履行合同义务的制约关系。学会合理合法的索赔,必须掌握索赔的依据和方法。

引起施工索赔的原因很多,最主要的是业主方面的原因。

施工索赔分类方法很多,按索赔目的来分,主要有工期索赔和费用索赔。工期索赔计算方法有网络分析法和比例计算法两种。经济索赔值的计算法有实际费用法、总费用法和修正总费用法。

施工索赔是合同管理的重要内容。工程师索赔管理的基本目标是:尽可能减少索赔事件的发生,公平合理地解决索赔问题。对于承包商来说,施工索赔是承包商改善合同地位、维护合同权益的重要手段。

【小知识】　　　　　　　　索赔谈判的艺术性和灵活性

灵活性主要表现在谈判中针对不同情况的变化而采取相应变化的策略,这个变化的策略就是在谈判中要有控制好谈判的方向、气氛,要准备能够有条件的让步,要尽力将被动变为主动,争取和平解决,实现自己的目的。在工程索赔实践中的灵活性主要体现在两个方面:一是让步;二是变被动为主动,力争和平解决。

(1)要注意搞好私人关系,发挥公关能力应用行为的科学方法。

(2)多谈困难,多诉苦。最后即使索赔非常成功,也不能以胜利的姿态出现,为自己留下余地,防止对方的报复性反击,避免问题趋于复杂化。

复习思考题

9-1　如何理解施工索赔的概念?

9-2　施工索赔有哪些分类?

9-3　索赔程序有哪些步骤?

9-4　工程师处理索赔应遵循哪些原则?

9-5　工程师审查索赔应注意哪些问题?

9-6　工程师如何预防和减少索赔?

9-7　工期索赔的必要条件有哪些?如何计算?

9-8　可索赔的费用有哪些?如何进行计算?

9-9　某工程项目的施工招标文件中表明该工程采用综合单价计价方式,工期为15个月,承包单位投标工期为13个月。合同总价确定为8 000万元。合同约定:实际完成工程量超过估计工程量25%以上时允许调整单价:拖期每天赔偿金为合同总价的1‰,最高拖期赔偿限额为合同总价的 10%;若能提前竣工,每提前 1 天的奖金按合同总价的 1‰ 计算。

承包单位开工前编制并经工程师认可的施工进度计划如图 9-6 所示。

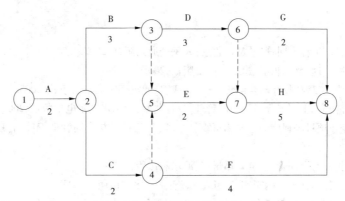

图 9-6　施工进度网络计划

施工过程中发生了 4 个事件,致使承包单位完成该项目的施工实际用了 15 个月。

事件 1:A、C 两项工作为土方工程,工程量均为 16 万 m^3,土方工程合同单价为 16 元/m^3。实际工程量与估计工程量相等。施工按计划进行 4 个月后,工程师以设计变更通知发布新增土方工程 N 的指示。该工作的性质和施工难度与 A、C 工作相同,工程量为 32 万 m^3。N 工作要 B 和 C 工作完成后开始施工,且为 H 和 G 的紧前工作。工程师与承包商依据合同约定协商后,确定土方变更单位为 14 元/m^3。承包单位按计划用 4 个月完成。3 项土方工程均租用 1 台机械开挖,机械租赁费为 1 万元/(月·台)。

事件 2:F 工作,因设计变更等待新图纸延误 1 个月。

事件 3:G 工作由于连续降雨累计 1 个月导致实际施工 3 个月完成,其中 0.5 个月的日降雨量超过当地 30 年气象资料记载的最大强度。

事件 4:H 工作由于分包单位施工的工程质量不合格造成返工,实际 5.5 个月完成。

由于以上事件,承包单位提出以下索赔要求:

(1)顺延工期 6.5 个月。理由是:完成 N 工作 4 个月,变更设计图纸延误 1 个月,连续降雨属于不利的条件和障碍影响 1 个月,工程师未能很好地控制分包单位的施工质量应补偿工期 0.5 个月。

(2)N 工作的费用补偿 = 16 元/m^3 × 32 万 m^3 = 512 万元。

(3)由于第 5 个月后才能开始 N 工作施工,要求补偿 5 个月的机械闲置费;5 月 × 1 万元/(月·台) × 1 台 = 5 万元。

问题:

(1)请对以上施工过程中发生的 4 个事件进行合同责任分析。

(2)根据工程师认可的施工进度计划,应给承包单位顺延的工期是多少?说明理由。

(3)确定应补偿承包单位的费用,并说明理由。

(4)分析承包单位应获得工期提前奖励还是承担拖延工期违约赔偿责任,并计算其金额。

参 考 文 献

[1] 杨平,丁晓欣,等.工程合同管理[M].北京:人民交通出版社,2007.

[2] 成虎.工程合同管理[M].北京:建筑工业出版社,2005.

[3] 朱永祥,陈茂明.工程招投标与合同管理[M].武汉:武汉理工大学出版社,2005.

[4] 中国水利工程协会.水利工程建设合同管理[M].北京:中国水利水电出版社,2007.

[5] 全国建筑业企业项目经理培训教材编写委员会.工程招投标与合同管理[M].北京:中国建筑工业
出版社,2000.

[6] 孟凡玲.招标投标与合同管理[M].郑州:黄河水利出版社,2004.

[7] 高庆敏.建设工程招标投标编制实务[M].郑州:黄河水利出版社,2007.

[8] 国际咨询工程师联合会.施工合同条件[M].中国工程咨询协会,译.北京:机械工业出版社,2002.

[9] 中国建设监理协会.建设工程投资控制[M].北京:知识产权出版社,2008.

[10] 张毅.建设合同文本[M].2版.上海:同济大学出版社,2003.

[11] 刘钦.工程招投标与合同管理[M].北京:高等教育出版社,2002.

[12] 蔡红.建筑装饰工程招投标与合同管理[M].北京:高等教育出版社,2004.

[13] 危道军.招投标与合同管理实务[M].北京:高等教育出版社,2005.

[14] 陈正,涂群岚.建筑工程招投标与合同管理实务[M].北京:电子工业出版社,2006.

[15] 姜晨光.建设工程招投标文件编写方法与范例[M].北京:化学工业出版社,2008.

[16] 范宏,杨松森.建筑工程招标投标实务[M].北京:化学工业出版社,2008.

[17] 杨志中.建设工程招投标与合同管理[M].北京:机械工业出版社,2008.

[18] 李永清,尚梅.招标设档模拟实训教程[M].西安:西北工业大学出版社,2007.

[19] 赵来彬,贾莲英.建设工程招投标与合同管理[M].北京:人民交通出版社,2008.

[20] 刘黎虹.工程招投标与合同管理[M].北京:机械工业出版社,2008.

[21] 宋春岩,付庆向.建设工程招投标与合同管理[M].北京:北京大学出版社,2008.